D1930483

Carsten Klink | Leif Rohwedder

Autoboote

Wie das Automobil zum Motorboot wurde
1865–1945

Monsenstein & Vannerdat

Autoboote
Konzept und Redaktion: Carsten Klink und Leif Rohwedder
Art Direction: Leif Rohwedder
Layout: Felix Bittmann und Leif Rohwedder
Texte: Leif Rohwedder
Herstellung: Tom van Endert

Titelfoto: Autoboot *Dyack* vor Monaco, 1913
Abbildung Seite 2: Bootskonstrukteur John Montague Batting, 1912
Abbildung Seite 6: Französischer Zeitschriftenausschnitt, 1907

© 2016 Verlagshaus Monsenstein und Vannerdat OHG, Münster
www.monsenstein-und-vannerdat.de

Druck und Bindung:
Drukarnia Dimograf, Bielsko-Biała
Gedruckt auf Arctic Volume Ivory
Gesetzt aus Klavika und Titling Gothic

ISBN 978-3-942153-30-0

Die Deutsche Nationalbibliothek verzeichnet diese Publikation in der Deutschen Nationalbibliografie.
Detaillierte bibliografische Daten sind im Internet über www.dnb.de abrufbar.

Bibliothek
Automobilhistorische
Gesellschaft

Inhalt

L'AUTOMOBILE DES MERS

Vorwort

Lieber Leser,

über Automobile wurden schon Tausende Bücher geschrieben. Über Autoboote noch kein einziges.
Dabei hängt ihre Geschichte eng zusammen.
Wir haben uns daher diesem Stück Technikhistorie verschrieben, um sie nicht völlig in Vergessenheit geraten zu lassen.
Was ist ein Autoboot überhaupt?
Ein klassisches Exemplar hat Lenkrad und Instrumente von einem Pkw.
Der Motor steht vor einer Spritzwand unter dem Vordeck, der Ganghebel des Wendegetriebes ähnelt in Form und Position dem Schalthebel eines Autos. Die Sitzpostion des Fahrers ist in beiden Fahrzeugen dieselbe.
Die goldene Ära der Autoboote, die es offen, mit Verdeck oder Limousinen-Aufbau gab, war die Zeit zwischen den Kriegen.
Obige Definition gilt im deutschsprachigen Raum, in Frankreich wurde *Canot automobile* weiter gefasst.
In den USA begegnete uns der Begriff *Auto boat* am frühesten – dort verschwand er aber auch bald wieder.
Den Konstruktionen, die die Autoboote in den Dreißigern verdrängten, widmen wir auch einige Seiten dieses Buchs – genauso der Motorboot-Frühgeschichte und dem Rennsport, dessen oberste Liga kurz vor dem Zweiten Weltkrieg mit normalen Freizeitbooten genausowenig zu tun hatte, wie ein Silberpfeil mit einem Kommissbrot.
Denn wir möchten gern einen Eindruck davon vermitteln, wie vielfältig die Gestaltung der Freizeitmöglichkeiten damals war, ob beim Wasserwandern oder im Wettbewerb. Die Perspektive liegt dabei meist auf den Gemeinsamkeiten zwischen Auto und Boot.
Vor einiger Zeit stießen wir in einer Buchbesprechung auf den Satz: »Das eben unterscheidet den Historiker vom Sammler: Statt vordergründiger Detailhuberei der Vorstoß zu geschichtlich wirklich wichtigen Fragen, weshalb das Verständnis zwischen beiden ›Lagern‹ nicht immer spannungsfrei ist.« Wir wollen keine Spannungen und geben zu: Wir sind keine studierten Historiker und wollen auch keine werden. Bei der Recherche haben wir dennoch gründlich Geschichtsforschung betrieben. Denn über den Themenbereich frühe Motorboote sind Material und fundierte Fakten extrem rar gesät. Den folgenden 500 Seiten haben wir bewusst den Charakter einer Sammlung gegeben.
Ohne lange Lauftexte, sondern mit Informationen direkt bei den Fotos. Anspruch auf Vollständigkeit erheben wir nicht – Kommentare und Korrekturen sind jederzeit gern willkommen.

Viel Spaß beim Lesen,
Leif Rohwedder und Carsten Klink

Berlin, im Januar 2016

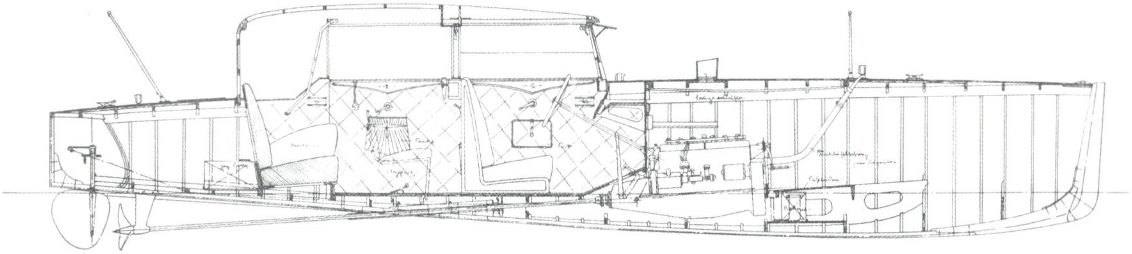

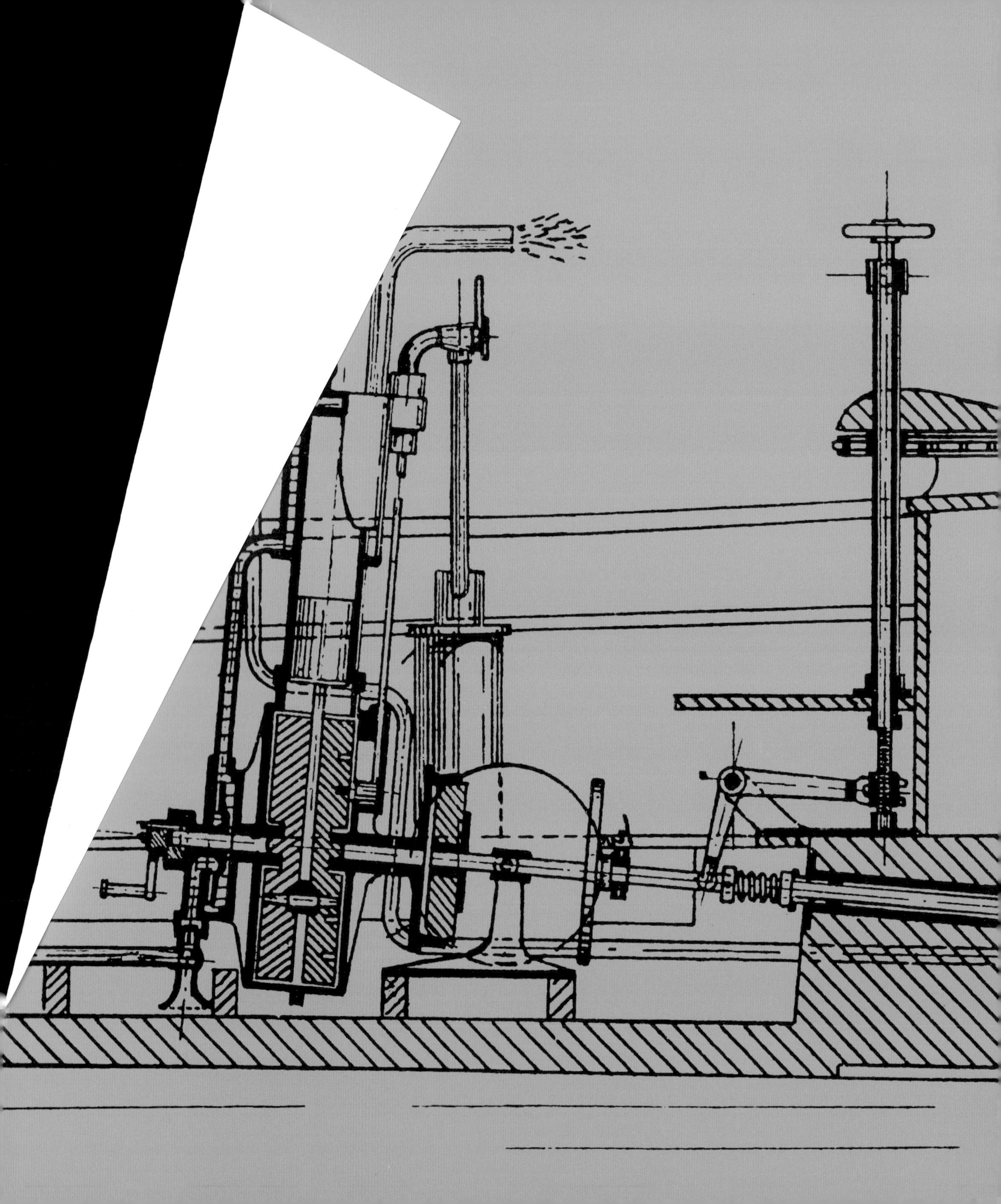

Kapitel 1 | Die Vorgeschichte 1865–1900

Explosionen auf dem Waldsee

Dass die Weltstädte Paris, London und Berlin bei der Entstehung des Motorboots eine Rolle spielten, überrascht kaum. Ebenso wichtig waren aber Aumund, Cannstatt und Algonac in Michigan

Die *Le Volapück* von Fernand Forest ist das erste Motorboot der Welt, von dem ein Foto existiert. Die Aufnahme entstand 1885 in der Nähe des Quai de la Rapeé in Paris

Väter der Bewegung: Étienne Lenoir (oben) und Fernand Forest. Beide befuhren mit selbst entwickelten Motoren die Seine. Unten ein typischer Forest-Motor, ein liegender Einzylinder aus den frühen 1880er-Jahren

DIE EHRE, DAS AUTOMOBIL ERFUNDEN ZU HABEN, wird meist Carl Benz zuteil. Eigentlich zu unrecht, denn das Automobil ist keine klassische »Erfindung« wie Litfaßsäule, Faltboot oder Toast Hawaii. Das Entstehen des Automobils modernen Zuschnitts war ein langer Prozess mit etlichen Protagonisten. Natürlich hatte Benz mit seinem Dreirad einen großen Anteil daran – ebenso wie Leonardo da Vinci, Nicolas Cugnot, Alphonse Beau de Rochas, Nikolaus Otto und Gottlieb Daimler, um nur einige zu nennen. Mit dem Motorboot verhält es sich ganz ähnlich. Auch sind die Beteiligten fast die selben.

TAUSENDE JAHRE besorgten Wind- und Muskelkraft den Vortrieb auf dem Wasser. Im 18. Jahrhundert kam der Dampfantrieb dazu, in der ersten Hälfte des 19. Jahrhunderts die Schiffsschraube. Dann ging es Schlag auf Schlag: Der Pariser Tüftler Étienne Lenoir (1822–1900) war von Dampfmaschinen zwar fasziniert, hielt das Prinzip aber bereits Ende der 1850er-Jahre für ausgereizt und widmete sich der Konstruktion des Gasmotors, für den er heute berühmt ist. Ein Exemplar baute er auf Wunsch des Pariser Verlegers Paul Dalloz in ein Boot ein – und schuf so das erste Motorboot der Welt. Es soll zwölf Meter lang und drei PS stark gewesen sein und wurde von Dalloz um 1865 auf der Seine bewegt – wenn auch wahrscheinlich nicht sehr häufig. Lenoir-Motoren waren noch sehr störungsanfällig. Lenoir experimentierte noch bis in die 70er-Jahre mit Bootsantrieben.

EIN PAAR JAHRE SPÄTER WAR ES WIEDER EIN FRANZOSE auf der Seine, der Wassersport-Geschichte schrieb. Fernand Forest (1851–1914), ebenfalls auf die Entwicklung von Motoren spezialisiert, experimentierte ab 1881 mit verschiedenen Konstruktionen. Unter anderem verpflanzte er seine Maschinen auch in ein Boot. Ihr Name: *Le Volapück*. Das einzige bekannte Foto datiert von 1885 und zeigt eine etwa zehn Meter lange, mit hellem Sonnensegel versehene stählerne Pinasse, auf der mittschiffs ein Forest-Einzylinder-Doppelkolbenmotor mit zwei massiven Schwungrädern untergebracht ist. Zuvor waren aber auch andere Aggregate an Bord. Die größte Geschwindigkeit, die die *Volapük* bei ihren Versuchsfahrten erreicht haben soll, war 16 km/h – was nur stromabwärts gelungen sein kann.

Weder Lenoirs noch Forest' Motorboot waren mehr als Fingerübungen ihrer Schöpfer. Pioniertaten zwar, aber fernab von zuverlässigem Betrieb oder gar kommerziellen Absichten. Diesbezüglich schafften zwei Deutsche den Durchbruch: Gottlieb Daimler und Wilhelm Maybach.

DIE BEIDEN INGENIEURE lernten sich beim Motorenhersteller Deutz in Köln kennen. 1882 machte sich Daimler in seiner Heimatstadt Cannstatt selbständig, Maybach wurde sein engster Mitarbeiter. Ihr großes gemeinsames Projekt war der »leichte und schnell laufende Gasmotor«, der im April 1885 patentiert wurde – heute als »Standuhr« weltbekannt.

Von Beginn an schwebte Gottlieb Daimler vor, den Motor in sämtlichen Verkehrsträgern zu verwenden: Kraftwagen, Schienen- und Nutzfahrzeugen, Luftschiffen – und Booten. Der Mann, »dessen Name in der Geschichte des Automobilismus in goldenen Lettern vermerkt ist, kann der Vater des Motorbootwesen genannt werden« (Zitat aus einer Daimler-Festschrift von 1915) – und noch bevor sein Einzylinder im Motorwagen Einsatz fand, unternahmen Daimler und Maybach im August 1886 erste Probefahrten mit der *Neckar*, einem sieben Meter langen geklinkerten Holzboot mit Löffelheck.

Bevor »Explosionsmaschinen« (oben der Motor der *Kansas*) an Bord fanden, dominierten klobige Dampfkessel die Optik von Booten – wie bei der *Carman* aus Boston. Nur für kurze Zeit kam der Naphta-Motor in Mode, der zwar mit Naphta (auch Rohbenzin genannt) betrieben wurde, aber vom Prinzip der schweren Dampfmaschine ähnelte. Die *Sarcelle* (Illustration links) von 1888 ist ein solches Boot. Die Erbauer von Escher Wyss in Zürich warben mit der Aussage »Absolut gefahrlos u. zuverlässig, kein Benzinmotor.« Unten die *Neckar*, das erste deutsche Motorboot im Jahr 1886

Die fünf Fotos zeigen verschiedene Boote mit Daimler-Antrieb aus Baujahren um 1890. Allen gemeinsam ist ein Motorkasten, dessen mit Lüftungsschlitzen versehenes Oberteil an einen griechischen Tempel erinnert

G. DAIMLER IN CANNSTATT.

Einrichtung zum Betriebe der Schraubenwelle eines Schiffes mittelst Gas- oder Petroleum-Kraftmaschine.

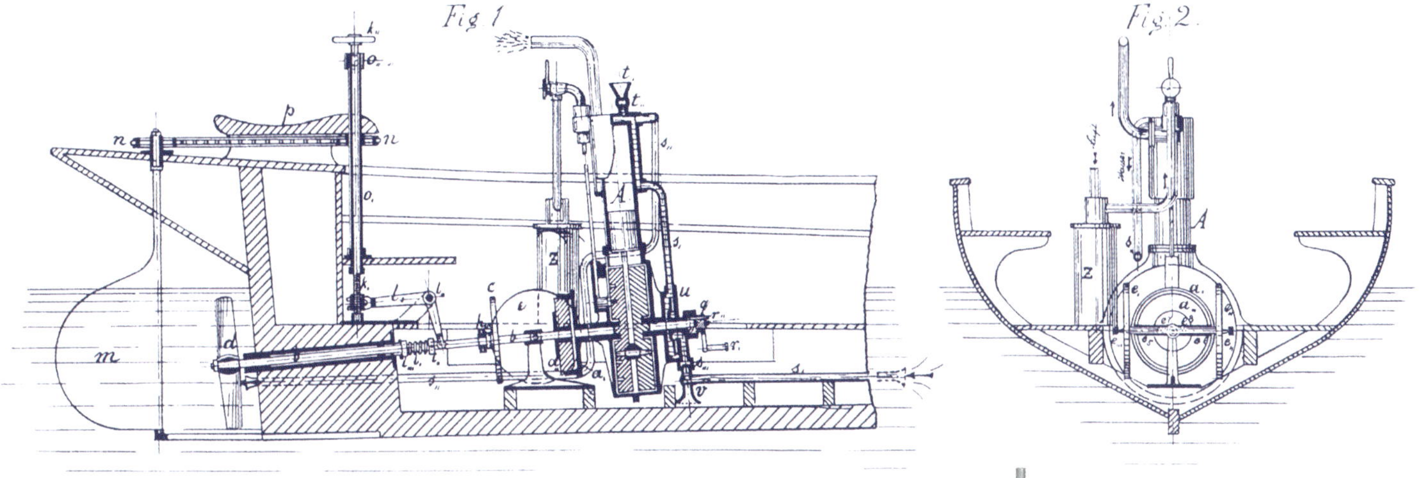

Beobachter und Anwohner standen der Verbrennungsmaschine übrigens zunächst misstrauisch und nicht selten ängstlich gegenüber. Die Versuche fanden daher stets in den frühen Morgenstunden statt. Später tarnte Daimler die *Neckar* mit Isolatoren und Drähten, um so einen Elektroantrieb vorzutäuschen. Der Motor wurde zudem nach jeder Fahrt demontiert und wieder in die Werkstatt gebracht.

Eine kleine eigene Werft am Neckar diente als Basis für Daimlers Bootsprojekte. Unterstützung erhielt der Cannstatter durch Friedrich Lürssen aus Aumund bei Bremen, der auch ganze Boote für Daimler baute. Das erste war die fünf Meter lange *Rems*. Die Zusammenarbeit der beiden Unternehmen hielt bis weit nach der Jahrhundertwende an.

DIE ART DES EINBAUS UND DEN SCHRAUBENANTRIEB ließ sich Daimler am 9. Oktober 1886 unter der Patentnummer DRP 39367 schließlich amtlich eintragen. In dieser Zeit entstand das berühmte Foto auf dem Neckar, zu sehen auf der vorigen Doppelseite: Daimler und Maybach sitzen direkt hinter der Maschine, ihre Söhne Paul und Karl am Bug. Unter dem Baldachin staunen geladene Gäste über die »hübsche Erfindung«, wie es ein Reporter später ausdrückte.

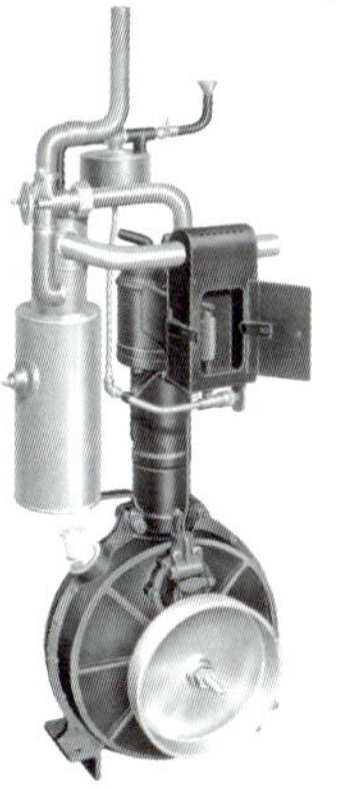

Oben die 1886er Patentschrift des ersten Bootsantriebs von Daimler. Links eine Illustration des verbauten Einzylinders, der bis 1889 in allen Daimler-Booten eingesetzt wurde, so auch in *Neckar*, *Marie* und *Rems*. Die Leistung betrug rund 1,5 PS bei 750 Umdrehungen, der Hubraum 462 cm^3

Daimler-Motorboot kurz nach einer Plankenreparatur auf dem alten Gelände der Lürssen-Werft in Aumund, um 1895

Friedrich Lürssen und Gottlieb Daimler (links) pflegten ein freundschaftliches Verhältnis. Ergebnis ihrer beruflichen Zusammenarbeit sind die ersten alltagstauglichen Motorboote der Welt. Rechts ein Tourenboot mit dem Daimler-Zweizylinder, erhältlich ab 1889

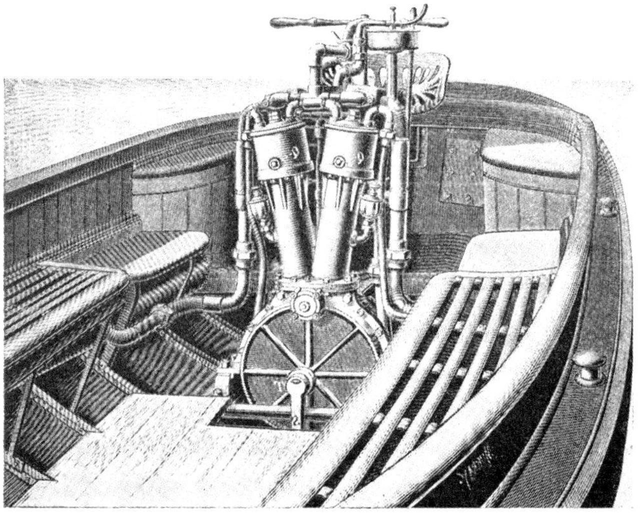

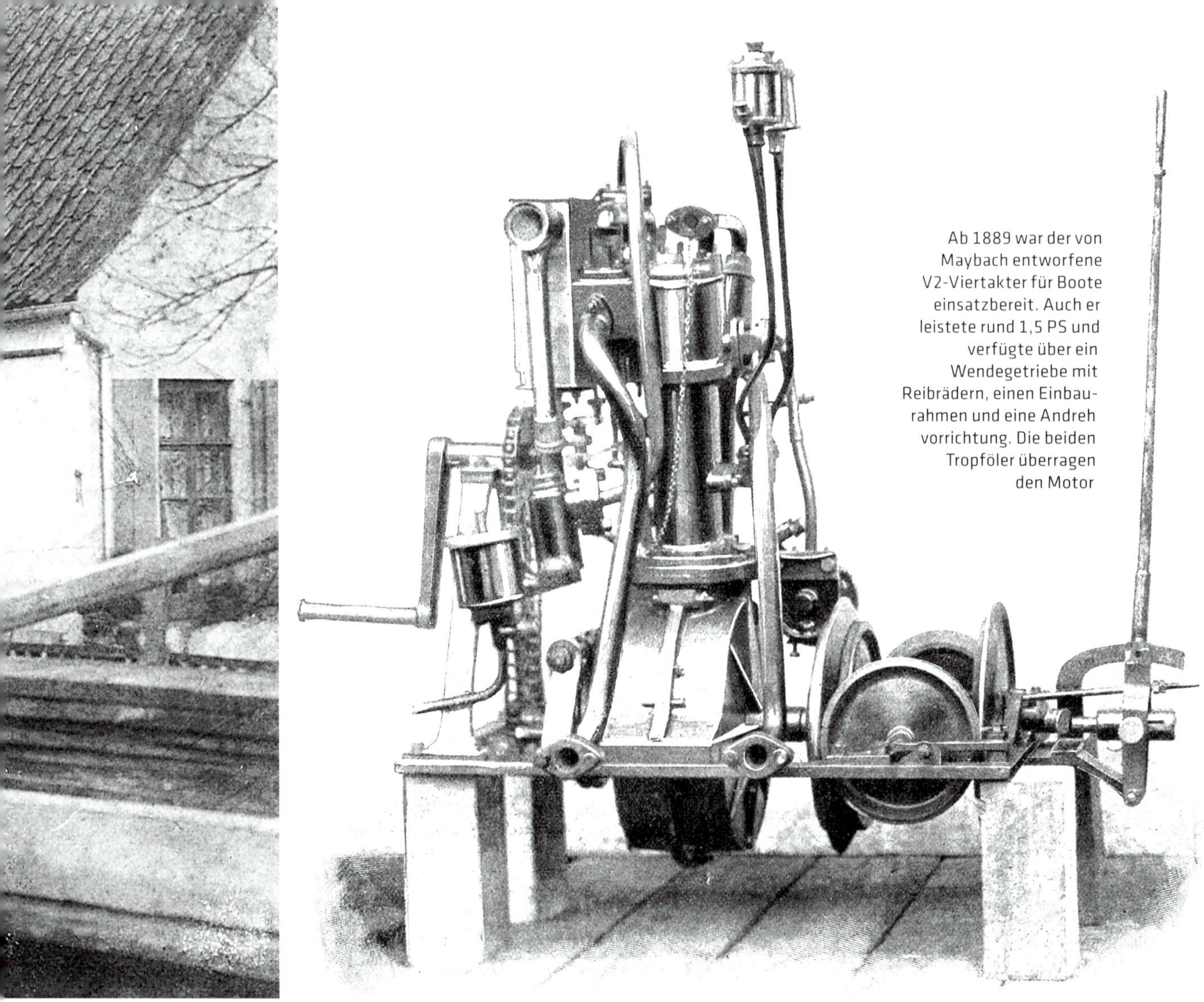

Ab 1889 war der von Maybach entworfene V2-Viertakter für Boote einsatzbereit. Auch er leistete rund 1,5 PS und verfügte über ein Wendegetriebe mit Reibrädern, einen Einbaurahmen und eine Andreh vorrichtung. Die beiden Tropföler überragen den Motor

Die Skepsis gegenüber dem ungewohnten Antrieb klang nicht zuletzt aufgrund wohlwollender Presseartikel ab und Daimler rüstete weitere Boote mit »Explosionsmaschinen« aus. Nach einer Präsentationsfahrt mit der kleinen *Rems* auf dem Unteren Waldsee nahe Baden-Baden im Oktober 1887 jubelte ein Journalist: »Der Motor arbeitet regelmäßig und ohne nennenswerte Geräusche, wobei der Verbrauch an Petroleum ein minimaler ist. Die Fahrgeschwindigkeit ist eine bedeutende, die Lenkbarkeit leicht und sicher. Trotzdem der Waldsee kaum eine Fläche von 3600 Quadratmetern besitzt, schoß das Boot pfeilschnell, gewandt und schön durch den See.« Statt Petroleum war übrigens Benzin im Tank, der clevere Gottlieb Daimler hatte das Kind nur nicht beim Namen genannt – Benzin galt noch immer als gefährliches Teufelszeug.

MOTORBOOTE WURDEN JETZT MEHRHEITLICH BEWUNDERT. Bei einer Präsentationsfahrt anlässlich einer Ruderregatta in Frankfurt am Main hatte es Wilhelm Maybach sich nicht nehmen lassen, sogar die örtliche Polizei zu verblüffen – die Beamten näherten sich in einem Ruderboot und versuchten, ihn des Platzes zu verweisen. Was nicht gelang: Zur Belustigung des Publikums ließ Maybach ihr Boot mehrfach an sich herankommen, um dann mit kurzen Gasstößen immer wieder davonzuziehen.

Auf dieser Illustration, die für 1897 für Werbezwecke angefertigt wurde, steht das Motorboot gleichberechtigt neben einer Motorkutsche

Fabrik
CANNSTATT.
DAIMLER-MOTOREN-GESELLSCHAFT
für industr. Betriebe als: Schlosserei Dreherei Holz-bearbeitungs-Maschinen Sägen etc. etc. landwirtsch. Betriebe Speciell Futter-schneid-Maschinen Dreschmasch. Molkereien etc. etc.
Silberne Medaille: Kassel 1889.
Silberne Medaille: Bremen 1890.
Ehrenpreis: Leipzig 1892.
Goldene Ausstellungsmedaille: Leipzig 1892.
PREIS-LISTE
über
Daimler-Boote und Schiffs-Motoren.

DAIMLER-MOTOREN-GESELLSCHAFT, CANNSTATT (WÜRTTEMBERG).

Preise und Dimensionen von kompletten Daimler-Motor-Booten.

a) Schraubenboote für Sport, industrielle und gewerbliche Zwecke.

Motorboot №	3	4	5	6	7	8	9	10	11	12
Totale Länge d. Bootes über Deck Meter	5,0	5,5	6,0	6,5	7,25	8	9	10	11	12
Aeussere Breite des Bootes . . „	1,25	1,30	1,40	1,45	1,50	1,60	1,75	1,90	2,05	2,20
Mittlere Höhe ohne das Setzbord „	0,67	0,69	0,71	0,73	0,75	0,80	0,88	0,95	1,03	1,10
Tiefgang am Schraubenende . . „	0,50	0,53	0,57	0,60	0,65	0,70	0,75	0,80	0,85	0,90
Ungefähre Anzahl d. Personenplätze ca.	4	6	8	10	12	14	16	18	20	24
Nominelle Pferdekraft des Motors .	1		2		3		4	6	8	10
Fahrgeschwindigkeit in Kilometer per Stunde . . . . ca.	9		11		12		12	13	13	14
Aeussere Raumdimensionen des Maschinengehäuses – Länge ca. Meter	0,54		0,65		0,70		0,80	0,90	1,10	1,30
– Breite „ „	0,38		0,45		0,48		0,52	0,56	0,60	0,65
– Höhe „ „	0,90		1,00		1,05		1,10	1,15	1,20	1,25
Gewicht des Motors mit Welle, Schraube und Gehäuse . . . . . ca. kg	165		230		280		355	435	535	650
Zahl der Cylinder	1		2		2		2	2	2	2
Preise mit kompletter Maschine, Reversirvorrichtung und Schraube, betriebsfähig montirt:										
Ausführung in Eichenholz:										
Einfach, ohne Setzbord, ohne Bankkist. ℳ	2680	2730	3550	3600	4330	4410	5150	6240	7390	8410
Kräftig, mit Setzbord, ohne Bankkisten „	2710	2760	3590	3650	4370	4470	5210	6310	7480	8560
Elegant, mit Setzbord, mit Bankkisten „	2810	2880	3780	3850	4540	4710	5490	6610	7710	8870
Ausführung in Stahlblech:										
Einfach, ohne Setzbord, ohne Bankkist. „	3090	3170	4230	4340	5140	5310	6200	7370	8630	9770
Kräftig, mit Setzbord, ohne Bankkisten „	3220	3320	4440	4570	5400	5580	6480	7710	9020	10200
Elegant, mit Setzbord, mit Bankkisten „	3390	3500	4710	4890	5700	6060	7000	8340	9740	11000

Anmerkung.

Die vorstehenden Preise für komplett mit Maschine montierte Boote dienen nur als Anhalt und zum Vergleiche. Wird z. B. ein 12 Meter langes Stahlboot eleganter Ausstattung anstatt mit einer 10-pferdigen Maschine mit 4 Pferdekräften ausgerüstet, so stellt sich der Preis auf Mark 8180.— gegenüber dem in der Tabelle enthaltenen Werte von Mark 11000.—. Für jedes komplett montierte Boot wird noch spezielle Offerte abgegeben. Weitere Erklärungen Seite 6—8. Die Boote unter 6 Meter Länge sind am Achterende mit Spiegel vorgesehen, die andern mit Heck. Bei Anwendung von Mahagoni- oder Cedernholz erhöhen sich vorstehende Bootspreise.

Kein Kessel, kein Anheizen, stets betriebsfähig.

Sicherer, bequemer und gefahrloser Betrieb. Geringe Dimensionen und geringes Gewicht.

Keine Hitze, weder Geruch noch sichtbarer Rauch.

Prompte, solide und billigste Bedienung. — Referenzen, Prospekte und Kostenanschläge stehen gratis zur Verfügung.

Zwei Seiten aus einem Daimler-Verkaufsprospekt von 1892. Fünf Jahre später verlagerte sich der Schwerpunkt der DMG zum Autobau, komplette Boote gingen aus dem Sortiment

Das erste Benz-Motorboot war aus Eiche und 6,20 Meter lang. Mit seinem 0,75-PS-Einzylinder soll es 10 km/h erreicht haben. Die Aufnahme oben entstand im August 1887 am Rhein, an der Pinne sitzt Carl Benz höchstselbst. Das Foto darunter zeigt das selbe Boot, es wurde unter der Regie von Jakob Pfahler noch im selben Jahr umgebaut und nach Berlin gebracht, wo es als erstes Benzinmotorboot auf der Spree unterwegs war. Benz & Co. nahm den serienmäßigen Schiffsmotorenbau offiziell Ende 1890 auf. Man trat allerdings nicht als Anbieter kompletter Boote auf, wie Daimler es tat

Am 21. Dezember 1895 konnte die Daimler-Motoren-Gesellschaft bereits ihren 1000. Motor feiern. Links ein Stahlradwagen mit Zweizylinder, rechts der »Reitwagen«. Wer genau hinschaut, entdeckt auf dem handgemalten Plakat mit dem Sinnspruch auch ein Boot. Das Arrangement war in Gottlieb Daimlers Garten aufgebaut

Im Mai 1889 erhielt Reichskanzler Otto von Bismarck werbewirksam ein Daimler-Boot als Geschenk und taufte es auf den Namen seiner Tochter *Marie*. Die Familie von Bismarck schenkte sie 1922 an Daimler-Benz zurück, heute ist die *Marie* im Mercedes-Benz-Museum ausgestellt.

WEITERE PROMINENTE MOTORBOOTBEGEISTERTE waren Ende des 19. Jahrhunderts Komponist Giacomo Puccini in Italien, Schnapsbrenner Marius Dubonnet in Frankreich und Oberst Graf Ferdinand von Zeppelin in Deutschland. Die Motoren der Daimler-Motoren-Gesellschaft waren laut eigener Angabe mittlerweile »in den weitesten Kreisen bekannt« und verbreiteten sich auf der ganzen Welt, nicht zuletzt durch die Vergabe internationaler Lizenzen. Forest hatte bereits 1887 die von ihm konstruierte *Kansas* nach Genf geliefert, 1888 tauchte das erste Motorboot anlässlich der Eröffnung des Freihafens in Hamburg auf. Im selben Jahr startete William Priestman in England eine großangelegte Produktion. Motorboote wurden neben Automobilen auch auf der Pariser Weltausstellung 1889 gezeigt. Sie befuhren Seine, Rhein, Themse, die Großen Seen und den Nord-Ostsee-Kanal, bevor er überhaupt fertiggestellt wurde. Sizilien wurde 1892 mit vier daimlerschen PS in 13 Tagen umrundet, immerhin mit einer Durchschnittsgeschwindigkeit von 13 km/h. 1895 gilt als das Jahr, in dem sich zum ersten Mal Motorboote ein Rennen lieferten, Schauplatz war Nizza. Der Amerikaner Christopher Columbus Smith, Vater von Chris-Craft und später noch häufiger Gegenstand dieses Buches, begann in den 90ern mit dem Einbau von kleinen Sintz-Motoren in Boote für die Entenjagd. Friedrich Lürssens 1000. Neubau war 1896 bezeichnenderweise keine Segelyacht, sondern ein zwölf Meter langes »Luxusboot« mit 10-PS-Vierzylinder. Sein Name: *Daimler*.

Opernkomponist Giacomo Puccini (1858–1924) war beigeisterter Motorbootfahrer. Welchen Motor er hier bändigt, ist leider nicht überliefert

Eins der ersten Rennboote der Welt war die 1900 von Tellier gebaute *Binger*. Sie nahm im gleichen Jahr bei den Demonstrationsfahrten in Paris teil. Eigner war Étienne Giraud (1865–1920), über den ein Journalist der »Zeitschrift des mitteleuropäischen Motorwagen-Vereins« zu berichten wusste, dass er »sämtliche Automobilsporte« mitmachte. 1901 nahm er beim Autorennen Paris–Berlin auf einem 12 PS-Panhard teil (Foto). Sein später in *Rolla V* umbenanntes Boot hatte ebenfalls einen Panhard-Motor, einen 24-PS-Vierzylinder. Das 12 Meter lange und 1,30 Meter breite Boot war aus Zedernholz und galt mit gemessenen Spitzengeschwindigkeiten von mehr als 25 km/h als »raschestes Automobilboot Frankreichs« – was damals bedeutete, dass es zugleich das schnellste der Welt war

ZU DIESER ZEIT herrschte im Kaiserreich Hochkonjunktur. Deutschland war neben den USA führende Wirtschaftsmacht und befand sich im steten Wettbewerb mit Großbritannien und Frankreich. Die Motorisierung von Land- und Wasserfahrzeugen schritt Hand in Hand voran. Erster Höhepunkt dieser Entwicklung war die Pariser Weltausstellung 1900, die gemeinsam mit den Olympischen Spielen veranstaltet wurde. Die Expo 1900 zog 48 Millionen Besucher an, 76.000 Aussteller waren vertreten – darunter auch alle namhaften Anbieter von Explosionsmotoren. Zwar bekam Gardner-Serpollet eine goldene Medaille für neue Personen-Dampfwagen, denn die Jury befand deren einfache »Handhabung, Komfort und Leistungsfähigkeit« als den zeitgenössischen Benzinfahrzeugen überlegen. Doch das konnte den beginnenden Siegeszug des Verbrennungsmotors nicht aufhalten. Unterstrichen wird das durch die Tatsache, dass bei den Olympischen Spielen Motorbootrennen Demonstrations-Sportart war. An der offiziell als »Concours internationaux de bateaux à moteur mécanique« bezeichneten Veranstaltung auf der Seine, die die Teilnehmer am 23. und 24. Juni an Eiffelturm und Globe Céleste vorbeiführte, nahm unter anderem René Panhard teil.

CARL BENZ ÜBRIGENS, der im Herbst 1885 mit seinem Patent-Dreirad Autogeschichte schrieb, war mit seinen Motoren auch auf dem Wasser zu finden – wenn auch nur kurz. Um sich voll und ganz auf Automobile zu konzentrieren, überließ es Benz dem Mannheimer Kaufmann Jakob Pfahler 1889, Boote mit seinen Produkten zu motorisieren und zu vertreiben. Zu diesem Zweck erwarb dieser die Werft W. Rettig in Berlin – der Stadt, die bis heute Zentrum des deutschen Wassersports ist.

Die Pariser Weltausstellung 1900 stand offiziell unter dem Ausstellungsmotto »Bilanz eines Jahrhunderts«. Daher wählten fast alle ausstellenden Nationen bei ihren Pavillons Baustile aus der Vergangenheit. Viele Aussteller fühlten sich aber ausdrücklich der Moderne und ihren technischen Trends verpflichtet – der Elektrizität etwa, oder Flugmaschinen und Explosionsmotoren. Draußen war der Grand Globe Céleste eine der Hauptattraktionen

Das Weltausstellungsgelände 1900 aus der Luft. Die Motorbootwettbewerbe fanden auf der Seine statt

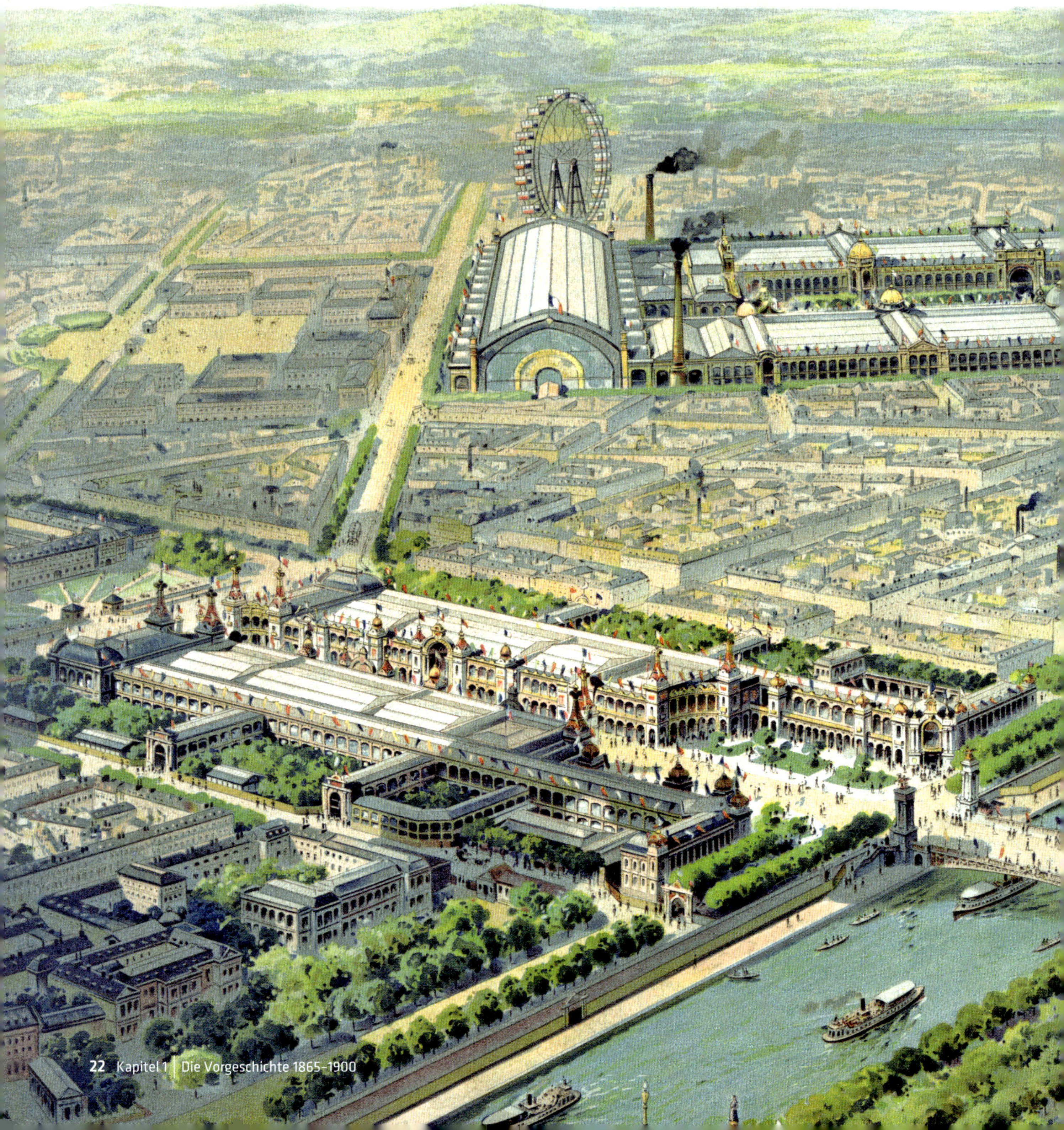

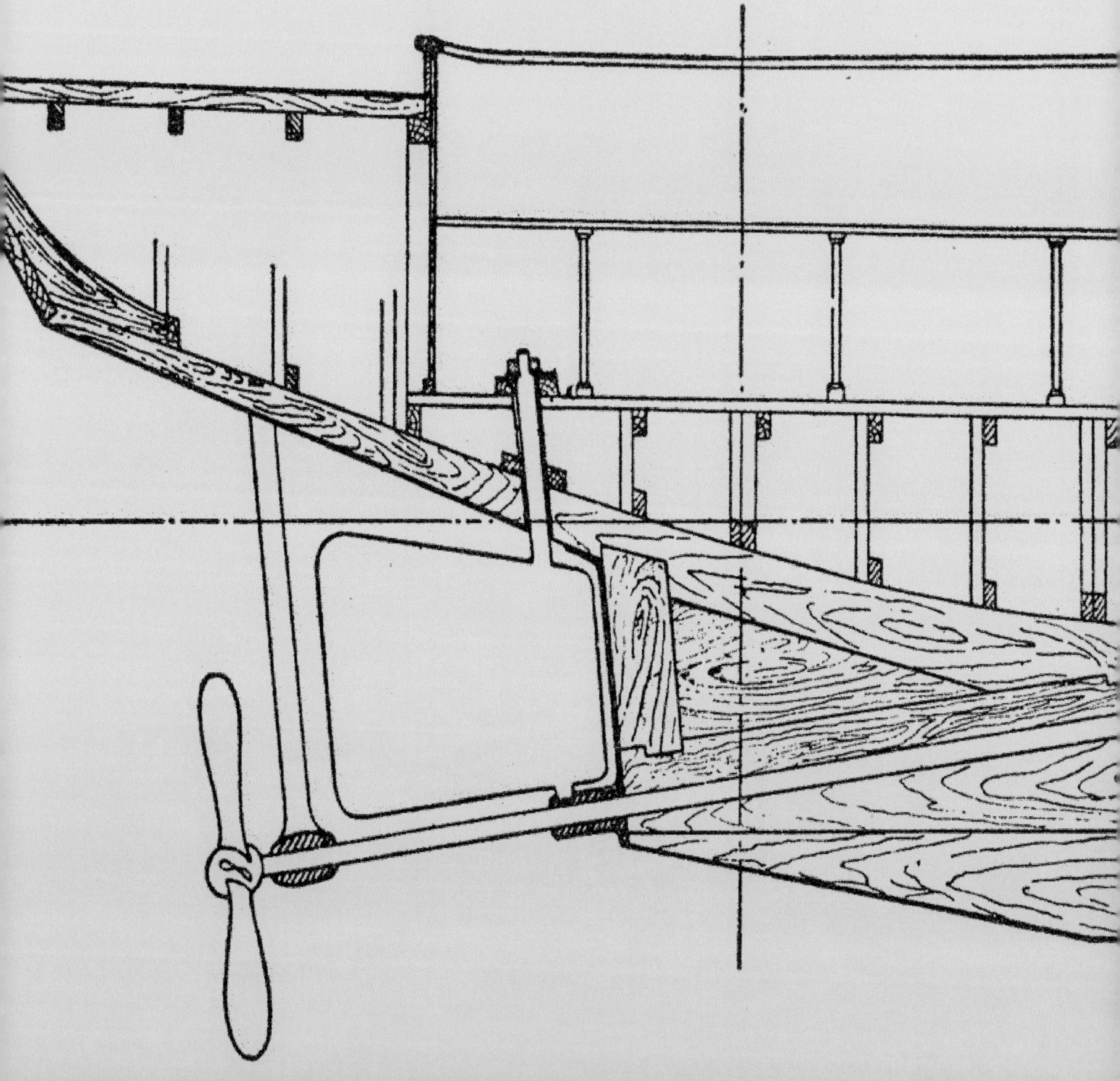

Kapitel 2 | Frühe Motorboote 1900 1914

Richtig Dampf weglassen

Der Verbrennungsmotor machte sich rasant Freunde. Schnelläufer, Heißdampf und Blitzkessel hießen die Antworten der etablierten Industrie. Doch ihr Stern sank

Tourenboot mit Daimler-Zweizylinder, 1902 in britischen Gewässern. Der Herr lenkte die Pinne von seinem Fahrstand aus an, die Dame durfte sich getrost in ihre Höhle zurückziehen

Das Brooks »No. 5 Combination« (oben) war ein typisches offenes Freizeitboot aus Holz zu Beginn des 20. Jahrhunderts. Es war 4,88 Meter lang und 1,37 Meter breit. Von dem Dunn-Viertakt-Einzylinder war Besitzer J. Kincaid aus Syracuse (New York) so angetan, dass er dem Hersteller 1905 einen begeisterten Brief schrieb: »Wir fuhren letzten Sommer knapp 1000 Meilen und hatten nicht ein einziges Problem.« Kincaid gab eine Spitzengeschwindigkeit von 11 km/h, einen Benzinverbrauch von 10,3 Liter auf 100 km und ein viertel Liter Öl auf 100 km zu Protokoll

Französischer Bootskörper, deutscher Motor, spanischer Name, am Steuer ein Österreicher: Das Mercedes-Sportboot von 1902 stellte bereits erheblichen europäischen Geist zur Schau. Emil Jellinek (auf dem Foto rechts) ließ es im Winter von Chevreux in Boulogne-sur-Seine bauen. Nach einem aufsehenerregenden Auftritt im März in Nizza, wo ein Geschwindigkeitsweltrekord aufgestellt wurde, war das zehn Meter lange Holzboot anlässlich der Internationalen Motorboot-Ausstellung auf dem Wannsee zu Gast. Die technischen Daten waren mit 40 PS und 35,5 km/h Höchstgeschwindigkeit angegeben

DIE ERSTEN JAHRE DES NEUEN JAHRHUNDERTS waren geprägt vom beginnenden Motorsport. Dies ist durchaus nicht nur aus dem fokussierten Blickwinkel des Wassersport-Enthusiasten zu sehen: Auto- als auch Motorbootrennen waren Großereignisse, die in der Presse stets ausgiebige Beachtung fanden. Die Zuschauerzahlen gingen oft in die Zehntausende. Zudem hatten die Wettbewerbe große gesellschaftliche Bedeutung – und nicht zuletzt auch politische, denn der Völkerkampf der Nationen war schon früh ein Grundthema aller damaligen Wettbewerbe. Die handelnden Personen waren allerdings die »oberen Zehntausend« – der Besitz eines Motorfahrzeugs war um 1900 noch extrem elitär.

DEM RENNSPORT wird im Kapitel 4 ausführlich Rechnung getragen – ging er doch maßgeblich von der noch jungen Automobilindustrie aus. Aber auch in Booten, die nicht für Wettbewerbe gebaut waren, fanden sich häufig ihre Aggregate. Gleichzeitig entwickelte sich ein eigener Industriezweig rund ums Motorboot. Und das, obwohl der Dampf nach wie vor harte Konkurrenz für das Benzin darstellte – die alteingesessenen Dampfmaschinenbauer waren zwar unter Druck geraten, hatten aber reagiert und Innovationen wie Schnellläufer, Heißdampf und Blitzkessel auf den Markt gebracht.

LE MONDIAL DE L'AUTOMOBILE, besser unter »Pariser Salon« bekannt, fand ab 1898 regelmäßig statt – nicht ohne neben Automobilen auch die neuesten Boote zu präsentieren. Die »Yacht« war mit ihrem »Spezial-Korrespondenten« vor Ort, der auf den Ständen des Grand Palais stets »eine Fundgrube an Neuheiten und Anregungen« vorfand. Im Sommer 1902 veranstaltete die heranwachsende Branche ihre erste Veranstaltung in Deutschland, die 1. Internationale Motorboot-Ausstellung. Auf dem Event auf dem Wannsee fuhr auch Emil »Monsieur Mercedes« Jellinek mit Motorkraft vor.

Im selben Jahr steuerte der Amerikaner William C. Neumann mit seinem 16-jährigen Sohn Edward die 12,5-Meter-Motoryacht *Abial Abbott Low* von New York nach Falmouth. Die 37-tägige erste Überquerung des Nordatlantiks im Motorboot war eine Pionierleistung, die die beiden fast das Leben kostete, aber die Leistungsfähigkeit von Verbrennungsmotoren eindrücklich bewies.

Motorbootausstellungen, Regatten und Rekordfahrten wurden in den Folgejahren fester Bestandteil der Veranstaltungskalender.

5,50-Meter-Motorboot Typ »Diana« der Detroit Boat Co., 1912. Motor: Detroit-Einzylinder mit 3,5 PS

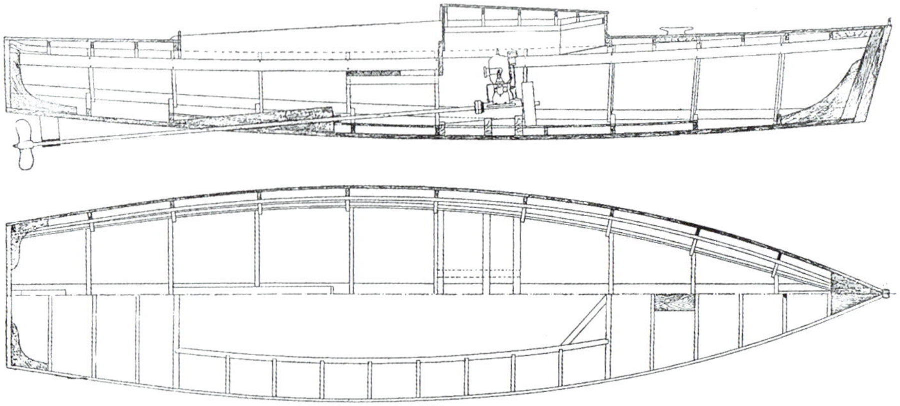

Das Motorboot *Pop Gun* ist ein charakteristischer Verteter der Zeit um 1905. Die Abkehr von der alten Barkassenform hat schon stattgefunden

Tourenboot mit Einzylinder an der Steganlage des Hermannsbades im holsteinischen Plön, um 1914. Das von der Plöner Werft erbaute Fahrzeug hat einen ungewöhnlich großen Wasserabweiser

LEISTUNG UND ZUVERLÄSSIGKEIT DER MOTOREN verbesserten sich von Jahr zu Jahr. Das war Anlass für die Schiffsdesigner, beim Entwerfen der Rümpfe neue Formen zu etablieren – Benzinmotoren wiegen schließlich nur einen Bruchteil von Dampfmaschinen. Die Bootskörper wurden bei gleicher Länge schlanker, weil sie nicht mehr soviel Gewicht tragen mussten. Angestrebt wurde ein keilförmiges Vorschiff, das das Wasser scharf zerteilte und seitlich verdrängte, ohne sich aus ihm herauszuheben. Kennzeichnend für die frühen schnellen Motorboote war das Absacken des Hinterschiffs, der Hauptnachteil der schlanken Bootsform. Daher wurde erst der »Biberschwanz«, dann der senkrechte Spiegel eingeführt. Das Konzept dieser »Deplacementform« mit gekappten Heck wurde bis zum Ende des Jahrzehnts bei Freizeitbooten beibehalten. Das altehrwürdige Steuerrad aus Mahagoni bekam schon vorher einen neuen Kollegen: das Lenkrad.

Ein Chiemsee-Ausflug in der um 1910 gebauten *Argus*.
1912 nahm sie unter den Augen der Prinzessin Klara von Bayern an der ADAC-Motorboot-regatta rund um die Fraueninsel teil

Die bildschöne *Anna* der Bootswerft Faul am Zürichsee. Der stehende Einzylindermotor ist für kleine Boote zu Beginn des Jahrhunderts typisch

Von Stoewer aus Stettin, die 1899 ihr erstes Automobil vorgestellt hatten, ist die *Hertha* überliefert. Das zehn Meter lange und zwei Meter breite Versuchsboot war laut einem Bericht der Zeitschrift »Yacht« im Mai 1905 mit einem 4-PS-Vierzylinder ausgestattet und »ein durchaus sicher und solide gebautes Fahrzeug«. Allerdings hätte man »bei Anwendung feinerer Linien im Bootskörper [...] zweifellos mit geringerer Kraft dieselbe Geschwindigkeit erreichen können, oder bei gleicher Maschinenkraft eine erheblich größere Geschwindigkeit«. Der Motor dürfte speziell für den Einsatz in Booten konstruiert worden sein, Stoewer engagierte sich in diesem Segment jedoch nicht weiter

Anlieferung einer Limousine zum Pariser Autosalon 1905. Die Bezeichnung Limousine entstammt dem französischen Kutschenbau und wurde für geschlossene Fahrzeuge verwendet – in Deutschland nicht nur bei Autos, sondern auch bei Motorbooten

Erste Anleihen ans Automobil werden sichtbar. Rechts: Lenksäule statt Steuerrad. Kleine Motorboote mit Ein- und Zweizylindern wie dieses verbreiteten sich ab 1905 in den Revieren des amerikanischen Ostens schnell. Ganz oben: Auch das schlichte Sechsmeter-Tourenboot von Lürssen hatte eine Lenksäule. Das Ruder wurde durch zwei Drahtseile angesteuert, die achtern durch das Süll geführt wurden. Darunter: Runabout der Smith Ryan Boat and Engine Co. Der Entwurf stammte von Chris Smith. Der Vierzylinder stand vor dem Schott; der Fahrer saß mit dem Autolenkrad hinter dem Schott. Das Boot erreichte 1911 bis zu 25 km/h

Die kleinen Lürssen-Motorbarkassen vom Typ Seehund waren viele Jahre erfolgreich. Der Rumpf bestand aus Eiche, der Innenboden aus Tannenholz, das Deck aus astreiner Kiefer. Das Foto entstand nach 1918

Grüße vom Bodensee anno 1912. Die Bewunderung für den majestätischen Zeppelin vereint Dampfschiffer, Segler und Motorbootfahrer. Das Luftschiff, die *LZ 11 Viktoria Luise*, zog zwei Jahre später in den Weltkrieg

Karikaturist Beauvais bringt es auf den Punkt: Die Ära des Verbrennungsmotors überfordert so manchen Zeitgenossen. Die französische Postkarte erschien 1907 – das Thema ist leider heute noch aktuell

Das *Wasserauto II* gehörte der Teltower Kreisschiffahrt – die es um 1907 stunden- oder tageweise »für Ausflüge mit Familie oder mit kleinerer Gesellschaft« vermietete. Der Chauffeur war damals obligatorisch

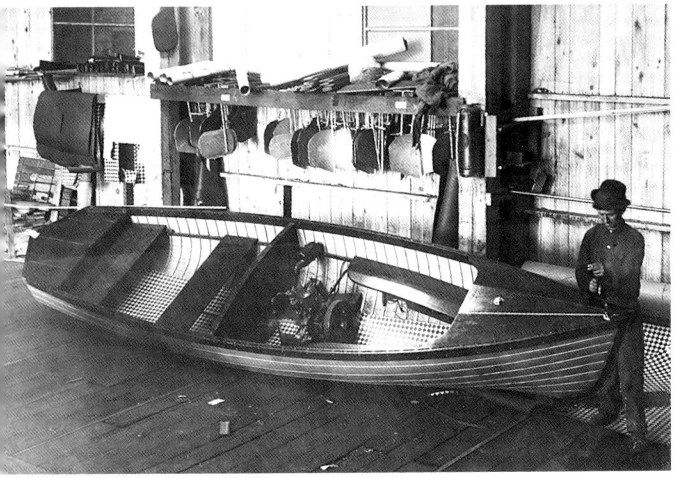

Bootsbauer vor über 100 Jahren.
Ganz oben: Die Belegschaft der Werft Ernst, Grünau, posiert 1913 stolz vor einem Limousinen-Neubau. Mittig, zugeknöpft und mit strengem Blick: Firmengründer Oswald Ernst. Sein Sohn Theo, direkt vor ihm sitzend, wurde nach dem Ersten Weltkrieg zu einem erfolgreichen Außenbord-Rennfahrer. Darunter: Ein Arbeiter der Michigan Steel Boat Co. legt im Jahr 1911 letzte Hand an ein 5,50 Meter langes »Automobile Boat« mit Detroit-Einzylinder-Zweitaktmotor. Das große Bild rechts zeigt die Yachtwerft Faul in Zürich-Wollishofen 1912. Zwei Jahre später zog die Werft nach Horgen um. Ganz hinten steht Firmengründer John Faul (im Mantel)

ACHT-WERFT

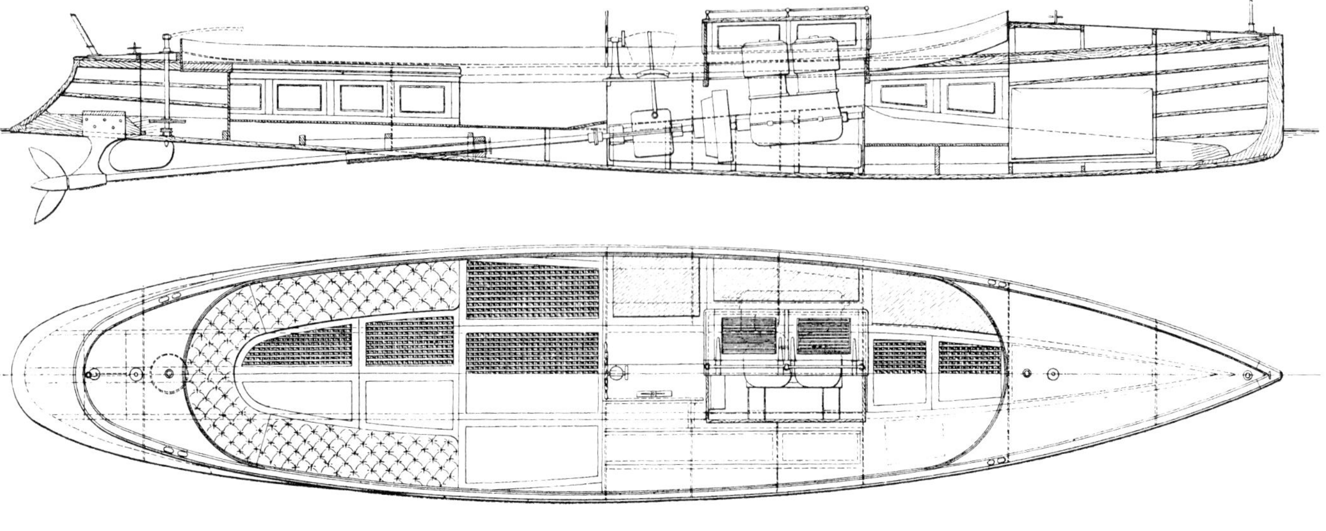

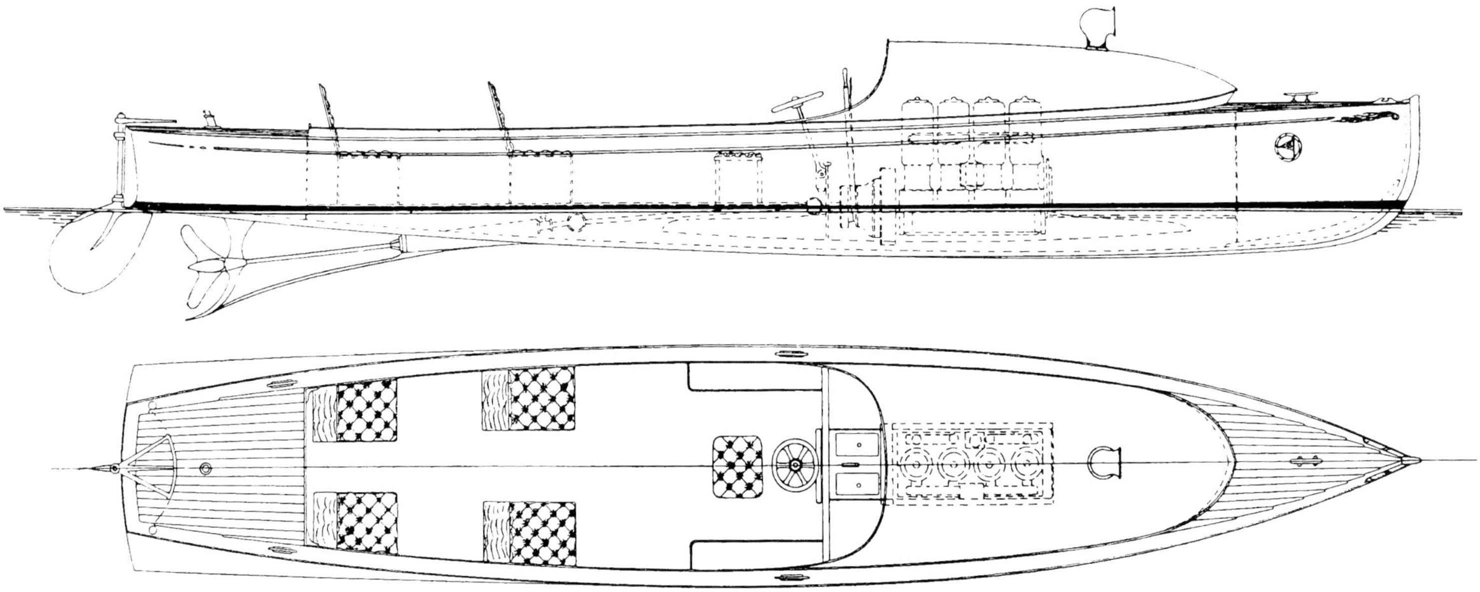

Ganz oben und rechts: Bootskörper mit Biberschwanz-Heck und geradem Steven am Beispiel der *Quicksilver* von 1905. Der zeitgenössische Yachtkonstrukteur Artur Tiller notierte, dass bei solchen Rumpfformen bereits bei 18 km/h das Hinterschiff stark wegsackte. Gleichzeitig »entstand eine große Heckwelle, deren Bildung ebenso wie das Festsaugen des Hinterschiffes einen großen Teil der Antriebskraft nutzlos verzehrte.« Die Antriebskraft kam bei der neun Meter langen *Quicksilver* von einem britischen Daimler-Vierzylinder. Bauwerft war S. E. Saunders, Isle of Wight. Das Boot der Werft H. Heidtmann in Hamburg entstand um 1910 und war besonders im achteren Bereich nach den jüngsten Erkenntnissen gestaltet (unterer Riss)

Kapitel 3 | Die ersten Autoboote 1900 – 1914

Aufstieg und Wasserfall

Eine Branche gab Gas. Ein Konzept feierte Erfolge. Und ein Mann auf dem wilden Niagara überschritt Grenzen

RITSCHY II

Die Gas Engine & Power Company aus New York erklärte 1904 Autoboote zum »letzten Schrei«

»AM ANFANG WAR DAS WORT«, stellt Johannes in der Bibel fest. Wer das Wort *Autoboot* als erstes sprach, lässt sich nicht mehr ermitteln. Das *Automobil* kam 1890 auf, davor war meist vom *voiture automobile* oder zu deutsch vom *Motorwagen* die Rede. Das französische *canot automobile* (Canot bedeutet Boot) findet sich ab 1898 vereinzelt in der Presse. Das englische *auto boat* und das deutsche *Autoboot* sind ab 1904 präsent. In den beiden Jahrzehnten zuvor waren *Motorboot/motorboat/canot à moteur* als Bezeichnung üblich.

Wie im Vorwort erwähnt, soll in diesem Buch der Begriff *Autoboot* für Fahrzeuge verwendet werden, die der 1931 verfassten Definition von Ingenieur und Autor Artur Tiller im Wesentlichen entsprechen – mit »Aufstellung des Motors unter dem langen Vordeck, dessen nach achtern abschließende Schottwand etwas hinter der halben Länge mittschiffs steht.«

EBEN SOLCHE HALB GEDECKTEN BOOTE tauchten um 1905 auf den Gewässern in Frankreich, Deutschland, Großbritannien, Italien und Nordamerika auf. Charakteristische Merkmale für die frühen Entwürfe waren der prominente V-förmige Wasserabweiser, der gerade Steven, das hohe, teilweise um die Sitzbänke herummodellierte Süll und große Lufthutzen. Lenksäule und Windschutzscheibe

Großes Bild links: Mitglieder des Deutschen Motorboot-Klubs und des Motor-Yacht-Club von Deutschland 1912 bei einer Fahrt auf dem Wannsee nach Ferch bei Potsdam. Im Vordergrund die neun Meter lange *Ritschy II* mit Daimler-Vierzylinder. Der Motorboot-Klub wurde 1906 gegründet, sein Zweck war laut Satzung unter anderem, »Erfahrungen der Einzelnen im Motorbootwesen der Allgemeinheit dienstbar zu machen«

Das beliebteste NAG-Autoboot war 1911 der in Berlin-Rummelsburg gebaute Typ K2 S, lieferbar mit Zwei- oder Vierzylinder

sind in Form und Funktion identisch zu den von Automobilen – aus denen auch oftmals die Maschine stammte.

DIE DAIMLER-MOTOREN-GESELLSCHAFT war diesbezüglich in den Jahren vor dem Ersten Weltkrieg unangefochten Marktführer. Das Programm umfasste Zwei-, Vier-, Sechs- und Achtzylinder-Reihenmotoren von fünf bis 300 PS. Der Konzern konnte unterschiedlichste Aggregate liefern, schnell- und langsamlaufende: Pkw-Motoren (etwa aus dem berühmten Mercedes Simplex), Luftschiff- und Flugmotoren sowie speziell für den Einsatz auf dem Wasser konzipierte Bootsmotoren aus dem 1902 erworbenen Werk in Berlin-Marienfelde. Als Kraftstoff kamen Benzin, Benzol, Schwerbenzin, Spiritus, Petroleum oder diverse Mischungen dieser Flüssigkeiten in Frage.

Schon 1905 setzte die venezianische Post nicht mehr auf traditionsreiche Gondeln, sondern auf moderne Wasserlimousinen. Der abschließbare Salon hatte geschlossene Fenster und im Inneren ein Regalsystem für die Sendungen an die einzelnen Bezirke. Im Hintergrund der Dogenpalast am Markusplatz

Neben Daimler engagierten sich hauptsächlich Argus, Cudell, De Dietrich, Deutz, Dixi, Dürkopp, Fafnir, Lloyd, Protos und einige Marken, die keinen Automobilbau vorzuweisen hatten – etwa Breuer, Kämper, Körting, Magnet und Wolf & Struck. In den anderen Ländern Europas waren Brooke, Delahaye, F.I.A.T., Hispano-Suiza, Hotchkiss, Itala, Panhard & Levassor, Renault, Saurer, Thornycroft und Wolseley häufig anzutreffende Namen. Der amerikanische Markt war zu dieser Zeit deutlich weniger von der Autoindustrie geprägt – die meisten der weit über hundert Motorenhersteller hatten mit Autos nichts am Hut oder mussten ihre Versuche, sich auf diesem Markt zu betätigen, meist nach ein paar Prototypen wieder einstellen.

IN DEUTSCHLAND HINGEGEN traten Automobilwerke sogar wieder offiziell als Bootshersteller auf, so wie es Daimler in den 80er/90er-Jahren gemacht hatte – beispielsweise NAG. Die NAG (zunächst Neue Automobil-Gesellschaft, ab 1915 Nationale Automobil-Gesellschaft) wurde 1901 vom AEG-Gründer Emil Rathenau und seinem Sohn Walther gegründet – beide sahen im noch jungen Automobil eine große unternehmerische Zukunft. Auch vom Boom der Autoboote wollten die beiden profitieren. Erfahrung im maritimen Bereich bestand bereits, weil die AEG Elektromotoren für Lastkähne herstellte. So entstand im Frühjahr 1905 am Standort in der Berliner Ostendstraße eine neue Produktionsstätte für »Schiffsmotoren von 8–100 PS«. Unter eigenem Markennamen wurden »komplette Motorboote in jeder Ausführung« angeboten – bestellt wurde direkt in den Verkaufsräumen der NAG. Die Rümpfe »in feinster Mahagoni-Ausführung« baute in Lohnfertigung die Anker-Werft in Berlin-Rummelsburg, die nur fünf Kilometer spreeabwärts lag. Dort erfolgte auch die Auslieferung an die Kunden – mit Taufe und anschließender Probefahrt. Mit Ausbruch des Ersten Weltkriegs endete nach neun Jahren die Ära der NAG-Boote.

Wassersport um 1910. Auf dem Bild vom Lake of the Woods, Ontario (Kanada) sind verschiedene frühe Autoboote vertreten

Auch 25 Jahre nach ihren ersten Auftritten standen sich Auto und Motorboot nahe – was die Verkaufsstellen betrifft, war das oft durchaus wörtlich zu nehmen. Zum Beispiel beim Lürssen-Generalvertreter für Österreich-Ungarn, Karl Edler von Brenneis, der in seinem Wiener Betrieb nicht nur Boote, sondern auch Autos der Marke Loreley aus Thüringen anbot. Das Foto wurde um 1910 aufgenommen

Die *Simplex III* in Fahrt. Motor und Bootskörper wurden von Smith & Mabley in New York gebaut. Der 5.7-Simplex-Vierzylinder hatte 30 PS. Das Boot gewann 1905 die Fernfahrt New York–Poughkeepsie

Argus, Dixi, Mercedes und in den USA Smith & Mabley warben ebenfalls mit eigenen kompletten Booten, nicht nur mit ihren Motoren – siehe Kapitel 11.

ÜBERHAUPT WAR WERBUNG ein noch recht neuer, aber wichtiger Faktor im jungen Jahrhundert. Neben in grellem elektrischen Licht strahlenden Ausstellungen und gesellschaftlich bedeutsamen Motorsport-Veranstaltungen trug die »Propaganda« wesentlich zur immer größer werdenden Popularität von Autos und Autobooten bei. Die in vielen Ländern gegründeten Fachzeitschriften boten hier eine ideale Plattform, allen voran »The Motorboat«, »The Rudder«, »La Vie au Grand Air« und in Deutschland »Die Yacht« und »Motor«.

Als Werbung für den US-Hersteller Ferro endete im September 1910 auch die waghalsigste Aktion dieser Epoche: Kapitän Klaus Larsen aus Detroit bezwang mit einem wilden Ritt in seinem Autoboot die lebensgefährlichen Stromschnellen an den Niagara-Fällen. Er wurde so zum Sinnbild der Leistungsfähigkeit von Motoren zu Wasser. Allerdings nicht allein: Das mondäne Monaco war seit 1904 ebenfalls Schauplatz wilder Ritte.

Die *Go Devil* ist ein früher Entwurf vom Genie John Hacker, der in den 20er/30er-Jahren für eine ganze Reihe von Weltklasse-Entwürfen verantwortlich zeichnete

Dieses Motiv aus einer Anzeige aus dem Jahr 1911 zeigt den 35-Fuß-Autoboottyp »Express« von Elco aus Bayonne, New Jersey. Der Elco-Werbespruch lautete: »You'll be always proud of your Elco« (»Auf Ihre Elco werden Sie immer stolz sein«). Das 10,66 Meter lange Boot war mit einer Höchstgeschwindigkeit von 40 km/h angegeben

Das größte und schönste Modell des amerikanischen Herstellers X-Celo war der zehn Meter lange Typ »Deluxe«. Mit Sechszylinder schaffte das Boot 1910 bereits 45 km/h. Charakteristisch für frühe Autoboote waren der gerade Steven, die wenig aerodynamische Frontscheibe und ein hohes Süll, das an die Sitzbänke angepasst ist. Speziell über die *Mink*, die hier von einer Dame in Gewässern der amerikanischen Ostküste bewegt wird, sind leider keine näheren Informationen bekannt

ist der Held des Tages. Er besiegt den Niagara und hält unter der Lupe stand. Lesen Sie, was die Königl. sächs. Versuchsanstalt der Techn. Hochschule Dresden in No. 32 über Ferro schreibt und zögern Sie nicht, einen Ferro in Ihren Dienst zu stellen.

Generalvertretung und Fabrikniederlage: SORGE & SABECK G. m. b. H., BERLIN W. 66.

1910 war das Jahr, in dem das Autoboot die rauen Gewässer des Niagara bezwang. Dem in einer Zeitung veröffentlichten Aufruf, sich einem Rennen durch die »Whirlpool Rapids«-Stromschnellen zu stellen, kam der Draufgänger Klaus P. Larsen (oben und rechts, mit weißem Hemd) aus Detroit als Einziger nach. Am 18. September 1910 begab er sich allein mit der *Ferro* in die gefährlichen Strudel, die ihn von der kanadischen Seite nach Lewiston, USA, schmetterten. Die Ferro Machine & Foundry Co. schlachtete das Ereignis weltweit werbewirksam aus, in Deutschland rührte Sorge & Sabeck mit einem dramatischen Plakatmotiv die Werbetrommel. Vor tausenden Zuschauern wiederholte Larsen im Jahr darauf seine abenteuerliche Fahrt, diesmal allerdings in einem Boot mit Scripps-Maschine, einem 8/10-PS-Zweizylinder

Schon früh im 19. Jahrhundert waren Baldachine als Schutz gegen Sonne und Regen auf Booten beliebt. Hier ziert ein solcher die *Jeanne d'Arc*, die zudem eine hölzerne Absturzsicherung auf dem Vordeck aufzuweisen hat. Das Foto entstand um 1907 am Gerdsee beim lothringischen Ferienort Gérardmer und war ein verbreitetes zeitgenössisches Postkartenmotiv

Vierzylinder-Benzinmotoren mit 20 bis 40 PS waren um 1910 für Autoboote erste Wahl. Wer sich einen Saurer SM IV (Foto) mit 70 PS leisten konnte, war überdurchschnittlich motorisiert. Der schweizer Hersteller hatte auch Wendegetriebe, Steuerrad, Propeller samt Welle und Tank in seinem Angebot, siehe Seite 53

Die Autoren erwarben dieses mit Retuschen versehene Foto in der Hoffnung, dass die Rückseite die Vermutung bestätigt, dass die *Dagmar* mit einem Motor des gleichnamigen Autoherstellers aus Hagerstown, Maryland ausgestattet war. Leider Fehlanzeige: Statt aufschlussreicher Angaben findet sich nur ein Stempel von 1916 – die Automarke wurde erst 1922 gegründet

Nicht Saddam Hussein, sondern Giacomo Puccini ist hier auf dem Mittelmeer unterwegs. Der italienische Komponist war schon früh begeisterter Motorbootpilot und deshalb schon im ersten Kapitel dieses Buches zu sehen. Die Aufnahme dürfte kurz vor dem Ersten Weltkrieg gemacht worden sein

Autoboote waren meist schicke Statussymbole. Einige mussten aber auch schwer arbeiten. Diesem Exemplar sieht man seinen harten Alltag an. Der Fahrer hat für sicheres Anlegen ein großes Fendertau ums Boot gespannt, Heck und Verdeck sind verschmutzt. Das Foto ist undatiert und ohne Beschriftung, die Flagge weist aber auf einen Einsatz in Böhmen hin. Um 1905

Adolph Saurer, Arbon (Schweiz)

SAURER

Boots-Motoren

für Betrieb mit:

Benzin, Schwerbenzin, Benzol, Spiritus.

	Grösse		SM I	SM II	SM V	SM IV
Leistungen:	Für Luxusboote:					
	Normale Tourenzahl	—	700	700	700	700
	Normale Leistung	PS	11	21	35	70
	Für Schlepp- und Lastschiffe:					
	Normale Tourenzahl	—	450	450	450	450
	Normale Leistung	PS	7	13	22	45
Abmessungen:	Zylinderzahl	—	4	4	4	4
	Durchmesser	mm	88	110	120	130
	Hub	mm	120	140	180	250
	Brennstoffverbrauch pro PS.-Stunde	g	320	315	310	300
	Gewicht des Motors netto	kg	235	350	480	700
	Gewicht der ganzen Anlage netto	kg	450	600	750	1100
	Raumbedarf der verpackten Anlage	cbm	1,7	1,7	2,7	4,3
Preise:	Motor Einschliessl. Schwungrad, Handandrehvorrichtung, Schaltbrett, Fundamentschienen, Motorhaube, normale Reserveteile und Werkzeuge.	Fr.	3800.—	4600.—	6200.—	10800.—
	Umsteuerungsvorrichtung Einschliessl. Gelenkkupplung u. Zwischenwelle	Fr.	1225.—	1450.—	1500.—	1800.—
	Steuerbock	Fr.	190.—	190.—	220.—	240.—
	Propellerwelle und Stevenrohr	Fr.	135.—	145.—	180.—	240.—
	Propeller	Fr.	100.—	135.—	150.—	220.—
	Benzinbehälter und Rohrleitungen	Fr.	200.—	280.—	300.—	450.—
	Vollständige Anlage (Ohne Einbau in das Boot).	Fr.	5650.—	6800.—	8550.—	13750.—
	Schlüsselwort	—	Zahllos	Zahlperle	Zahlrodel	Zahlstube
	Mehrpreis f. Druckluft-Anlaßvorrichtung	Fr.	800.—	800.—	800.—	800.—
	Einbau in Arbon	Fr.	350.—	400.—	400.—	450.—
	Verpackung	Fr.	65.—	75.—	75.—	85.—

Technisches Datenblatt mit Preisen, um 1910

Albert D. Proctor Smith und Carlton R. Mabley waren zur Jahrhundertwende nicht nur der größte US-Importeur von Autos der Marken Mercedes, Panhard, Peugeot und Renault – Smith & Mabley betätigte sich zudem ab 1902 als Auto- und ab 1904 als Autoboothersteller. Auf der National Motor Boat Show 1906 in New York konnten auf dem S&M-Stand nicht nur Enten und Gänse bewundert werden, sondern auch ein »Auto Boat« – und das sogar in seinem angestammten Element. Für die Bootsausstellungen 1905 und 1906 legte man in der Mitte des Madison Square Gardens ein künstliches Gewässer an, um die Exponate natürlicher präsentieren zu können

O BOATS
th & Mabley Inc.

Bis Mitte des Jahrzehnts waren auf den Shows in Boston, Chicago und New York französische Automarken prominent vertreten. Danach geriet der amerikanische Markt fest in die Hände einheimischer Anbieter. Die fünf Fotos rechts zeigen die Boston Boat Show 1905, die 26.000 Besucher anzog

Ausstellungen hatten großen Anteil daran, dass Motorfahrzeuge populär wurden. Die Plakate sind aus 1907 (Kiel, Zürich) und 1915

Auf dem Pariser »Salon des véhicules industriels« 1908 zeigt Renault neben Nutzfahrzeugen eine ganze Palette von Motoren – und ein Boot

Auf der National Motor Boat Show New York 1909 waren sowohl der künstliche See als auch die ausländischen Firmen längst verschwunden. Die Platzhirsche bei Autobooten waren Detroit, Elco, Gas Engine & Power Co., Mullins (Foto), Racine, Toppan und X-Celo. Die späteren Stars der Branche, Chris Smith und John Hacker, waren ebenfalls schon als Konstrukteure aktiv. Was die Motoren betrifft, war das Angebot riesig. 1914 schalteten in einer einzigen Ausgabe des Magazins »The Motorboat« allein 63 Hersteller Anzeigen – allerdings waren nur wenige auch im Automobilbau aktiv, wie Buffalo, Lozier, Olds, Simplex oder Winton

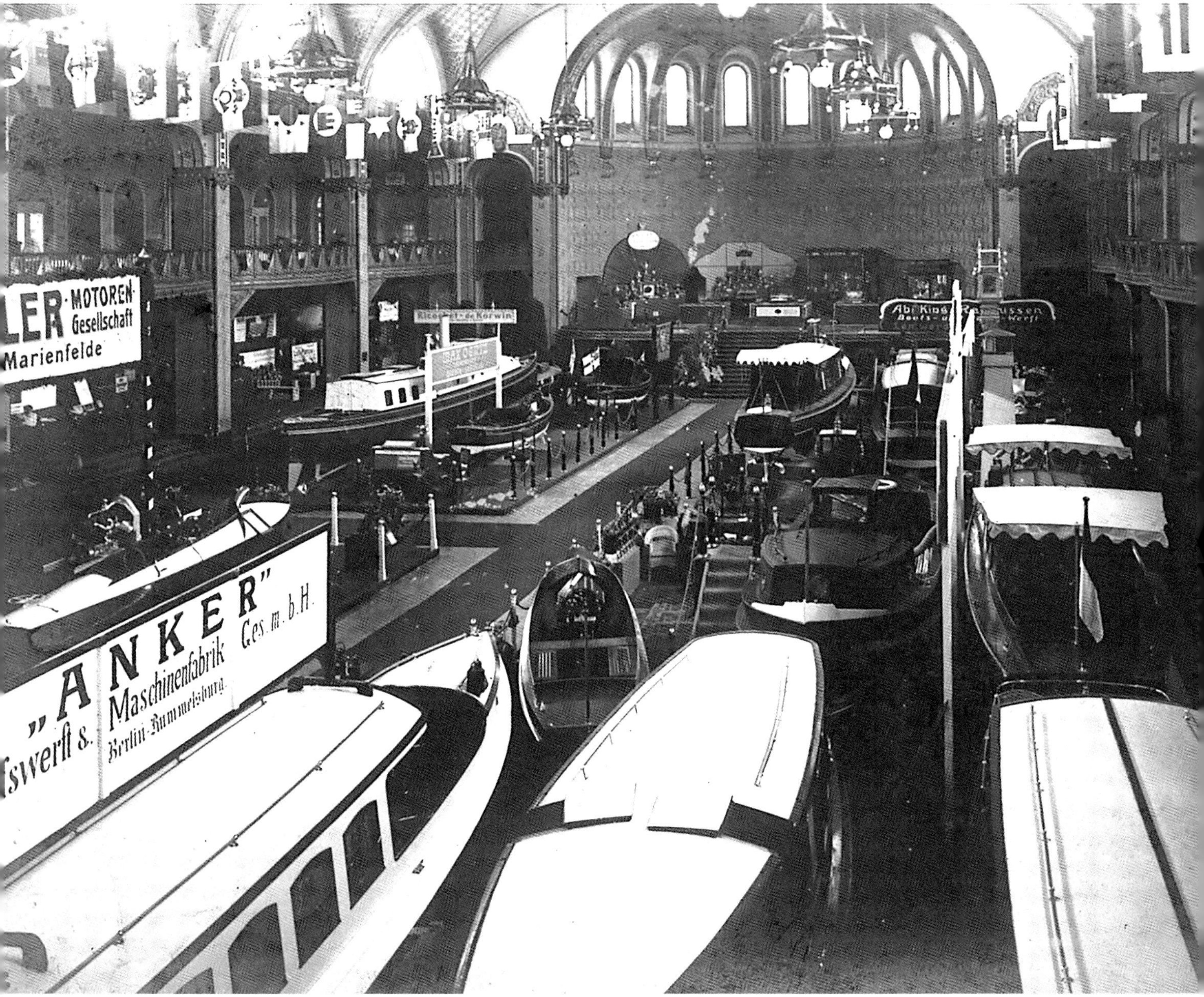

Die großen Flächen in den Ausstellungshallen am Berliner Zoo belegten erwartungsgemäß die Großen der Branche: Daimler, NAG und Siemens sowie Engelbrecht, Lürssen und Oertz. Mit dem Zweitaktspezialisten Ferro aus Cleveland, der schwedischen Motorenfabrik Bolinder und der Pariser Werft de Korwin, die zwei Rennboote von der Seine an die Spree brachte, war die Messe tatsächlich ein bisschen international. Für Abwechslung sorgten die Hamburger Firma Zeise, die eine Propeller-Pyramide errichtete, ein unter dem Hallendach schwebender Parseval-Lenkballon und »verschiedene motorisch betriebene Luftfahrzeuge«, wie die »Yacht« berichtete

Nach der ersten Motorboot- und Motorenausstellung, die 1907 im Rahmen der Kieler Woche stattfand, eröffnete Admiral von Tirpitz drei Jahre später in der Hauptstadt die zweite. 186 Stände mit Booten, Motoren und Zubehör gaben »ein Zeugnis davon, welche Fortschritte auf diesem Gebiete zu verzeichnen sind«, wie ein Journalist begeistert feststellte. Das offizielle Plakat gestaltete Werbe-Pionier Ernst Neumann-Neander

Werftinhaber John Faul lässt im Mai 1914 die *Wilhelmina* höchstpersönlich vom Stapel. Die Probefahrten auf dem Zürichsee erledigte später ein Mitarbeiter. Maße: 8,30 x 1,44 Meter, Tiefgang: 50 cm. Als Antrieb fungierte ein 12-PS-Zweizylinder

YACHT WERFT

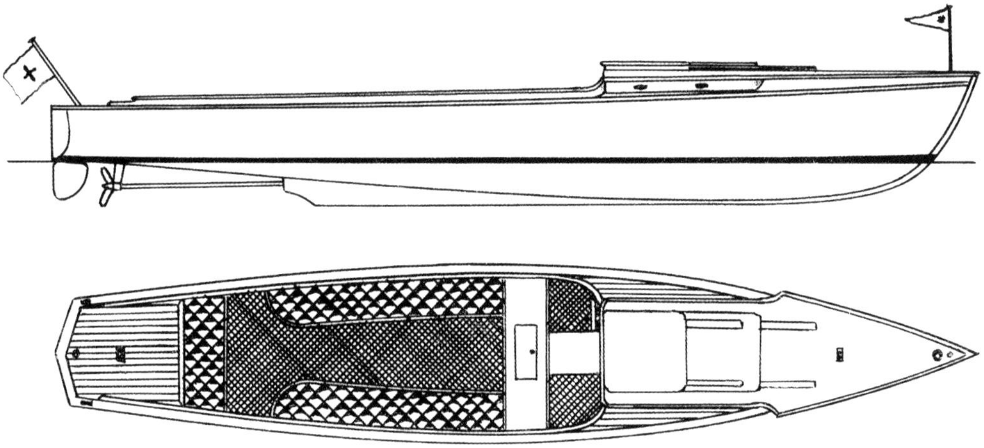

Die *Porticcio* ist auch ein Faul-Entwurf, der durch schnittige Linienführung besticht. Maße: 9,00 x 1,67 Meter, Tiefgang: 60 cm. Mit ihrem Saurer SM II schaffte sie 22 km/h, der Preis betrug 1914 7000 Franken. Im Faul-Archiv ist »elegante sorgfältige Bauausführung in Mahagoni mit Doppelhaut« vermerkt. Im Bild oben legen Werftmitarbeiter letzte Hand an und komplettieren den Antifowling-Anstrich aus Kupferfarbe. Der helle Wasserpass stellt die Abgrenzung zu dem mit Klarlack versiegelten Mahagoni dar

Links: Die *Fiertz* von 1913 hat eine wassergekühlte V8-Maschine mit 90° Bankwinkel im Vorschiff. Exakte Angaben über das schmucke schweizer Boot sind leider nicht mehr vorhanden, es könnte sich aber um einen Motor der Société Ader handeln. Die Pariser Firma baute 1900 den ersten V8 überhaupt und engagierte sich in den Jahren darauf neben dem Bau von Autos auch im Bereich Bootsantriebe

Weitere Fotos aus dem Faul-Archiv: rechts die *Amy* mit Zweizylindermotor, 1914. Sie war mit 12 km/h angegeben. Am Steuer Hans Faul, ältester Sohn des Gründers, der im Bild oben am Zeichentisch steht. Darüber die werfteigene *Yacht-Werft Horgen* von 1915. Länge: 9,00 m, Breite: 1,80 m, Tiefgang: 65 cm. Motor: 7-PS-Saurer. Der Werbeprospekt behauptete: »Dieser Typ erreicht grösste Stabilität und Geschwindigkeit mit wenig Kraftaufwand«

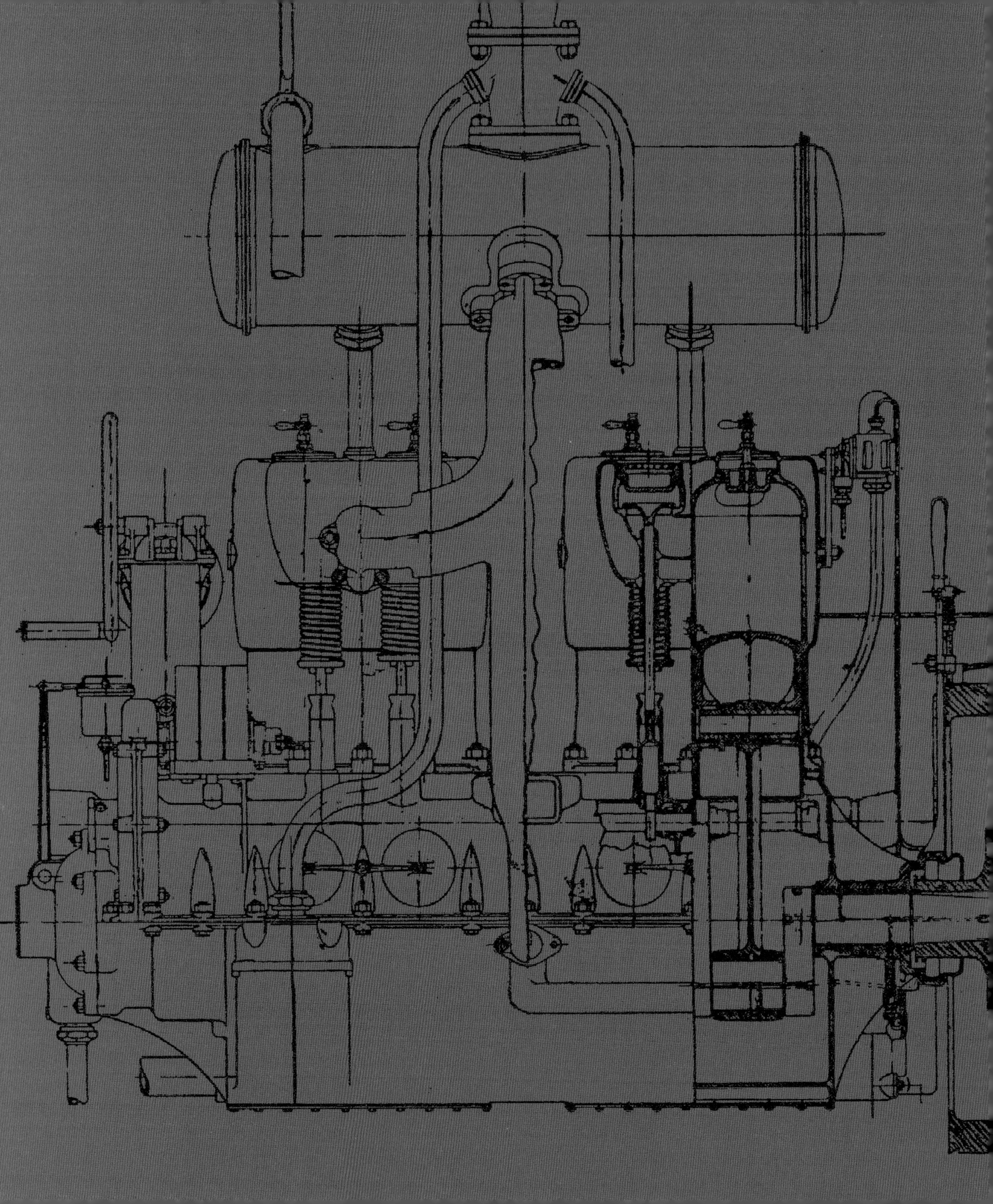

Kapitel 4 | Die ersten Rennen 1900–1914

Glücksspiel in Monte Carlo

Die Freude an der Bewegung liegt in der Natur des Menschen. Das Kräftemessen ebenso. Nicht nur vor Monaco war der unberechenbarste Gegner aber oft das Meer

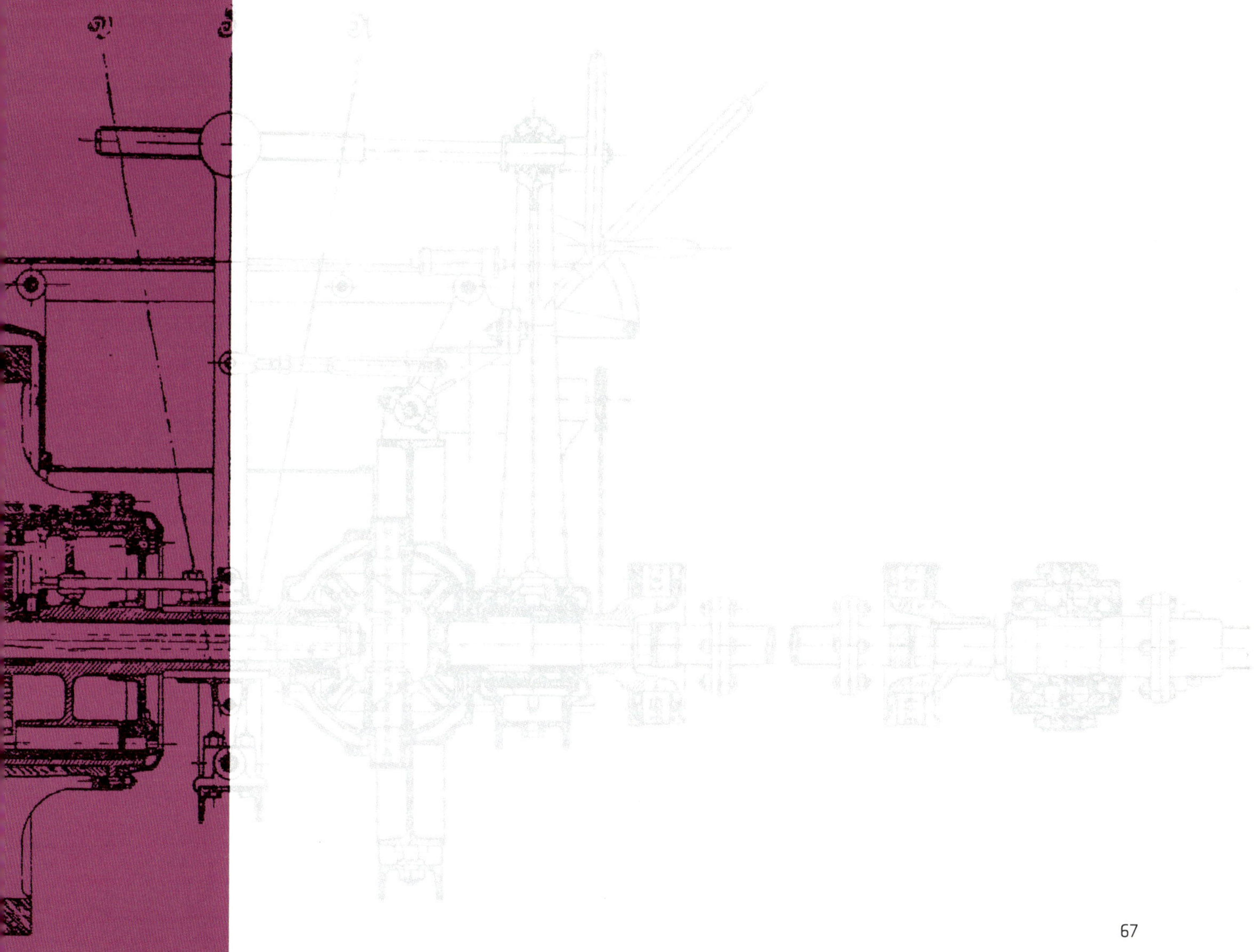

10
10

WIE BEIM AUTOMOBIL war auch beim Boot der Rennsport Motor der Innovation. Und genauso war es Frankreich, wo die rasante Entwicklung ihren Anfang nahm. Die berühmten Namen Benz, Daimler, Diesel, Maybach und Otto täuschen darüber hinweg, dass sich das Automobil von der Île-de-France aus seine Bahn brach.

Schon Ende der 1860er-Jahre gab es in Paris und Bordeaux Radrennen – mit dieser Tradition war es kein Wunder, dass auch die ersten Autorennen in Frankreich stattfanden. Der erste Stadt-zu-Stadt-Wettbewerb war 1894 die Fernfahrt Paris–Rouen. Bereits 1899 muteten sich 19 Teams eine 2172 Kilometer lange Rundreise von Paris über Nantes zurück nach Paris zu. In den Starterlisten am Ende des 19. Jahrhunderts finden sich Marken wie DeDion-Bouton, Mors, Panhard & Levassor, Peugeot und Winton; hinter den Lenkrädern quälten sich Männer namens Charron, Clément, Fournier, Girardot, de Knyff, Le Blon und Voigt. Nur kurze Zeit später werden uns alle an Bord von Motorbooten wiederbegegnen. »Braunbeck's Sportlexikon« konstatierte 1910: »Der Explosionsmotor stellt das starke, stählerne Band dar, das Motorbootwesen und Automobilismus bis heute so eng zusammenhält.«

Das erste professionell fotografisch festgehaltene Motorbootrennen war der Course Paris à la Mer.
Das Bild oben entstand im September 1903 im Hafen von Rouen: Die *Marthe* liegt mit anderen Teilnehmern im Päckchen, es geht entspannt zu. Ganz besonders beim jungen Mann auf der *Eagle* mit Startnummer 35

DIE ERSTE WETTFAHRT MIT MOTORBOOTEN hatten 1894 auch Franzosen ausgetragen, Schauplatz war Nizza. Dem Rennen zwischen den schwachbrüstigen *Colibri*, *Sainte-Andrée*, *Gipsy* und *Jolie-Brise* wohnte sogar »zahlreiches und elegantes Publikum« bei, wie Fernand Forest zu berichten wusste – versehentlich war die Veranstaltung als Segelregatta angekündigt worden. In Paris gründete sich 1899 der erste Motorbootclub der Welt, der »Hélice Club«. Zwar traten 1902 zwölf Motorboote auf dem Wannsee gegeneinander an und 1903 stiftete der Eigentümer der Daily Mail in London den Nationen-Wettkampf »Harmsworth-Trophy«. Aber bis 1903 waren Paris und Nizza Nabel des Wassersports. Das änderte sich 1904: Unter der Schirmherrschaft von Ozeanforscher und Yachtbesitzer Fürst Albert I. fand das erste Motorboot-Meeting von Monaco statt, das jährlich vor 30.000 Zuschauern bis 1914 wiederholt wurde.

DAS MONDÄNE FÜRSTENTUM kam den damaligen Autoherstellern als Bühne für ihre Motoren gerade recht. Der Automobilsport war durch die tödlichen Unfälle beim Rennen Paris–Madrid 1903 in die Kritik geraten. Zudem waren Straßenrennen deutlich kostspieliger als die Wettbewerbe auf dem Wasser. Und so gesellten sich in den frühen Motorbooten zu den harmlosen Ein- und Zweizylindern von DeDion-Bouton und Aster bald große Gordon-Bennett- und Grand-Prix-Vierzylinder aus Renn-

Unter dem markanten Decksaufbau der *Marthe* befand sich ein 20-PS-Vierzylinder von L. Gardner and Sons aus Manchester. Besitzer Cazes aus Frankreich betrieb ihn mit Petroleum, was ihm zahlreiche Pokale einbrachte, da Petroleum-Boote meist in einer eigenen Klasse gewertet wurden. Der Motorenhersteller Gardner existierte noch bis Mitte der 1990er Jahre. Mit Gardner-Serpollet stand er nicht in Verbindung

Die acht Meter lange *Centaure* im März 1902 bei der Regatta »Circuit de Nord« auf der Seine, bei der eine 38 Kilometer lange Strecke von La Pecq bis Conflans zu absolvieren war. Von zehn angekündigten Teilnehmern erschienen nur zwei, die *Lutèce* und eben die *Centaure*. Da sie zwei Jahre älter und etwa 50 PS schwächer war, unterlag sie deutlich. »Centaure« war eine Motorenbezeichnung von Panhard & Levassor. Das Boot wurde von Rene Panhard mit 8 PS gemeldet, es dürfte sich daher um einen 2,4-Liter-Vierzylinder gehandelt haben (unten). Die *Centaure* wurde nach Plänen von Arthur Constantin Krebs bei der Werft Pitre & Cie in Maisons-Laffitte gebaut. Krebs, der sich schon seit den 1880ern mit Luftschiffen, Booten und Autos beschäftigte, war von 1897 bis 1916 Chef von Panhard & Levassor. Bereits bei der Weltausstellung 1900 nahmen er und Panhard auf der *Centaure* bei den Motorboot-Demonstrationsfahrten auf der Seine teil

Panhard & Levassor

Der »Centaure« in der Version von 1902. Die Auslassventile wurden mechanisch gesteuert, die Einlassventile waren federbelastete Schnüffelventile, die sich durch die Abwärtsbewegung des Kolbens im Ansaugtakt öffneten

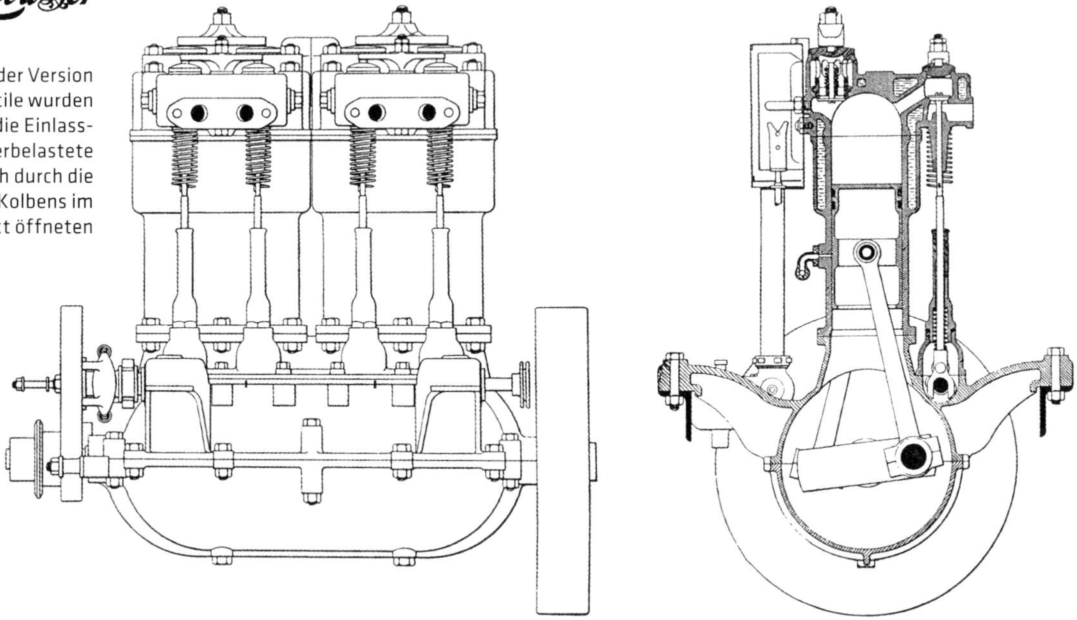

wagen. Beispiele dafür sind Brasier, Daimler und Panhard & Levassor. Das Engagement von Brasier gipfelte 1910 in einer Armada von fünf Werksbooten, die den modifizierten 1908er Rennmotor an Bord hatten.

Daimler tat sich nicht mit Werkseinsätzen hervor, bei der deutschen Marke standen der Frankreich-Generalvertreter Charley, Emil Jellinek und der Karosseriebauer Védrine an vorderster Front. In ihren Booten, die stets den Namen *Mercedes* führten, kamen verschiedene Simplex-Aggregate zum Einsatz.

FAST ALLE AUTOHERSTELLER in Europa machten bei dem Spektakel mit. Erfolge wurden in großen Zeitungsanzeigen lautstark kundgetan. Die Presse berichtete zuverlässig Woche für Woche. Allerdings bestand auch das Risiko, in aller Öffentlichkeit zu versagen: Das im Vergleich zu Flüssen und Seen raue Mittelmeer schlug jedes Jahr zuverlässig etliche Konstruktionen kaputt. Siege gelangen nicht nur mit einem gelungenen Boot und fahrerischem Talent. Es gehörte stets auch Glück dazu.

Das hielt die Szene aber nicht davon ab, ihren Ehrgeiz auszuleben. Es war schon 1905 abzusehen, dass in den großen Klassen Automotoren nicht länger ausreichten, um in immer größere Geschwindigkeitsbereiche vorzustoßen – ein Wettrüsten begann. Um die Nase vorn zu haben, koppelten die Konstrukteure zwei oder drei Automotoren, erste V8-Motoren wurden entwickelt. Nur mit einer Vergrößerung der Maschinen konnten die Ingenieure damals die Leistung spürbar heraufschrauben. Delahaye ließ sich 1905 mit einem 350 PS starken Vierzylinder als Hersteller des stärksten Verbrennungsmotors der Welt feiern – der »Titan« war zwei Meter lang, 1,60 Meter hoch und hatte 86 Liter Hubraum, das waren 21,5 pro Zylinder.

DEM AMERIKANISCHEN MULTIMILLIONÄR Price McKinney gebührt die Ehre, den wahnwitzigsten Motor vor dem ersten Weltkrieg in ein Sportboot verpflanzt zu haben: den Double-Action-Sechszylinder der Standard Motor Construction Co. aus New Jersey. Standard-Vizepräsident Carl Carlos Riotte war der Schöpfer dieses Ungeheuers, das als erster Benzinmotor überhaupt die 500-PS-Grenze knackte. Das Aggregat hatte 151 Liter Hubraum, war drei

Oben: Die *Camélia* von Réne Chapu bei der Zielankunft des Rennens Course Paris à la Mer in Trouville 1903. Als Antrieb dient ein DeDion-Bouton-Einzylinder mit acht PS. Das 6,50 Meter lange Boot nahm im Jahr darauf auch am Rennen Calais–Dover teil

Die *Flore* (oben und links) 1903 auf der Seine, an der Pinne Eigner Senot. Ihr 20 PS starker Vierzylinder stammt von der französischen Automarke Otto, die von 1901–1914 in Paris existierte. Mit Nikolaus Otto hatte sie nichts zu tun

Course Paris à la Mer 1903.
Das Rennen von der Hauptstadt zum Atlantik war eine Sensation, das am Ufer der Seine hunderttausende Neugierige in den Bann zog. Die Teilnehmer mussten die 322 km lange Strecke in sechs Etappen bewältigen. Die Panoramen zeigen den Start der fünften Etappe von Rouen nach Trouville-La-Haule

Meter lang und wog 3,4 Tonnen. Die Zylinder arbeiteten nach dem Doppelwirkungsprinzip, schon bei 300 Umdrehungen gab der Motor 300 PS ab – das Rennboot *Standard* kam so auf mehr als 50 km/h. Es gab zwei Boote gleichen Namens, das erste entstand im Winter 1905/06, das zweite wurde eigens für das Monaco-Meeting 1909 gebaut. Der Motor wurde vom alten ins neue Modell umgesetzt, überarbeitet und auf 525 PS gebracht. Die Fahreigenschaften ließen allerdings zu wünschen übrig: Der Propeller mit einem Meter Durchmesser entwickelte so starke Sogwirkung, dass das Heck beim Beschleunigen abgrundtief absackte. Zu einer Rennteilnahme kam es auch nicht: Beim ersten Probelauf havarierte die *Standard*, und das Team musste alle weiteren Starts absagen.

NICHT NUR DIE AMERIKANER zog es an die Côte d'Azur. Nachdem 1909 und 1910 reichlich Lehrgeld gezahlt wurde, schlug 1911 endlich die Stunde der Deutschen. Otto Lürssen gewann mit der *Lürssen-Daimler* alle wichtigen Preise des Monaco-Meetings. Sie hatte nur 105 PS – das Geheimnis, gegen Konkurrenten mit bis zu 800 PS zu bestehen, hieß Gleitfahrt. Die Ingenieure hatten Ende des Jahrzehnts eingesehen, dass die immer stärker und schwerer werdenden Maschinenanlagen in eine Sackgasse führten: Die nach dem Verdrängerprinzip funktionierenden Boote wurden einfach nicht mehr nennenswert schneller. Die französische Firma Ricochet hatte schon um 1906 begonnen, sich mit ihren »Hydroglisseurs« dem Gleitprinzip zu verschreiben. Auch Lürssen setzte darauf, 1912 und 1913 sogar noch mutiger: Die von ihm konstruierten *Saurer-Lürssen* und *Annette III* wurden von Fotografen in Momenten abgelichtet, wo sie sich bei Vollgas zu sieben Achteln aus der Gischt erhoben.

BOOTSBAU-TRADITIONALISTEN ließen in den ersten Jahren übrigens kein gutes Haar am Gleitboot: »Als alte Wasserratte will es mir nun mal nicht in den Kopf, dass solche Boote ein Fortschritt sein sollen«, war etwa 1909 in der »Yacht« zu lesen. Eine krasse Fehleinschätzung: Verfeinert mit dem Stufenkonzept erreichte Malcolm Campbell 30 Jahre später fast 230 km/h.

C. L. Charley ist ein Name, dem man unweigerlich begegnet, wenn es um Motorsport in den ersten Jahren des 20. Jahrhunderts geht. Ebenso wie Jellineks »Mr. Mercedes« ist Charley ein Pseudonym – eigentlich hieß der 1869 geborene Elsässer Charles Lehmann. Nachdem er sich in den ersten Berufsjahren mit Fahrrädern beschäftigt hatte, brachte ihn sein Interesse an Motorfahrzeugen dazu, Emil Jellinek 1900 davon zu überzeugen, ihm exklusive Daimler-Vertriebsrechte für Frankreich zu gewähren. Legendär war sein Pariser Verkaufsraum namens »Mercedes-Palace« auf der Champs-Élysées, dessen Innenarchitektur eine Mischung aus orientalischem Pomp, Jugendstil und Zirkusmanege gewesen sein soll. Er nannte die Rennboote *Mercedes*, *Mercedes I A. F.*, *Mercedes III*, *Mercedes-Charley*, *Mercedes C. P.* und *Blitzmädel* sein Eigen oder war an ihnen beteiligt. 1904 lobte er einen Betrag von 50.000 Francs für die erste Atlantiküberquerung im Autoboot aus, das Katastrophenrennen Algiers–Toulon 1905 initiierte er mit. Nach Ende der Geschäftsbeziehungen zwischen Jellinek und Daimler 1908 verschwindet sein Name genauso schnell aus den Meldelisten, wie er auftauchte. Charley starb am 25. Mai 1929 in Paris

Genau wie bei Autorennen gab es neben dem Preisgeld bei Bootsregatten schwere von Künstlern gestaltete Trophäen zu ergattern. Oben der Pokal des Prinzen von Monaco 1914

Die schlanke *Mercedes* war das erste Rennboot von C. L. Charley. Sie war mit dem 6785-cm^3-Vierzylinder aus dem damaligen Daimler-Spitzenmodell Mercedes-Simplex ausgestattet, der etwa 40 PS bei 1000/min zustande brachte. Das Foto, das vermutlich im Frühjahr 1903 bei einer Probefahrt entstand, zeigt Charley mittschiffs neben einem unbekannten Mechaniker, der den mächtigen Ganghebel bedient. Die Personen achtern sind die Millionärin Camille du Gast und, an der Pinne stehend, der Bootsführer Paul Vasse, der auch auf den anderen Fotos an seinem Vollbart gut zu erkennen ist

Charleys Boot gewann alle sechs Etappen des Course Paris à la Mer plus Gesamtsieg. Unmittelbar nach dem Ende der Fahrt schlossen sich noch ein Ein- Meilen-Rennen und der Gaston-Menier-Cup über drei Meilen an. Ersteres ging auch an die Mercedes-Mannschaft, letzteres gewann der Amerikaner Selwyn Edge auf der *Napier*

Am Start des Course Paris à la Mer, 30. August 1903: Die Crew der *Mercedes* bereitet sich auf die erste Etappe vor. Startnummer und Rettungsring sind bereits montiert, die Schutzplane vom Motor wird abgenommen. Ein Paddel wartet achtern darauf, sicher verstaut zu werden. Für das strapaziöse 322 km lange Rennen wurden auf dem Vordeck zwei Lüftungsöffnungen angebracht, die auf früheren Fotos noch fehlen

Eine ungewöhnliche (und für die Veröffentlichung in der Zeitschrift »La Vie en Grand Air« heftig retuschierte) Ansicht der zehn Meter langen *Mercedes* in der Schleuse von Bougival. Oben ein Mercedes Simplex, Spender der Maschine

Die *Lutèce* wurde 1902 von Tellier gebaut und war mit zwei hintereinander gekoppelten Motoren von Panhard & Levassor ausgestattet. Schon im Jahr darauf wurde sie modifiziert: Sie erhielt den 70 PS starken P&L-Vierzylinder mit 13.672 cm³ Hubraum, der beim Autorennen Paris–Madrid 1903 zum Einsatz kam. Derart optimiert, gewann sie 1903 den Coupe de l'Auto auf der Seine. Der 300 kg schwere Motor drehte 1000/min und besaß getrennte Zylinder aus Stahl, die mit einem gewellten Kupfer-Kühlmantel umgeben waren. Eine dreiflügelige Schraube mit 60 cm Durchmesser und 13,5 Zoll Steigung brachte die 14,94 Meter lange und 1,50 Meter breite *Lutèce* auf 34 km/h Höchstgeschwindigkeit

Veranstaltungsplakat und Regattastrecke des ersten Monaco-Meetings 1904

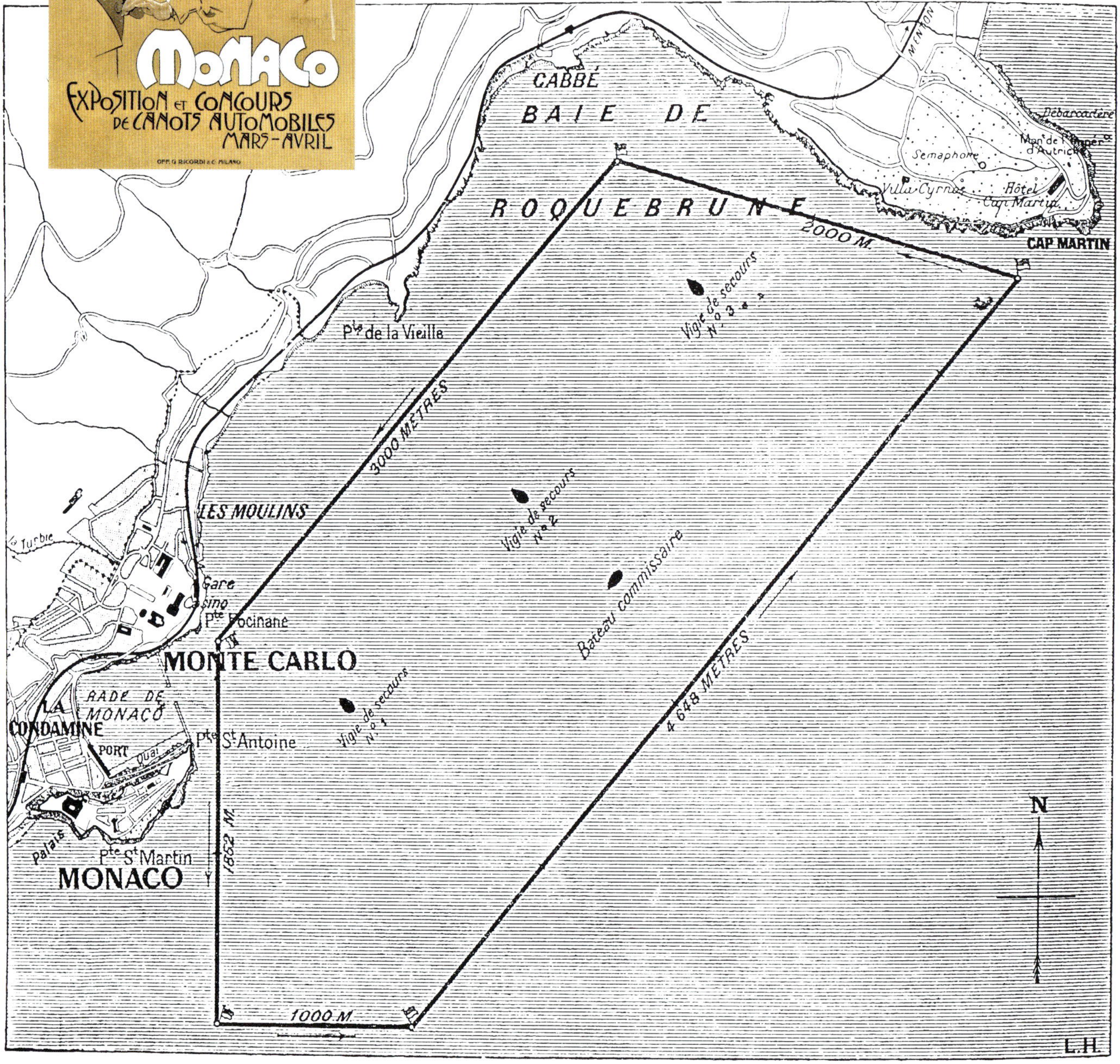

Die Hauptdarsteller trafen meist gut verpackt im Fürstentum ein. Im Vordergrund die *Princesse Elizabeth.* Am Kran die *La Rapee II*, ein Neubau von Tellier fils & Gérard, der auch links beim Ablegen zu sehen ist. Der zierliche Racer war 7,97 Meter lang und hatte einen Panhard & Levassor-Vierzylinder mit 5,3 Liter Hubraum an Bord. Ihre Schwester *La Rapee III* verfügte über einen 7,4-Liter

Zum ersten Monaco-Meeting 1904 reiste der Unternehmer Carlo Enrietti aus Neapel mit der 12 Meter langen *Giulia* (oben) an. Motorisiert war sie mit einem Fiat-Automotor, dem Vierzylinder Typ 16/24 HP mit 4179 cm^3 Hubraum. Bauwerft war Costaguta aus Voltri bei Genua. Gegen die französischen Boote hatte sie nicht den Hauch einer Chance

Alphonse Tellier (mit hellem Hut) und sein Vater Auguste (nicht im Bild) prägten mit ihren Konstruktionen die frühen Monaco-Meetings. Aufnahme in Monaco 1904 an Bord der *Panhard-Tellier*

Die Besatzung der *Vas-Y* betankt ihr Boot. Motoline und Motricine waren gängige Kraftstoffmarken der frühen Jahre

So unscheinbar die nur mit einer kurzen Karriere von 1899 bis 1903 gesegneten Kleinwagen der Société Parisienne auch waren, um so spektakulärer war ihre *Parisienne II*. Der 21 Meter lange Stahlkörper scheint aus einem Jules-Verne-Roman zu entstammen. Besonders markant sind der Rammbug und der an einen U-Boot-Turm erinnernde Aufbau. Unter Deck befanden sich gleich drei Zwölfliter-Gordon-Bennett-Motoren von Mors, die insgesamt 180 PS an die Schrauben sandten. Das Ende ihres Auftritts in Monaco 1904 kam bereits im ersten Rennen und war genauso spektakulär wie ihre Optik: Auslaufendes Benzin entzündete sich und das Boot brannte weithin sichtbar aus. Die *Pi Ouit IV* kam zur Hilfe und nahm die Besatzung an Bord. Der britische Bootsführer Lorne Currie blieb unverletzt, aber seine französische Crew zog sich schwere Verletzungen zu. Das ausgebrannte Wrack wurde in den Hafen geschleppt und im Fahrerlager ausgestellt

Mit Wasser und Sand löschten die Feuerwehrmänner das lodernde Feuer. Die dramatischen Szenen liefen unmittelbar vor Augen des Publikums ab

Dass es Fahrräder und Pfeffermühlen mit dem Peugeot-Löwen gibt, ist allgemein bekannt. Das Unternehmen stellte in seiner rund 200jährigen Geschichte auch Sägeblätter, Federn, Rasierklingen, Bügeleisen, Mofas, Nähmaschinen und vieles mehr her – auch Boote trugen den bekannten Namen. Hier nimmt Louis II., Prinz von Monaco, die *Peugeot III* 1904 in Augenschein (der Mann im Profil, der die rechte Hand in der Manteltasche hat). Bauwerft des 7,90 Meter langen Bootes war Pitre & Cie, der Peugeot-Vierzylinder war mit 3490 cm³ Hubraum angegeben. Mehr als 20 Jahre später machte Peugeot in Sachen Motorboot wieder von sich Reden – siehe Seite 250

Mercedes und *Mercedes II* Seite an Seite. Jellineks Boot trug die deutsche Fahne und unterschied sich nicht nur in der Farbe, sondern auch deutlich in Form und Länge. Der Motor hatte eine Holzabdeckung statt eines Segeltuch-Gestells

Mercedes II von Emil Jellinek, Monaco 1904. Über sie ist weniger überliefert als über Charleys *Mercedes*. Wer sie baute und welcher Mercedes-Simplex-Motor zum Einsatz kam, liegt im Dunkeln. Auch sie lief bereits 1903 vom Stapel. Bei den Wettbewerben vor Monaco wurde sie »von einer Sturzwelle überflutet« und schied aus

Rennunfälle waren in der Pionierzeit des Motorsports nichts Ungewöhnliches – man denke an das Autorennen Paris–Madrid 1903, das nach dem Tod von Marcel Renault und weiteren Teilnehmern und Zuschauern in Bordeaux von den Behörden gestoppt wurde. Am 16. Oktober 1904 forderte auch der Motorbootsport sein erstes Todesopfer: Die *Mercedes I A. F.* kenterte kurz nach dem Start des Coupe de l'Auto in Maisons-Laffitte. Nur wenige Meter neben den Werftgebäuden ihres Erbauers Pitre, der beim Unfall auch am Steuer stand, kam Bordmechaniker Noël ums Leben. Er war Werkstattchef des Mércèdes Palace von C. L. Charley, dem das Boot gehörte. Das Kielwasser der Konkurrenten *Trefle-à-quatre* und *Titan*, die sich backbord und steuerbord voraus befanden, hatte die *Mercedes I A. F.* zum Schlingern gebracht. Ihr schlanker flacher Bootskörper in Kombination mit dem hochaufragenden, mehr als 250 kg schweren Simplex-Motor besiegelte das Schicksal der *Mercedes I A. F.*: Sie kenterte in Sekunden

Der umtriebige französische Unternehmer Adolphe Clément betätigte sich Ende des 19. Jahrhunderts hauptsächlich mit der Fertigung von Fahrrädern. Ab 1897 entstanden dann erste Autos unter dem Namen Gladiator. 1903 gründete er den Autohersteller Clément-Bayard. Auch er ließ es sich nicht nehmen, ein von ihm motorisiertes Rennboot vorzustellen. Die *Bayard* (der Name geht auf einen mitteralterlichen Ritter zurück) entstand auf der Werft Société la Marguerite und verfügte über zwei 100-PS-Vierzylinder. Die Motoren standen sich mit der Schwungradseite gegenüber. Beide bedienten ein spezielles Getriebe mit zwei Krafteingängen und einem Kraftausgang (Schraubenwelle). Das Boot sollte Öffentlichkeit, Militär und sportliche Wettbewerber mit Spitzengeschwindigkeiten von mehr als 50 km/h beeindrucken. Ob das gelang, ist nicht überiefert. Bei der Harmsworth-Trophy 1904 blieb die *Bayard* jedenfalls am Start stehen, da sich die Ankerleine mehrfach um den Propeller wickelte. 1922 ging Clément-Bayard ein, die Fabrik in Paris wurde von Citroën übernommen

Die britische Rennfahrerin Dorothy Levitt (1882-1922) pilotierte die *Napier*. Levitt gewann 1903 mit ihr den Gaston Menier Cup und die Harmsworth-Trophy, ein Nationen-Wettkampf, der vom Stellenwert dem Gordon-Bennett-Rennen gleichkommen sollte. Eigentümer des 11,90 Meter langen Stahlboots war der Napier-Werksfahrer und -Händler Selwyn Francis Edge (1868–1940), der 1902 den Gordon-Bennett-Pokal gewonnen hatte. Der Entwurf für die *Napier* stammte von Linton Hope. Schon im Herbst 1903 wurde sie an den Ölbaron Henri Deutsch de la Meurthe verkauft, der sie zunächst der französischen Marine vorführte. Unter dem Namen *N'a pas Pied* nahm sie danach noch einige Zeit an Rennen teil. Technische Daten: Reihen-Vierzylinder Typ K5 Gordon-Bennett, 13.726 cm³, 80 PS, rund 37 km/h Höchstgeschwindigkeit

Die *N'a pas Pied* zwischen zwei Kontrahenten (hinten *Marsouin*, bei dem vorderen könnte es sich um die *Mendelssohn* handeln) bei der Regatta in Juvisy im September 1904. Die Seine-Brücke ächzte unter ihrer Last: Mehr als 20.000 Zuschauer kamen zum Start

Auf die *Napier* ließen die Briten die *Napier II* folgen. Sie hatte gleich zwei K5-Motoren und war ein gefürchteter Gegner der Franzosen. Anders als bei der *Bayard* waren die Motoren nebeneinander angeordnet. Die gesamte Maschinenanlage brachte eine Tonne auf die Waage und leistete 140 PS. Zum Größenvergleich unten ein herkömmlicher Napier 15 HP von 1904

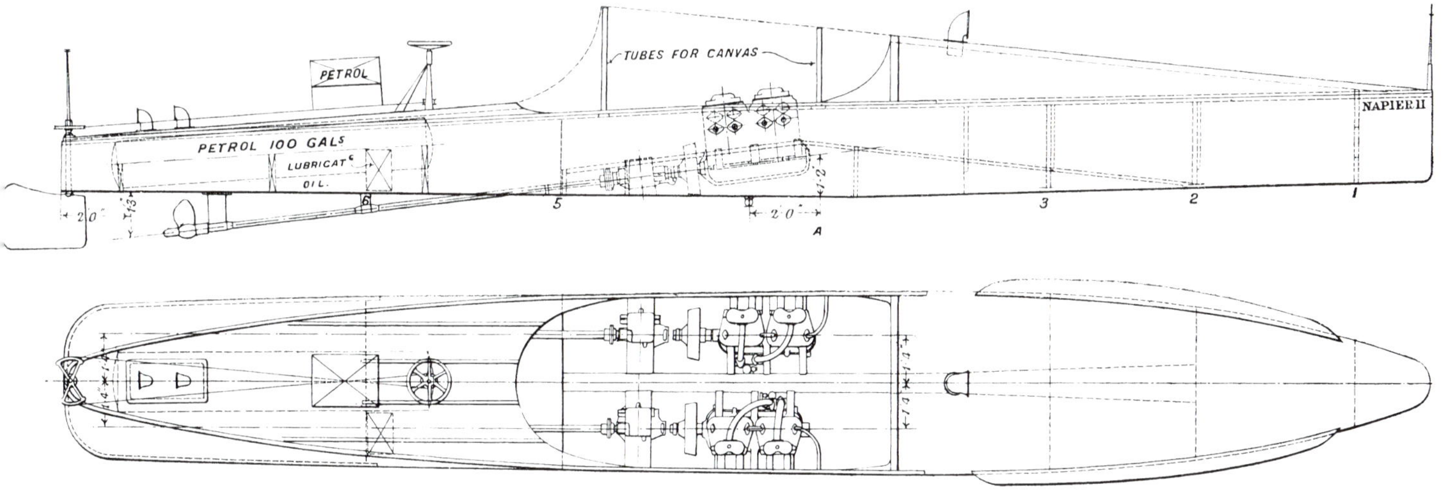

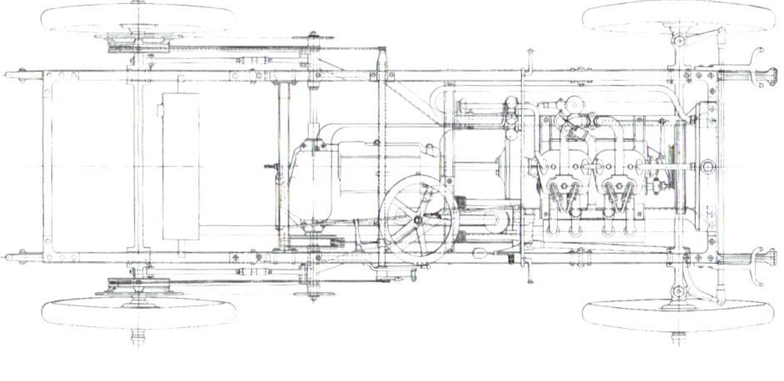

NAPIER

Formen, die in Erinnerung bleiben: einerseits die Silhouette der *Marsouin II*. Zum anderen die Taille der 34-jährigen Camille du Gast – bei der allerdings beim rechten Bild ein Retuscheur nachhalf. Der Mann, der sich zum Ufer wendet, soll aber nicht unerwähnt bleiben: Es ist der Rennfahrer Gustave Caillois (1875-1958). Die sieben Meter lange *Marsouin II* erhielt durch einen 40-PS-Vierzylinder von Darracq Vortrieb. Ihre Vorgängerin *Marsouin* brannte 1903 ab. Die *La Blague* mit der Startnummer 19 hatte einen DeDion-Bouton-Einzylinder mit 8 PS an Bord. Mit dem gleichen Motor bestritt Dorothy Levitt das englische 1000-Meilen-Kleinwagenrennen im Herefordshire. Unten: In dem mit Glasscheiben versehen Motorkasten der *Etoile* werkelte ein 12-PS-Motor von Boyer. Noé Boyer (Mitte) baute ab 1899 rund fünf Jahre lang in seinem Betrieb in Suresnes Kleinfahrzeuge namens Phébus

MOTEURS
ASTER
1·2·4 CYLINDRES

Auf eine Fahrt im Motorboot eingeladen zu werden, war bis zum Ersten Weltkrieg ein Privileg. Wer die Chance dazu hatte, ging auch an trüben Tagen an Bord, drehte ein paar Runden und ließ sich dabei mit dem Eigner fotografieren. Im Fall der *Gladiator I* war das der Marineoffizier Ferdinand Joseph Marie Luthold de Mullenheim (1874–1933, zweiter von rechts). Trotz ihres Namens stand kein Motor der von Alexandre Darracq gegründeten Société Gladiator im Rumpf, sondern eine 8-PS-Maschine der französischen Kleinwagenmarke Aster

Die *Trèfle à Quatre* war das bekannsteste Rennboot des ersten Jahrzehnts. Ihr Name bedeutet übersetzt »vierblättriges Kleeblatt« – ein solches war das Markenzeichen des Autoherstellers Brasier, vielen bekannt durch Siege bei den Gordon-Bennett-Rennen 1904 und 1905. Mit der von der Seyler-Werft gebauten *Trèfle à Quatre* gelangen viele Erfolge. Mit einem Gordon-Bennett-Motor vom Typ GB4 gewann sie zum Beispiel 1904 die Harmsworth-Trophy für Frankreich zum ersten und einzigen Mal. Der Geschwindigkeits-Weltrekord zu Wasser brachte Henri Brasier den Ehrenorden der Fremdenlegion ein. Ihr zweiter Besitzer, der spätere Olympiasieger Ernest Thubron, ließ 1905 den aktuellen Brasier-Rennmotor vom Typ GB1905 nachrüsten. Jetzt hatte die *Trèfle* 150 statt 80 PS. Beim Monaco-Meeting 1905 fing der neue Motor Feuer. Um einen Totalschaden abzuwenden, versenkte sich die Besatzung im Hafenbecken selbst – ein unschönes Ende des so glorreichen Boots (rechts). Die Firma Brasier machte bis 1912 mit neuen Booten unermüdlich weiter

Kurz vor dem Start des Course Paris à la Mer am Sonntag, den 14. August 1904, auf Höhe der Gebäude der Karosseriewerke Védrine in Courbevoie. Die erste Etappe führte nach Mantes, was eine Distanz von 90 Kilometern bedeutete. Von 56 gemeldeten Booten erschienen 33. Immerhin 28 erreichten Mantes

Die Formen der Bootskörper bekamen mit den immer höheren Geschwindigkeiten Probleme. Für Versuche wurden auch Modellboote eingesetzt. Der Franzose Max Desmonceau lud am 24. Februar 1904 sogar die Presse ein, seinen Tests im Bassin beizuwohnen. Sein kleines Canot sollte unsinkbar sein

Die »Société Anonyme Moteurs et Automobiles Hérald« aus Paris baute nur von 1901 bis 1906 Autos. Ein Auftrag zur Lieferung von 100 Motordroschken-Fahrgestellen nach London sorgte 1903 für Beachtung – damals der größte bis dahin je erteilte Flotten-Auftrag. Auch Königin Wilhelmine der Niederlande schaffte sich 1905 einen 24-PS-Hérald an. Die Eigner der *Loulouie* setzten auch auf einen Hérald-Motor

Die 12 Meter lange *Hotchkiss*, ein Tellier-Boot mit Hotchkiss-Motor, beim Coupe du Salon auf der Seine 1904. Steuerbord längsseits die *Suzon-Hotchkiss*. Wie viele damalige Motoren ähnelte der Hotchkiss-Vierzylinder dem Simplex stark – Hotchkiss erwies sich in Sachen Konkurrenzbeobachtung als besonders abgebrüht und hatte sich 1902 unter falschem Namen einen Mercedes-Wagen in Cannstatt besorgt, um ihn komplett zu zerlegen. Der Unterschied des Hotchkiss-Motors (rechts) bestand in der Folge im Wesentlichen lediglich darin, dass die Franzosen in großer Zahl Kugel- statt Wälzlager einsetzten. Die *Hotchkiss* erreichte 1904 auf der Seine 45 km/h

Henri Fournier (1871–1919) stimmgewaltig am Steuer seiner *Hotchkiss*. Der Generalvertreter der Marke gewann mit ihr 1904 den Coupe de Salon auf der Seine. Beim Rennen Calais–Dover 1905 schied er in Führung liegend mit Motorschaden aus. Auf dem hinteren Boot ist der Rennfahrer und Flugpionier Hubert Le Blon (1874–1910) zu sehen, der mehrere Jahre Hotchkiss fuhr. Sitzend Auguste Védrine, Inhaber der Karosseriewerke A. Védrine & Cie.

Rechts: Emil Jellinek erklärt den Prinzen Boris und Cyrill von Bulgarien ein Motorboot. Das Foto entstand 1905 in Monaco. Unten: Die *Mercedes III* 1904 beim Coupe de Salon in Rouen. Auch dieses Mercedes-Boot war von Pitre und hatte den 12,7-Liter-Mercedes-Motor, allerdings wurde er hier mit Petroleum betrieben. Die *Mercedes III* war 10,19 Meter lang und wurde von C. L. Charley gemeldet. Direkt hinter der *Mercedes III* ist mit Startnummer 40 die *Marthe* festgemacht

Auch die *Mercedes IV* (unten) war ein französisches Boot mit französischem Eigner. Pitre & Cie baute den 11 Meter langen Racer für Auguste Védrine, Inhaber des gleichnamigen Karosseriebaubetriebs aus Courbevoie bei Paris. Védrine orderte den gleichen 12,7 Liter großen Simplex-Motor, der auch die *Blitzmädel* antrieb. Die *Mercedes IV* war aber ungleich erfolgreicher, gewann sie doch die beiden prestigeträchtigen Wettbewerbe Calais–Dover (oben) und Course Paris à la Mer, beides 1904. Die lange waagerechte Stange, die im Foto erkennbar ist, diente zum Ankurbeln der Maschine – der Anlassvorgang konnte so durchgeführt werden, ohne sich zur Stirnseite des Motors begeben zu müssen

Die *Blitzmädel* war das erste deutsche reinrassige Rennboot. Angetrieben wurde sie durch den spektakulären Mercedes-Simplex-Rennmotor, mit dem Camille Jenatzy 1903 den Gordon-Bennett-Cup gewonnen hatte (Foto rechte Seite unten). Bauwerft war Max Oertz, Hamburg. Technische Daten: Länge 12,00 Meter, Breite: 1,60 Meter; vier Zylinder in Reihe, 90 PS, 12,7 Liter Hubraum, Höchstgeschwindigkeit: knapp 45 km/h. Das Foto wurde bei der Kieler Motor-bootregatta am 27. Juni 1904 aufgenommen, wo die *Blitzmädel* trotz Favoritenstellung der britischen *Napier Minor* in der offenen Klasse im Rennen um den Kaiserpreis unterlag – beim Start ging der Mechaniker über Bord, weil der Ruck beim Einkuppeln des starken Motors derart heftig war, dass er ins Straucheln geriet. In den Meldelisten wurde das Boot als Eigentum der »Daimler-Motoren-Gesellschaft und Max Westendarp« geführt. Kommerzienrat Westendarp war Inhaber der Hamburger Firma Heinrich Meyer, dem größten Elfenbein-Handelsunternehmen der Welt und hauptsächlich im Segelsport aktiv. Das Boot wurde im Sommer 1904 nach Paris verkauft und vom neuen Besitzer C. L. Charley mehrfach modifiziert und umbenannt. 1907 nahm es unter dem Namen *Mercedes* wieder an Wettfahrten auf dem Rhein und der Seine teil. Allerdings mit nur noch mageren 30 PS, wahrscheinlich kam jetzt der späte Vierliter-Simplex zum Einsatz

Postkarte der *Mercedes* (ex-*Blitzmädel*) nach einem Gemälde des Hamburger Marinemalers Christopher Rave (1881–1933)

Der Unternehmer Rudolph Hertzog (1815–1894) gründete 1839 eines der ersten Kaufhäuser Berlins, was seiner Familie großen Wohlstand einbrachte. Sein Enkel gleichen Namens bestellte sich ab ca. 1904 fast im Jahresrythmus neue Motorboote, am liebsten bei Engelbrecht. Alle führten *Pik-As* im Namen, das erste noch in der Schreibweise *Piekass*. Das Foto zeigt das 9,88 m lange Boot bei der Kieler Woche 1905. Der Motor wurde bei Sorge & Sabeck in Berlin beschafft. Bei späteren Projekten wendete sich Hertzog stets an Dürkopp in Bielefeld

Camille Jenatzy auf Mercedes gewann das Gordon-Bennett-Rennen 1903

Links: Rennboot *Donnerwetter*, 1905. Otto Lürssen persönlich trat mit ihr bei Wettfahrten auf dem Müggel- und Bodensee an. Nach Monaco brachte er sie nicht. Technische Daten: Länge: 7,50 Meter, Breite: 1,25 Meter; ihr Vierzylinder stammte vom 40-PS-Mercedes-Simplex mit 6786 cm^3

Die *Vingt et Un II* von Clinton Crane wurde durch einen größeren Simplex-Motor angetrieben. Die 9240 cm^3-Maschine war mit 60 PS bei 800/min angegeben. Das 11,90 Meter lange Smith & Mabley-Boot erreichte damit 44 km/h. Im Jahr 1904 gab es zwei Gold Cups, den Larchmond Gold Cup und den Gold Cup der American Power Boat Association (APBA). Die Siegerpokale beider Veranstaltungen gingen an die *Vingt et Un II*

Die *Dietrich II* 1905 vor Trouville. Namensgeber des 12,18 Meter langen Rennboots der Werft Societé la Marguerite war ihr mächtiger 80-PS-Vierzylinder. Die Marke aus dem elsässischen Niederbronn kennt man heute vor allem dadurch, dass Ettore Bugatti von 1902–1904 für sie arbeitete. Eigentümer der *Dietrich II* war Ernest Pérignon (rechts), dem zuvor die *Trèfle à Quatre* gehörte

Im Winter 1906 ließ Pérignon bei Deschamps & Blondeau die *Dietrich-Skimmer* bauen. Sie war eines der ersten Glattbodenboote. Das Boot wurde in das DeDietrich-Werk gebracht, um Motor und Propellerwelle einzubauen. Länge: 10 Meter, Breite: 2,20 Meter, Tiefgang: 9 cm (ohne Schraube)

Der florierende Absatz des Kräuteraperitifs Dubonnet brachte der gleichnamigen Familie ein Vermögen ein. Patriarch Marius Dubonnet (1855–1910) wollte seine Finanzkraft nutzen, um 1905 in Monaco die Konkurrenz in Grund und Boden zu fahren. Er ließ sich von Delahaye einen Vierzylinder mit 86 Liter Hubraum entwerfen (rechts). Der 3,4 Tonnen schwere Motor mit Königswelle leistete 350 PS bei 600/min und brachte die *Le Dubonnet* auf über 50 km/h. Die vier einzelnen Zylinder waren aus dickwandigem Spezialnickelstahlrohr und verfügten über jeweils drei Ein- und Auslassventile. Spätestens mit dieser Monstermaschine namens »Titan« hatte das Wettrüsten für einen prestigeträchtigen Sieg in Monaco begonnen. Die *Dubonnet* gewann 1905 jedoch nichts, der Titan versagte beim Rennen im entscheidenden Moment

Oben: Die *Palaisoto I* bei der Verladung nach Monaco am Pariser Quai de la Rapée, März 1905. Der Motor ist ausgebaut, zwei Werftmitarbeiter balancieren sie daher aus. Technische Daten: Länge: 12 Meter, Reihensechszylinder von Panhard & Levassor, 180 PS

Die *Palaisoto II* (oben) gehörte ebenso wie die *Palaisoto I* Maurice Farmann und Albert Neubauer vom Palais d'Automobile Paris. Beides waren Entwürfe von Tellier. Im Gegensatz zu ihrer großen Schwester, die schon einen Bootsmotor hatte, diente ihr noch ein Rennwagenmotor als Antrieb: der 12,1-l-Vierzylinder mit 90 PS, der von Renault beim Vanderbilt-Cup 1905 an den Start gebracht wurde

Links: Start der 7-Meter-Klasse am 9. April 1905 in Monaco. Von links nach rechts: *Delahaye IV, Avenir VII, Lanturlu, Titan IV*. Oben: Die *Nogentais* von E. Callois. Bauwerft: Société La Marguerite, 20-PS-Darracq-Motor

Oben: Zu den Rennveranstaltungen der neuartigen »Canot Automobiles« kam jeder von Rang und Namen. Das gewöhnliche Volk stand in der zweiten Reihe, Eintrittsgeld wurde nicht erhoben. Am Kai die *Fréderic Sauvage* des Autoherstellers Hérald. Sie wurde nach einem nordfranzösischen Schiffsbauingenier benannt, der bereits Mitte des 19. Jahrhunderts an Schiffsschrauben arbeitete und als deren Urvater gilt

Rechts: Taufe der *La Tourquoise* am 24. März 1905 beim Société Nautique de la Basse-Seine. Das leuchtend türkis lackierte Rennboot gehörte Camille du Gast. Der Motor war von C.G.V.

Wie gewonnen, so zerronnen: Graf Robert de Vogüe siegte mit seiner *Panhard-Levassor* am 14. April 1905 beim Championat de la Mer (Meisterschaft des Meeres). Zwei Tage später schlug sie vor Monaco leck. Der Graf und sein Copilot René de Knyff wurden gerettet. Die beiden Motoren gingen mit dem 12,50-Meter-Boot unter

Maisons-Laffitte, 19. März 1905: Stapellauf von Jellineks Yacht *Mercedes-Mercedes* (am linken Bildrand) und der *Mercedes C. P.* Letztere wurde auf Rechnung von Charley für das Rennen Algiers–Toulon von Gustave Pitre entworfen und gebaut. Charley hatte 10.000 Franken für den »Pokal des Mittelmeeres« ausgelobt und Jellinek überredet, ebenfalls teilzunehmen

Die Boote aus dem Großraum Paris wurden per Sonderzug zum Monaco-Meeting transportiert. Die *Mercedes C. P.* gelangte per Pferdefuhrwerk zum Verladebahnhof Paris-Bercy

Stapellauf der *Billancourt* an selber Stelle. Sie war mit einem Renault-Motor ausgestattet. Billancourt liegt südwestlich von Paris und ist damals wie heute Hauptquartier der Marke

Die *Fiat X* konnte die erste Etappe nach Mahon gewinnen, die Italiener waren am zweiten Renntag aber die erste Besatzung, die aufgab – das Wetter hatte sich dramatisch verschlechtert. Auf dem Torpedoboot *La Hire* (oben) erreichte die *Fiat X* den Hafen von Toulon

Die Teilnehmer des Rennens Algiers–Toulon 1905 im algerischen Starthafen. An der riskanten Fahrt nahmen sieben Boote teil: *Fiat X*, *Héraclès II*, *Malgré-Tout*, *Mercedes C. P.*, *Mercedes-Mercedes*, *Quand-Même* und die *Camille* von Camille du Gast. Jede Crew wurde auf See durch einen Zerstörer der französischen Marine begleitet. Die 13 Meter lange *Camille* (unten) war aus Stahl und besaß einen 90-PS-Reihen-Achtzylinder von C.G.V.

Das Rennen Algiers–Toulon endete schon kurz nach dem Start der zweiten Etappe in Mahon (Menorca) in einer Katastrophe. Plötzlicher Sturm und Starkregen zwangen die *Fiat X* um kurz vor fünf Uhr zur Aufgabe, das Boot wurde vom Kreuzer *La Hire* in Schlepp genommen. *Mercedes C. P.*, *Héraclès II*, *Malgré Tout* und *Mercedes-Mercedes* mussten ebenfalls noch am Morgen aufgegeben werden. Die *Quand-Même* war für zwei Tage verschollen. Camille du Gast und ihre Crew kämpften sich noch bis zum frühen Abend durch das aufgewühlte Mittelmeer, doch die *Camille* schlug Leck. Der Versuch, das Boot abzuschleppen, misslang. Bei der Rettungsaktion fiel du Gast sogar ins Wasser, sie konnte aber geborgen werden. Laut der »New York Times« schenkte sie ihrem Retter, einem Seemann der *Kléber*, aus Dankbarkeit 10.000 Francs. Die *Camille* wurde später zum Sieger des Rennens erklärt, da sie die längste Distanz aller Teilnehmer zurückgelegt hatte. *Mercedes C. P.* wurde zweite, *Mercedes-Mercedes* dritte. Jellinek stellte sich den schweren Bronzepokal in den Garten. Seine Inschrift lautete: »Die Energie siegt über das Element«. Am 13. Mai 1905 stimmte dieser Satz wahrlich nicht

Le Petit Journal

Le Petit Journal
CHAQUE JOUR — SIX PAGES — 5 CENTIMES
Administration: 61, rue Lafayette

Le Supplément illustré
CHAQUE SEMAINE 5 CENTIMES

5 Centimes SUPPLÉMENT ILLUSTRÉ 5 Centimes

Le Petit Journal militaire, maritime, colonial..... 10 cent.
Le Petit Journal agricole, 5 cent. LA MODE du Petit Journal, 10 cent.
Le Petit Journal illustré de La Jeunesse..... 10 cent.
On s'abonne sans frais dans tous les bureaux de poste

ABONNEMENTS

	SIX MOIS	UN AN
SEINE ET SEINE-ET-OISE	2 fr.	3 fr. 50
DÉPARTEMENTS.........	2 fr.	4 fr.
ÉTRANGER.............	2 50	5 fr.

Les manuscrits ne sont pas rendus

Seizième année — DIMANCHE 28 MAI 1905 — Numéro 758

ERTE DU CANOT AUTOMOBILE « CAMILLE » DANS LA COURSE ALGER-TOULON

Périlleux sauvetage de Mme du Gast par les vaillants marins du KLÉBER

5
SHOOTER

Die Automobile von Olds waren 1905 erfolgreich, aber mit Ein- und Zweizylindermotoren recht schwachbrüstig. Mit der *Six Shooter* (vorn) setzte die Olds Motor Works ein ganz anderes Zeichen. Der eigens für das Boot entwickelte Sechszylinder hatte 9652 cm³ und war mit satten 60 PS bei 900/min angegeben. Bei der Palm Beach Regatta 1906 hatte die Crew allerdings wiederholt mit Motorproblemen zu kämpfen und gab auf. H. L. Bowden auf *Mercedes U.S.A.* (dahinter) konnte immerhin einen Lauf siegreich abschließen

WINTON

Dass Winton aus Cleveland in der Pionierzeit des Autos einer der bedeutendsten amerikanischen Hersteller war, ist heute fast vergessen. Neben dem Verdienst, als erstes Kraftfahrzeug die USA von Küste zu Küste durchquert zu haben, fällt der Marke auch die Ehre zu, das erste Autoboot mit zwölf Zylindern geschaffen zu haben. Die Maschine wurde aus drei Automotoren des Winton Model A zusammengesetzt, jeder behielt dabei sein Schwungrad und seinen Zündmagneten. In der Addition ergab das 25,5 l Hubraum und (theoretische) 150 PS. Bauwerft der 12,20 Meter langen hölzernen *Winton* war Stearns & McKay, eingesetzt wurde es von Winton-Chairman Lewis R. Speare.
Die in Monaco 1905 ausgestellte *Allo V* (unten) besaß elf Zylinder weniger, aber dafür einen Baldachin

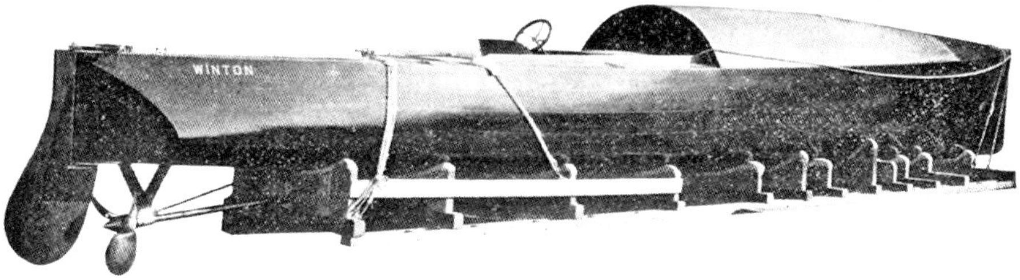

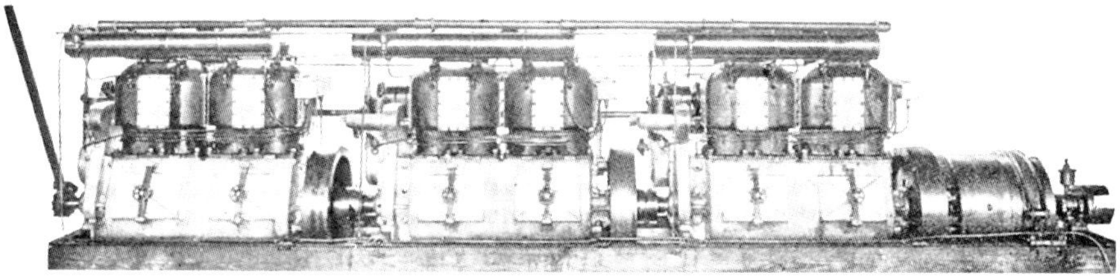

Mit 18 Metern Länge und mindestens 300 PS gehörte die *Delahaye* neben der *Le Dubonnet* zu dem Imposantesten, was der Motorbootsport 1905 aufzubieten hatte. Auch sie nutzte den mächtigen »Titan«-Vierzylinder

Die eidgenössischen Sportsmänner reisten 1906 mit der *Martini III* ins Fürstentum. Das dunkle stählerne Boot von Escher Wyss aus Zürich erinnerte an ein Panzerschiff des abgelaufenen Jahrhunderts. Als Antrieb diente ein 70-PS-Vierzylinder der 1933 verblichenen schweizerischen Automarke Martini

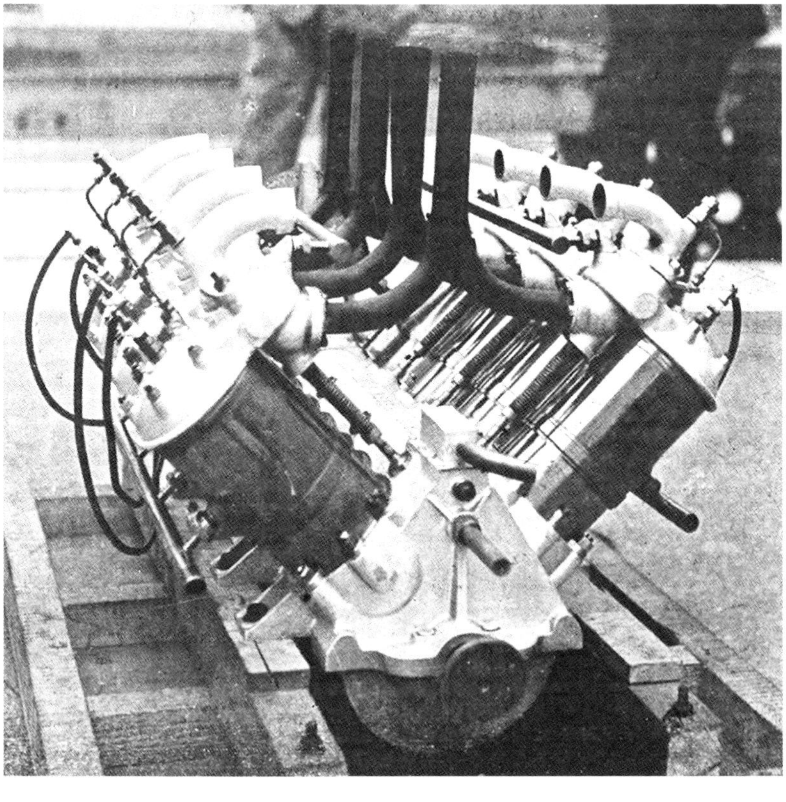

Die *Antoinette*-Boote waren 1906 die ersten Motorboote mit V8. An der Konstruktion des »8V« war Léon Levavasseur (oben, mit Vollbart) maßgeblich beteiligt. Seine Firma Société Antoinette widmete sich hauptsächlich dem Flugzeugbau, auch Autos waren kurzzeitig im Programm. Beim Monaco-Meeting 1905 brachte Levavasseur vier Rennboote an den Start, die Motoren hatten verschiedene Leistungsstufen von 24 bis 200 PS. Die Boote verfügten über einen, zwei oder gar sechs Motoren (in der *Antoinette V*, die so rechnerisch auf gewaltige 600 PS kam – zeitgenössischen Berichten zufolge wurde sie aber nur mit 360 PS gemeldet). Die *Antoinette IV* hatte zwei V8 in Reihe an Bord. Der Antoinette 8V wurde für den Einsatz in Flugzeugen weiterentwickelt und gilt als einer der wichtigsten frühen Flugmotoren. Er hatte acht Liter Hubraum, Benzineinspritzung und die Auslass-Seite innen. Auch im Antoinette-Pkw kam er 1906 zum Einsatz

Der deutsche Verleger Gustav Braunbeck (1866–1928, im Foto mit Carl Benz) aus Heilbronn war schon früh von Technik und Motorsport aller Art begeistert. 1906 beeindruckte ihn die *Antoinette IV* in Monaco so sehr, dass er sie sich zulegte. In seiner Publikation »Braunbeck's Sportlexikon 1910« wird »der geschmeidige Rumpf [...] von Pitre« gelobt. Braunbeck gewann mit seinem neuen 160 PS starken Lieblingsspielzeug 1906 in Kiel den »Ehrenpreis Seiner Majestät des Kaisers«. Braunbeck schlug Lürssens *Donnerwetter* deutlich

Die *Antoinette IV* holte beim Monaco-Meeting 1906 den Klassensieg, bei der »Meisterschaft des Meeres« musste sie sich nur der doppelt so starken *Delahaye* knapp geschlagen geben

Der Name Berliet ist meist nur Freunden von historischen Nutzfahrzeugen ein Begriff. Das Unternehmen, das 1894 von Marius Berliet in der Nähe von Lyon gegründet wurde, baute jedoch bis zum Zweiten Weltkrieg attraktive Pkw. Beim Motorbootsport mischte man auch mit, etwa 1906 mit der acht Meter langen *Berliet VII*

Bei der *Fiat XII* von 1906 erkennt man gut den Trend zum modernen postiven Steven, der den geraden abzulösen begann. Das breite Heck des italienischen Racers verminderte die Tendenz, bei voller Fahrt achtern abzusacken

Auf zwei Sliprampen wurden die Teilnehmer in das Hafenbecken von Monte Carlo abgefiert. Hier die 10,60 Meter lange Küstenmotoryacht *Roi d'Ys* mit Panhard-Motor im Jahr 1907

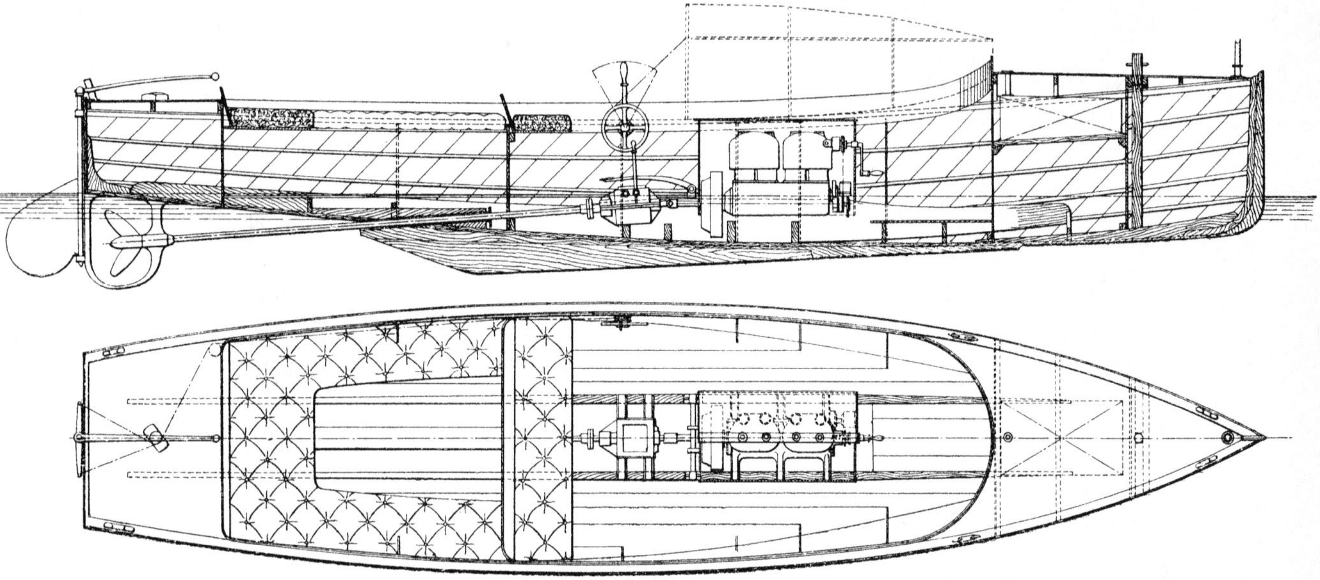

Vor Monaco lieferten sich nicht nur Hubraummonster Duelle. Auch hausbackene Touren-motorboote wie die englische *Takumono* mit 8-PS-Vierzylinder traten an. Bauwerft: Maynard, Eigner: W. Miall Green

1906 war Daimler mit zwei Startern in Monaco vertreten: der *Mercedes W. N.* und der *Mercedes D. L.* Die Abkürzungen standen für »Wiener Neustadt«, wo seit 1899 Daimlers Österreichische Tochterfirma ansässig war, und »Decout-Latour«, einer Werft aus La Rochelle. Organisatorisch und finanziell hielten sich die Stuttgarter weitgehend aus dem Auftritt heraus, Emil Jellinek war diesbezüglich in der Pflicht. In beiden Fahrzeugen waren jetzt Boots- statt Automotoren an Bord, damit hatte der Simplex-Vierzylinder für Regatten ausgedient

Der belgische Multimillionär und Rennfahrer Baron Pierre de Caters kaufte Jellinek die *Mercedes D. L.* auf der Ausstellung vor den Rennen ab. Er überließ anschließend Henri Fournier das Steuer, da er selbst die *Seasick* pilotierte. Der schneeweiße 17 Meter lange Rennkreuzer hatte einen 120 PS starken Sechszylinder unter der Haube. De Caters ist an der weißen Hose zu erkennen, Fournier wendet dem Fotografen den Rücken zu

33
MERCEDES W.N.

33
MERCÉDÈS W. N.

Die *Mercedes W. N.* war die ungewöhnlichste Konstruktion der frühen Monaco-Jahre. Das lag weniger an ihrem Daimler-Reihen-Achtzylinder mit 200 PS aus 40 Liter Hubraum, sondern an ihrer Hülle. Emil Jellinek hatte den Wiener Ingenieur Fritz Franz Maier als Konstrukteur gewählt – einen Mann, der sich ganz der Forschung an Schiffsrümpfen verschrieben hatte. Seine »Maierform« zeichnete sich durch V-förmige Spanten und einen ausfallenden Vorsteven aus. Dieses Design, davon war er überzeugt, war hinsichtlich Widerstand und Seeverhalten allen anderen Formen überlegen. Dass seine Überzeugungen zutrafen, erlebte er nicht mehr. Denn erst nach seinem Tod 1926 gelang Sohn Erich eine erfolgreiche Vermarktung – die Folge waren weltweit mehrere tausend Neubauten mit »Maierform« in den 30er- bis 60er-Jahren, vom Fischerboot bis zum Bananenfrachter. Die *Mercedes W. N.* dürfte der einzige zu Lebzeiten realisierte Maier-Entwurf überhaupt sein. Auftraggeber Jellinek, so ist überliefert, war von der *Mercedes W. N.* und ihrem Schöpfer allerdings schwer genervt. Der Bau, für den die Delphin-Werft im fernen Bremerhaven verpflichtet worden war, als auch die sportlichen Leistungen in Monaco verliefen nicht nicht nach seinen Vorstellungen. »Maier ist ein Träumer. Sein Ungeheuer hat Flügel, aber nur aus Schaum, und es kommt nicht vorwärts!« Daran konnte selbst der Gewinn des Raid Maritime (Nizza-Toulon-Nizza) von Marc Legrand am 22. April 1906 nichts ändern – die von Jellinek als »Walfisch« und »Seeschnecke« geschmähte *Mercedes W. N.* ließ er nach den Frühjahrswettbewerben nach Antibes bringen, wo sie einsam und verlassen vor sich hin rosten sollte

DE LA NAVIGATION

Monte Carlo 1907. Der Taubenschießplatz unterhalb des Casinos wurde wie jedes Jahr im April zu Messefläche und Fahrerlager. Bevor die Rennen starteten mussten die Teams ihre Motoren ausbauen – die Offiziellen legten Wert darauf, den Zylinderinhalt penibel zu überprüfen. Über den Stand der Wettfahrten informierten große Kreidetafeln. Das neugierige Volk musste die angereiste Prominenz durch Astlöcher bestaunen

Daimler

Thomas Evelyn Ellis, 8. Baron Howard de Walden, mit seinem Mechaniker an Bord der *Daimler II*, Monaco 1907. Die Konstrukteure von S. E. Saunders & Co. setzten auf einen Dreischraubenantrieb – Erinnerungen an die *Titanic* (oben) werden wach. Waldens erster Satz Motoren hatte zusammen 270 PS und bestand aus englischen Daimler-Reihensechsern. Später kamen amerikanische Clinton-Crane-V8 zum Einsatz, die Leistung stieg auf über 400 PS. Die *Daimler II* war zwölf Meter lang und machte 49 km/h Fahrt. Das große Bild zeigt Kran und Slip des Taubenschießplatzes in Monaco

WOLSELEY
SIDDELEY

Wolseley

Der britische Traditions-Autohersteller war bei mehreren erfolgreichen Rennbooten Motorenlieferant. Etwa bei der *Wolseley-Siddeley I* (links) und der *Wolseley-Siddeley II*. Die erste war 1908 bei den Olympischen Spielen und bei der Harmsworth-Trophy am Start. Die zweite sicherte sich 1909 den prestigeträchtigen Preis »Coupe de Nations« vor Monaco. Das 100 Kilometer langen Rennen ähnelte vom Konzept dem Gordon-Bennett-Rennen, jede Nation durfte drei Boote nennen. Deutschland wurde hinter der *Wolseley-Siddeley II* Zweiter. Beide Boote waren mit zwei Wolseley-Achtzylindern bestückt, die jeweils 200 PS an die Schrauben schickten.
Die *Wolseley-Siddeley II* wurde 1910 in *Ursula* umbenannt (siehe nächste Seite).
Auch die *Flying Fish* (oben) hatte zwei Wolseley-Motoren, allerdings 80-PS-Vierzylinder. Sie gehörte Lord Lionel Walter de Rothschild, der dafür bekannt war, Kutschen mit Zebras zu bespannen und auf Schildkröten zu reiten

Die *Ursula* wurde von Jahr zu Jahr leistungsgesteigert, am Ende waren es 800 PS. Sie war ein klassischer Verdränger – eine Bauform, die um 1910 am Ende ihrer Leistungsfähigkeit angekomen war. Die Zukunft hieß Gleitboot. In damaligen Zeitschriften wurden erbitterte Diskurse über das Für und Wider beider Prinzipien geführt. Für die neuen Gleitboote aber galt: Die *Ursula* mit ihren beiden großen Schrauben musste man erst mal schlagen. Das mächtige grimmig guckende Boot mit dem deutschen Namen war zu 74 km/h imstande

D'ORIENT
RSULA
ENGLAND

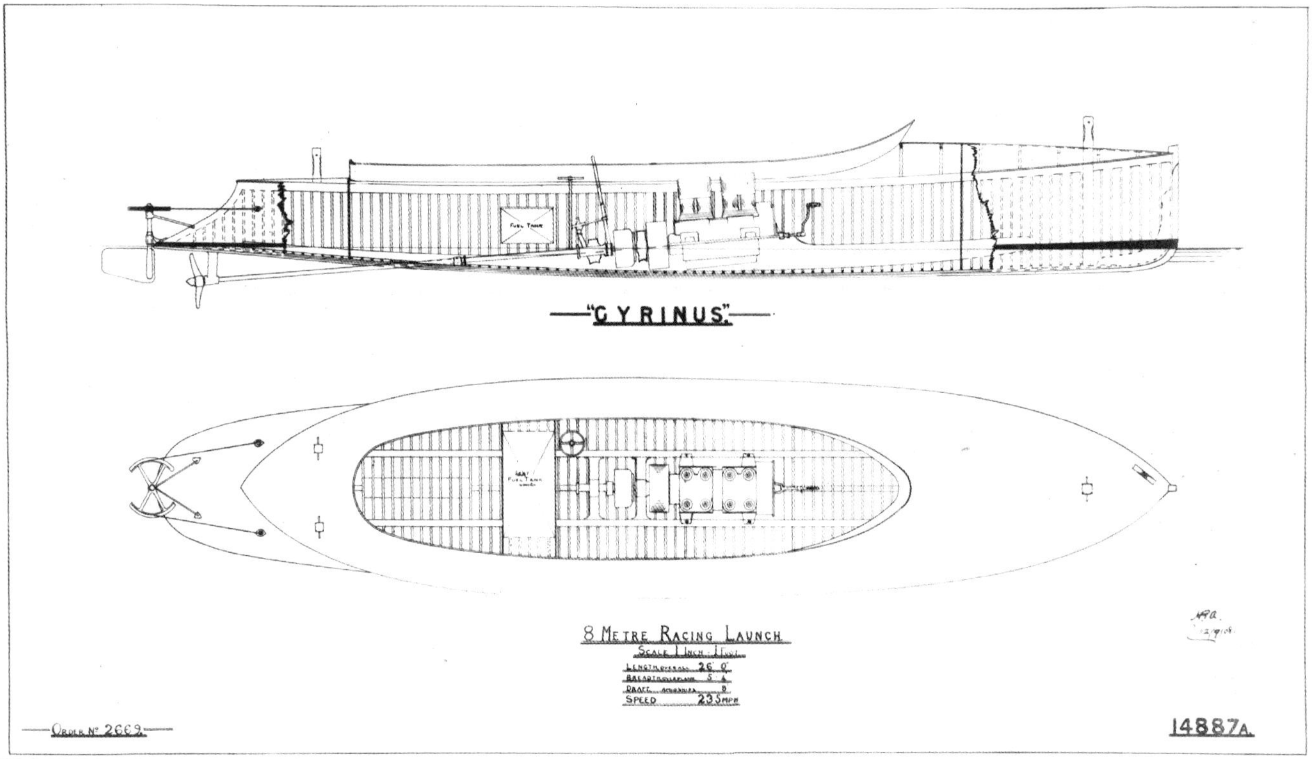

Die *Gyrinus* entstand 1908 bei Thornycroft. Sie hatte nur 30 PS, ihre Form war wenig fortschrittlich – aber das tat ihrem Olympiaerfolg keinen Abbruch

Nachdem der Motorbootsport 1900 bei den Spielen in Paris Demonstrationssportart war, gelangte er 1908 in London offiziell ins Programm. Es traten lediglich sechs Teilnehmer aus zwei Nationen an. Von drei gestarteten Booten der offenen Klasse A kam nur Thubron auf der *Camille* ins Ziel (der Name dürfte eine Schmeichelei in Richtung Camille du Gast gewesen sein). Die *Wolseley-Siddeley*, pilotiert von Hugh Grosvenor, Duke of Westminster, hatte zwar eine komfortable Führung, lief aber auf Grund und konnte ihre Fahrt nicht fortsetzen. In den beiden anderen Klassen herrschte die gleiche Langeweile, da nur jeweils zwei Boote gegeneinander fuhren. Sieger beider Rennen war die *Gyrinus*, die Kontrahenten kamen jeweils nicht ins Ziel. Die Wettfahrten fanden am 28./29. August vor Southampton statt. Aufgrund des enttäuschenden Verlaufs waren Motorbootregatten nach 1908 nie weider olympisch

Die einzigen bekannten offizellen Fotos des olympischen Motorboot-Wettbewerbs 1908 zeigen die *Wolseley-Siddeley*. Auf dem linken Bild ist hinten noch die *Camille* erkennbar. Darüber: Olympische Siegerurkunde für Bernard Redwood, Besatzungsmitglied der *Gyrinus*

	A – OFFENE KLASSE	B – BOOTE BIS 60 FUSS	C – BOOTE BIS 26 FUSS
TEILNEHMER	Tag 1: • *Dylan* (F) Thomas Scott-Ellis, A. G. Fentiman • *Wolseley-Siddeley* (GB) Hugh Grosvenor, George Clowes, Joseph F. Laycock Tag 2: • *Camille* (F) E. Thubron • *Wolseley Siddeley* (GB)	• *Gyrinus* (GB) Thomas Thornycroft, Bernard B. Redwood, John Field-Richards • *Quicksilver* (GB) John Marshall Gorham, Sophia Hope Gorham	• *Gyrinus* (GB) Thomas Thornycroft, Bernard B. Redwood, John Field-Richards • *Sea Dog* (GB) Warwick Wright, Thomas Weston
MEDAILLIEN	Gold: Thubron auf *Camille* (F)	Gold: Thornycroft auf *Gyrinus* (GB)	Gold: Thornycroft auf *Gyrinus* (GB)
RENNVERLAUF	Zwei Boote gingen an den Start. Die *Dylan* gab schon in der ersten Runde auf. Tags darauf wurde ein neuer Lauf gestartet, bei dem die englische *Wolseley-Siddeley* nun gegen die *Camille* antrat. Weil Grosvenor auf Grund lief, gewann Thubron	Auch hier starteten nur zwei Boote: *Gyrinus* und *Quicksilver*, beide aus Großbritannien. Die *Gyrinus* gewann diesen Lauf, da sie einen Mann extra an Bord hatte, der sich um eindringendes Wasser kümmern konnte. Die *Quicksilver* musste aufgeben. Der Abbruch des A-Klasse-Rennens am ersten Tag macht die *Gyrinus* zum ersten olympischen Sieger dieser Sportart	Die *Gyrinus* durfte aufgrund ihrer Größe auch in dieser Klasse an den Start gehen. Sie konnte sie für sich entscheiden, nachdem die *Sea Dog* wegen Motorproblemen liegen blieb. So wurde die *Gyrinus* zum ersten und letzten Motorboot-Goldmedaillengewinner

Der Bau eines Rennboots war für die Belegschaft einer Werft etwas ganz Besonderes. Statt der alltäglichen Rettungsboote, Ruderjollen und Dingys stand für Wochen ein prestigeträchtiger Auftrag an, bei dem die Handwerker ihr ganzes Talent zeigen konnten. Klar, dass am Ende alle kamen, um mit auf dem Foto zu sein. Aufgenommen wurde es vor der Burnham Yacht Building Company in der Grafschaft Essex. Bei dem Boot handelt es sich wahrscheinlich um die *Defender*, ein Auftrag von Fred May 1907. Die *Defender* hatte eine 75-PS-Maschine von Maudslay

Kurz vor der Probefahrt der *Lorraine-Dietrich* Ende 1907. Bestellt wurde der Racer vom jungen Ferdinand d'Orléans (1884–1924), Duc de Montpensier. D'Orléans hatte neben Bootsrennen auch viel für Automobile übrig. 1908 reiste er in einem Lorraine-Dietrich 24/30 PS durch Südostasien und schrieb ein Buch darüber: »Die Stadt im Märchenwald: Von Saigon nach Angkor im Automobil«

Die ersten Gleitboote wie die *Delahaye-Nautilus XIII* wurden von der Szene zunächst skeptisch aufgenommen. Testfahrten auf Seen und Flüssen verliefen meist vielversprechend, aber das Mittelmeer vor Monaco war durch den Seegang ein Faktor, von dem immer Gefahr ausging. Die *Delahaye-Nautilus XIII* hatte 120 PS, Bauwerft war 1909 Deschamps et Blondeau. Nur ein Jahr vorher entstand die *Delahaye-Nautilus VIII* bei der selben Werft – die alte Form hatte noch ein paar Jahre ihre Fangemeinde. Der in den Niederlanden veröffentlichten Anzeige ist zu entnehmen, dass die *Delahaye-Nautilus VIII* bei der »Meisterschaft des Meeres« 1908 einen Klassensieg holte

DELAHAYE te MONACO.

Championat de la Mer 200 K.M.

Cruisers: 1ste Prijs DELAHAYE, met motor 60 P.K.

Course Racers. Première Serie.

2de Prijs DELAHAYE, met motor type Grand Prix.

De winnende boot was slechts met drie minuten eerste, een zeer gering verschil, wanneer men in aanmerking neemt, dat dit een zoogenaamde „GLIJBOOT" was, terwijl DELAHAYE een boot van normalen vorm had.

Naar aanleiding van dezen wedstrijd schrijft een Fransch blad:

„Le beau rendement du DELAHAYE-NAUTILUS, de 155 d'alésage, a, comme bien on pense, défrayé les conversations et, en dépit de la modestie de la Société Delahaye, disons que le DELAHAYE-NAUTILUS a causé une véritable admiration. Ce magnifique résultat, disait même un sportsman dont je ne cite pas le nom, fera regretter de ne pas voir une voiture de course Delahaye dans le Grand Prix de l'A. C. F., car on sait que l'alésage imposé est précisément celui du moteur du DELAHAYE-NAUTILUS. Mais la Société Delahaye a actuellement de grosses commandes d'automobiles de tourisme et de transport qui l'empêchent cette année de participer aux concours et courses et notamment au concours de véhicules industriels où, avec l'avance qu'elle a prise dans cette branche, elle était certaine du succès.

„Le petit racer DELAHAYE fait, une fois encore, 50 de moyenne, et ce résultat confirme tout le bien que je disais l'autre jour du moteur de Delahaye et de la coque de [illegible]. Ce petit bateau est réellement remarquable et les 50 de moyenne qu'il atteint sont un résultat qu'on ne pouvait pronostiquer pour un racer de 155 m/m d'alésage."

Haagsche Automobiel-Maatschappij,

Koninginne-gracht 11. **Directeur: P. J. ADRIAN.**

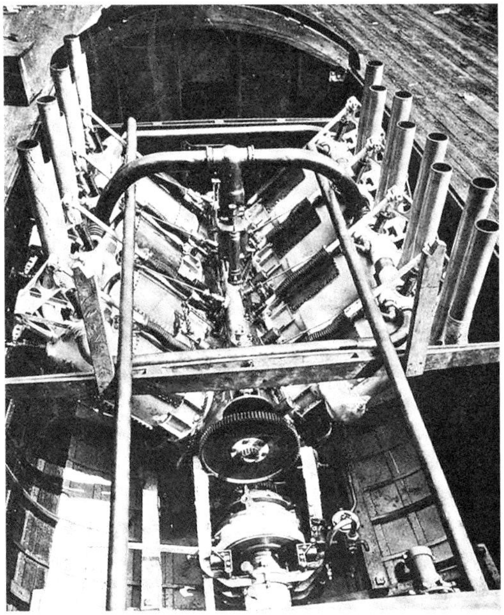

Nach den Racern der Société Antoinette folgte 1908 mit der amerikanischen *Dixie II* das nächste erfolgreiche V8-Rennboot. Konstruiert wurde es von Harry und Clinton Crane. Der Motor wog 1,1 Tonnen und entwickelte 220 PS bei 900/min. Die *Dixie II* halbierte das Leistungsgewicht ihrer Vorgängerin *Dixie* (unten) auf 10 Kilo pro PS. Kein Wunder, dass Edward Schroeder mit ihr zwei Mal den Gold Cup (1908/1909) und die Harmsworth-Trophy (1909) holte. Ein zweites, fast identisches Boot mit gleichem Namen wurde 1909 nach Monaco verschifft, um sich mit den Europäern zu messen. Ohne Erfolg, dafür errang die *Dixie II* mit Frederick Burnham am Steuer die Harmsworth-Trophy 1910. Die *Dixie*-Boote haben übrigens nichts mit Autoherstellern dieses Namens zu tun. E. R. Thomas, erster Besitzer der *Dixie*, wählte den Namen aus Liebe zu seiner dritten Ehefrau Linda Lee, die aus Tennessee stammte

Die erste *Dixie* (rechts) von 1905 hatte einen amerikanischen Simplex-Motor mit 15.249 cm^3. Dessen 150 PS machten das Boot für zwei Jahre zum schnellsten der USA

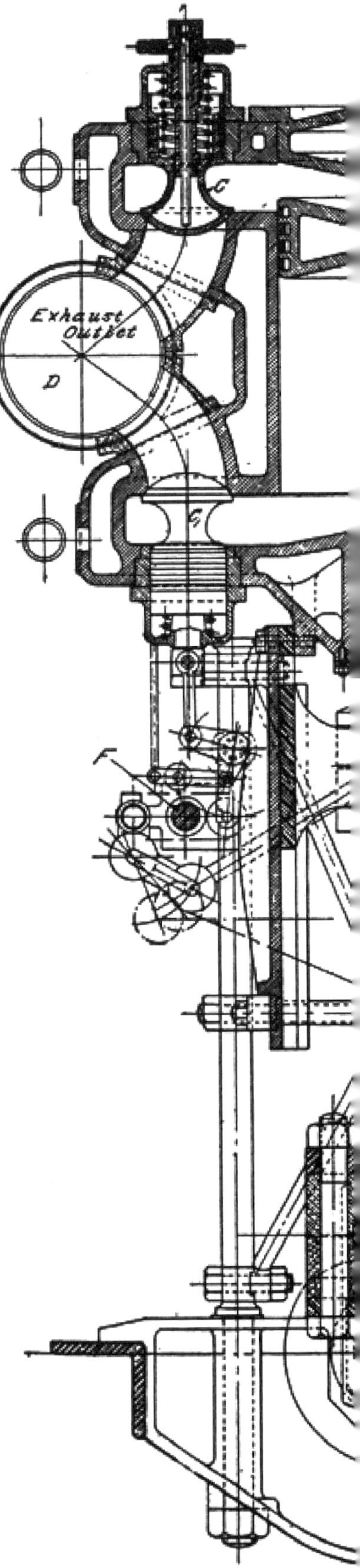

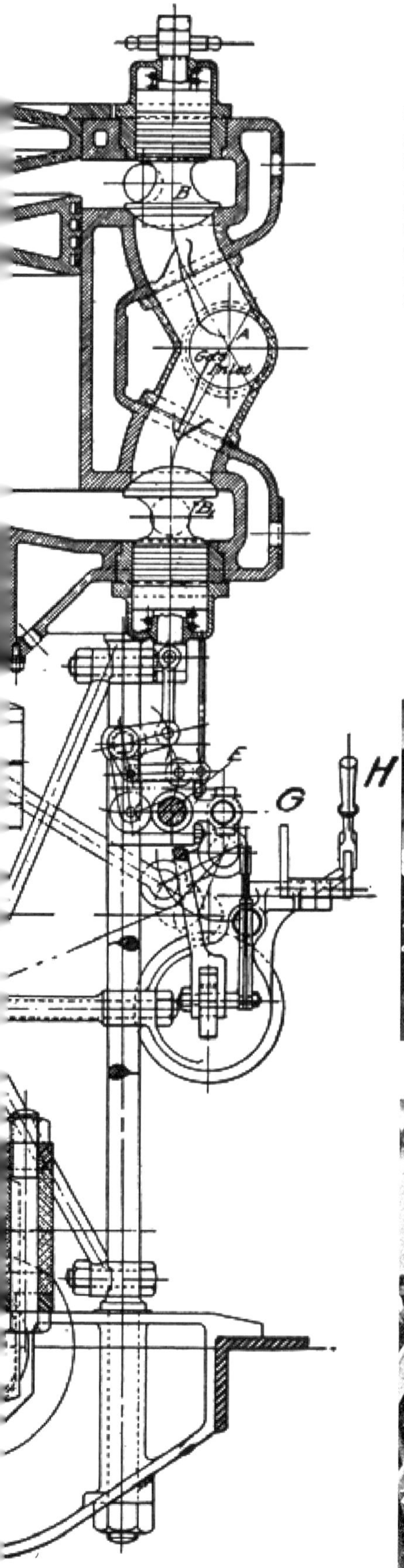

Wenn es ihn schon gegeben hätte, dann hätte er ans Heck der *Standard* gehört: der Aufkleber »Hubraum statt Spoiler«. Das amerikanische Boot war 1909 der Versuch, mit 151 Liter Hubraum Regatten zu gewinnen. Die sechs Zylinder der Standard arbeiteten nach dem Doppelwirkungsprinzip: In der Aufwärts- sowie Abwärtsbewegung des Kolbens fand ein Arbeitstakt statt, das heißt, die Kolben waren sowohl an der Ober- und Unterseite einer Verbrennungsexplosion ausgesetzt. Jeder Zylinder hatte zwei Paar Ventile: Ein- und Auslass hängend und stehend (siehe Zeichnung). Aufgrund der Doppelwirkung jedes Hubs entwickelten sich extreme Temperaturen, daher waren Kolben und Ventile aufwendig wassergekühlt. Gewonnen haben die Macher der *Standard* außer Erfahrung leider nichts

Links: Die Männer um Henri Brasier pflanzten 1908 drei Grand-Prix-Motoren vom Typ GP1906-07 in ihre *Grand Trèfle*. Sie waren wegen einer Reglementsänderung für den Straßensport nicht mehr zu verwenden gewesen. Der Auftritt des großen dreimotorigen Kleeblatts in Monaco verlief aber enttäuschend, kein Lauf konnte beendet werden. Links der Bootskonstrukteur Victor Despujols, rechts Pilot Ricardo Soriano

Die *Daimler I* bei der Müggelregatta am 11. September 1910. Das bei Claus Engelbrecht gebaute Boot war ein Entwurf des bekannten Konstrukteurs und Rennfahrers M. H. Bauer. Der Auftrag kam von der Daimler Motoren-Gesellschaft, die genau wie beim Automobilsport Rekorde und Siege in Werbeanzeigen vermarktete. 1911 wurde die *Daimler I* an den Schweden E. Hedlund verkauft, der den 100-PS-Daimler durch einen Motor mit 112 PS ersetzen ließ. Das schnellste Boot Skandinaviens gewann am 10. September 1911 die Regatta des Königlichen Schwedischen Automobilclubs in Stockholm

Viel Rauch um nichts: Steuermann Wolff beim Ablegen

Prinz Heinrich von Preußen (1862–1929) und ein Blitzen-Benz von 1909

Einen ebenso kurzen wie unerfreulichen Auftritt legte die Rheinische Yachtwerft 1909 in Monaco hin. Der Korrespondent der »Yacht« stellte schon auf dem Taubenschießplatz verdrossen fest: »Der *Prinz Heinrich* ist leider ein Bau geworden, nicht geeignet, die deutschen Farben zu vertreten.« Er sollte recht behalten: Schon beim ersten Training brach das elf Meter lange Holzboot auseinander und sank. Der begeisterte Motorsportler Prinz Heinrich von Preußen wohnte dem Fiasko nicht bei, er soll die Nachricht aber recht verstimmt aufgenommen haben. Immerhin gab es keine Verletzten, Steuermann Wolff und sein Mechaniker trugen Rettungswesten und konnten aufgefischt werden. Die beiden marinisierten Blitzen-Benz-Motoren aber verschwanden für immer in der Tiefe

Die *La Fleche* war 1910 ein typisches Rennboot ihrer Zeit: Der große Motor entwickelte viel Kraft, aber sein hohes Gewicht strapazierte das hölzerne Fundament und erschwerte das Gleiten. Es erforderte großes bootsbauerisches Können, um schnelle und gleichzeitig strapazierfähige Rümpfe herzustellen. Bei der *La Flèche* war das nicht der Fall: Ihr Bug sank beim Beschleunigen ab, ihr Besitzer Verley verzichtete daher auf einen Start. Der Achtzylinder stammte von Fiat

Die *Maple Leaf*-Rennboote waren das ehrgeizige Projekt des in Montreal geborenen Londoner Investmentbankers Edward Mackay Edgar (1876–1934). Es störte ihn, dass die Amerikaner 1907/1908 mit ihren *Dixie*-Booten die Harmsworth-Trophy an sich gerissen hatten. Er tat sich mit Ingenieur William Astell vom kleinen Autohersteller Orleans aus Twickenham zusammen, um einen hochpotenten Motor auf die Beine zu stellen. Und so geschah es auch: Astell schuf in rastloser Arbeit einen der ersten V12 überhaupt. Der Hubraum summierte sich auf 56,8 Liter, 350 PS Leistung lagen an. In der *Maple Leaf II* feierte der Motor 1910 seine Monaco-Premiere, die mit einem Zylinderkopfdefekt früh endete. Die *Maple Leaf III* hatte im Jahr darauf schon zwei V12 zu verkraften (Foto links). Mit 700 PS war sie bei der Harmsworth Trophy 1911 stärkster Teilnehmer, blieb ab wieder liegen. Für den nächsten Versuch wurde buchstäblich Herbert Austin ins Boot geholt, der V12 kam in der Folge bei 380 PS Leistung an, als Spitzengeschwindigkeit konnten jetzt 75 km/h gefahren werden. 1912 ging dann Edgars Traum endlich in Erfüllung: seine *Maple Leaf IV* (unten) gewann die Harmsworth-Trophy. 1913 verteidigte er sie sogar

PIK·AS·NA·DÖRK

Dürkopp

Seiner Tradition folgend, bestellte Rudolph Hertzog die *Pik-As VII* (oben) wieder bei Claus Engelbrecht. Unter Spriegel und Plane stand ein dicker Dürkopp, auch da blieb Hertzog seiner Lieblingsmarke treu. Die Bielefelder statteten ihre Autos seinerzeit gern mit großvolumigen Reihenvierzylindern aus. Die technischen Daten der *Pik-As VII* lasen sich ähnlich: vier Zylinder 8824 cm^3, 65 PS bei 1250/min. Wahrscheinlich wurde eine marinisierte Variante des DG-31-Pkw-Motors eingesetzt. Die Leistung der *Pik-As VII* war zeitgenössischen Berichten zufolge auch konkurrenzfähig, aber die Revierverhältnisse vor Monaco stellten die Deutschen vor Probleme. So musste Hertzog hinnehmen, dass sein Boot während der Wettbewerbe kenterte.
Der schneeweißen *Pik-As-Na-Dürk* (»Naglo-Dürkopp«) sollte im Folgejahr an der Côte d'Azur auch kein Erfolg vergönnt sein. Sie stammte von Fritz Naglo, der die Engelbrechtsche Werft 1911 übernommen hatte. Wieder war es nicht der große Dürkopp-Vierzylinder, der Ärger bereitete, sondern der Holzrumpf, der unter der Belastung des Wellenschlags nachgab. Naglo, der sein Boot in den Süden begleitet hatte, reiste enttäuscht vorzeitig ab

1911 gelang den Deutschen mit der *Lürssen-Daimler* endlich ihr erster großer internationaler Erfolg. Das 105 PS starke Rennboot war ein Entwurf von Lürssen-Chefkostrukteur Karl Vertens, der ab 1914 der Rolandwerft vorstand. 1910 hatte es unter dem Namen *Daimler II* bereits den Lanzpreis auf dem Bodensee gewonnen. Im Jahr darauf zog es Otto Lürssen (mit Gehstock) höchstpersönlich an die Riviera, um Franzosen und Engländern das Fürchten zu lehren. Erbitterter Gegner des in *Lürssen-Daimler* umbenannten Boots war in der Klasse IV der erfahrene Ricardo Soriano auf *Sigma-Labor*. Am Ende triumphierte aber der Bremer und nahm neben reichlich Preisgeld die Pokale für die »Meisterschaft des Meeres«, den »Preis der Côte d'Azur«, den »Grand Prix der Nationen« sowie den »Preis des französischen Marineministers« (Foto) mit nach Hause. Sowohl Daimler als auch Lürssen trieben bis in die 20er-Jahre mit dem Rennerfolg Werbung

Kolorierte Postkarten künden noch heute von der Popularität der frühen Motorbootregatten

1909 gelang es der Truppe um Henri Brasier mit der *Chantecler*, die Meisterschaft des Meeres und den Preis der Riviera zu gewinnen. Diese Siege veranlassten die Franzosen, 1910 mit einer Armada von fünf Brasier-Booten anzutreten. Alle Motoren waren vom Typ MM1910 (MM = Monaco Meeting), der aber noch auf dem Rennwagenmotor von 1908 basierte. Der MM1911 (rechts) im Jahr darauf dagegen war eine speziell für Rennboote konzipierte Neuentwicklung. Der mannshohe Vierzylinder schöpfte aus 22,6 Liter Hubraum rund 200 PS. In der *Cocorico II* (oben) konnte er 1912 den Preis der Riviera für sich verbuchen. Brasier bot den MM1911 als Marinemotor für Yachten und als Stationärmotor an, im Rennsport gab es nach 1912 keine Einsätze mehr

Um 1910 erreichte der Motorbootsport auch den australischen Kontinent. Der Millionär James Clark aus Brisbane machte sein Geld mit Perlenfischerei – von 130 zugelassenen Perlenbooten kontrollierte er 115. 1911 legt er sich das kompakte Stufenboot *Queensland* mit 90-PS-Sechszylinder (links) zu, mit dem er im Januar 1912 beim Griffith Cup in der Bucht von Sydney allerdings knapp der *Kangaroo* unterlag – kein Wunder, dessen Eigner Anthony Hordern hatte bereits in Monaco Rennerfahrung gesammelt. Die neuseeländische *Togo* von 1911 hatte das phantasievollste Styling aller Rennboote überhaupt. Sie war mit einem 24-PS-Vierzylinder der Londoner Firma Ailsa Craig ausgerüstet

Die schönsten Schornsteine trug die *Kitty Hawk II* zur Schau. Das 7,92 Meter lange Speedboat stammte aus der Feder von John Hacker. 1911 verfügte sie über einen 100-PS-Vierzylinder von Van Blerck. Sie war das erste Boot, dass schneller als 50 Meilen pro Stunde war (80,5 km/h). Später verunglückte sie bei voller Fahrt, brannte aus und sank

SAURER-LÜRSSEN.

Der Erfolg der *Lürssen-Daimler* gab den deutschen Wassersportlern Auftrieb. Otto Lürssen tat sich 1912 mit Saurer zusammen und reiste mit der *Saurer-Lürssen* in den Süden. Mit dem 140-PS-Vierzylindermotor schaffte Lürssen bei einem Lauf 60 km/h Durchschnittsgeschwindigkeit – Rekord. Die Rumpfform der *Saurer-Lürssen* war sehr fortschrittlich – die Kunst war, mehrere Faktoren aufeinander abzustimmen, hauptsächlich Schwerpunkt des Motors und Wasserwiderstand. Gleichzeitig mussten die Boote den Reglements entsprechen, leicht und robust sein

Impressionen vom Monaco-Meeting 1913: Mit der Startnummer 44 nimmt das englische Autoboot *Dyack* die Kurve. Ihr Vauxhall-Vierzylinder leistet 40 PS bei 2200/min, das reichte für knapp 40 km/h. Darunter die *Hispano-Suiza*, die bereits im dritten Jahr zu den Teilnehmern gehörte. Ihr Vierliter-Vierzylinder hatte 60 PS

Gegenüberliegende Seite: Wartungsarbeiten an einem der beiden 180-PS-Panhard-Motoren der *Motocratie*. Links: die *Nautilus-Saurer X* in schneller Fahrt. Das ungünstige Absacken des Hecks ist gut erkennbar. Das Plakat stammt von 1903, dem Jahr, in dem das Monaco-Meeting zum ersten Mal stattfinden sollte. Das Debüt wurde aber auf 1904 verschoben

Mit dem 9,75 Meter langen Hydroplan *Ankle Deep*, einem Design von Clinton Crane, gewann Graf Casimir Mankowski 1913 den Gold Cup. Die beiden 150-PS-Reihen-Achtzylinder von Sterling befanden sich im Rücken von Mankowski. Bemerkenswert war auch der kerzengerade Steven

Eine Sternstunde des Motorbootsports: die *Annette III* vor Monaco 1912. Ihr Besitzer Wladimir Schmitz aus Waren holte zwar keinen Pokal, aber das Bild des sich aus dem Wellen erhebenden Rumpfes ist eine Foto-Ikone. Technische Daten: Länge: 8,50 Meter, Breite: 1,65 Meter, Tiefgang: 47 cm. 13,2-Liter-Vierzylinder von Saurer, 130 PS bei 1500/min. Entworfen und gebaut bei Lürssen. Das Bild gelang einem unbekannten Pressefotografen

Oben: Der Mann in der Mitte hieß Girard Bouvet, sein von Despujols erbautes Rennboot *Flambeau*. Auch der stattliche Reihensechszylinder war von Despujols, der angefangen hatte, unter eigenem Namen Motoren herzustellen. Die Maschine entwickelte 300 PS aus 17,4 Liter Hubraum. Jeder Zylinder hatte je zwei Einlass- und Auslassventile, die waagerecht liegend angeordnet waren.
Obwohl das Boot auf diesem Bild von 1913 noch nagelneu ist, musste das Auspuffrohr des vierten Zylinders schon geflickt werden

Argus-Bootsaggregat mit sechs Zylindern von 1908. Das Spitzenmodell war mit 150 PS angegeben. Bekannt wurde Argus allerdings weder durch seine Marineaktivitäten noch durch seine von 1902 bis 1908 hergestellten Oberklasseautos, sondern durch Flugmotoren. Aber auch die waren in Booten anzutreffen

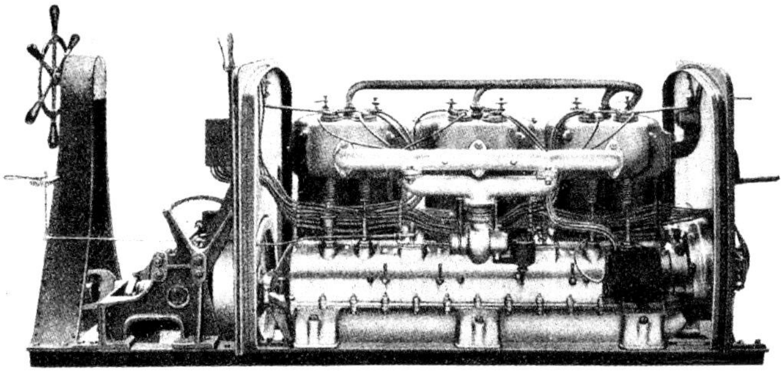

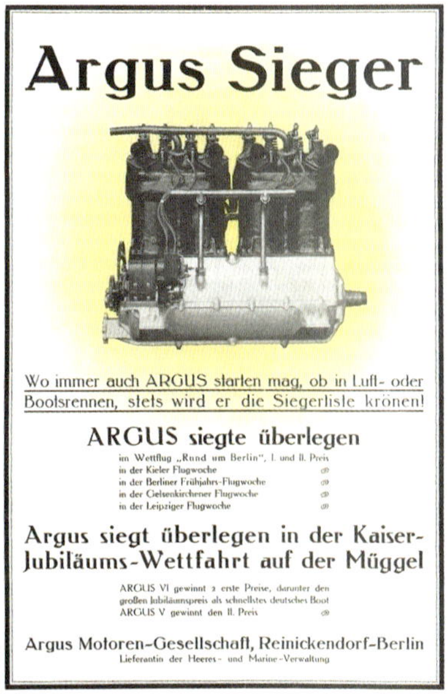

Auch Argus mischte bei Motorbootrennen mit. Gründer Henri Jeannin persönlich führte 1913 die *Argus VI* bei der Kaiser-Jubiläumspreis-Wettfahrt auf dem Müggelsee. Argus stellte da bereits seit fünf Jahren keine Autos mehr her, die Berliner hatten sich ganz auf Boots- und Flugzeugmotoren konzentriert. Den Sieg »auf der Müggel« brachten Jeannin vier Flugmotoren. Jeder der 8,7-Liter-Vierzylinder leistete 100 PS bei 1250/min, das Gewicht betrug 170 kg. Die *Argus VI* war damit 60,5 km/h schnell. Das große Bild unten stammt von einer Argus-Werbepostkarte. Sehr irritierend: Ein Retuscheur ließ die acht Backbord-Schornsteine verschwinden

14. März 1913: Taufe der *Sigma IV* auf der Werft von Despujols, die auf der Île de la Grand Jatte lag. Dieses Ritual geriet nicht selten zum gesellschaftlichen Ereignis, über das in Zeitungen berichtet wurde. Hier begleitete María Eulalia von Spanien (sechste von links) den Marquis de Ivanrey, Ricardo Soriano (dritter von links)

Die *Alza* hatte nur einen 200-PS-Motor von Despujols an Bord

Die letzten Jahre vor dem Ersten Weltkrieg drückte der Konstrukteur Victor Despujols (1879–1955, links) den Monaco-Meetings seinen Stempel auf – die französische Presse feierte ihn dafür. Seine Boote, meist Einstufen-Gleiter, hatten eine charakateristische Form, die an einen Geigenkasten erinnert. Auch die Despujols-Reihensechszylinder wecken Assoziationen, etwa an einen Urzeitkrebs. Oben die 840 PS starke *V. Despujols* auf der Seine, 1914

»*Mona* is a great little boat«, befand 1912 die US-Zeitschrift Motorboating – und das, obwohl die Engländer mit der *Maple Leaf IV* vor Long Island gerade den Amis die Harmsworth-Trophy abgejagt hatten. Das 7,92 Meter lange Thornycroft-Boot war mit einem 120-PS-Wolseley motorisiert. Der Entwurf stammte von John Montague Batting, der auch die *Batboat III* (rechts) zeichnete. Das Stufenboot mit 100-PS-Vauxhall-Sechszylinder sollte 1914 bei der Harmsworth-Trophy an den Start gehen. Der Wettbewerb wurde aber abgesagt – der Erste Weltkrieg hatte begonnen

1913 pilotierte Ricardo Soriano das Einstufen-Gleitboot *Santos-Despujols*. Der Spanier hatte gut Lachen: Er gewann damit die Meisterschaft des Meeres

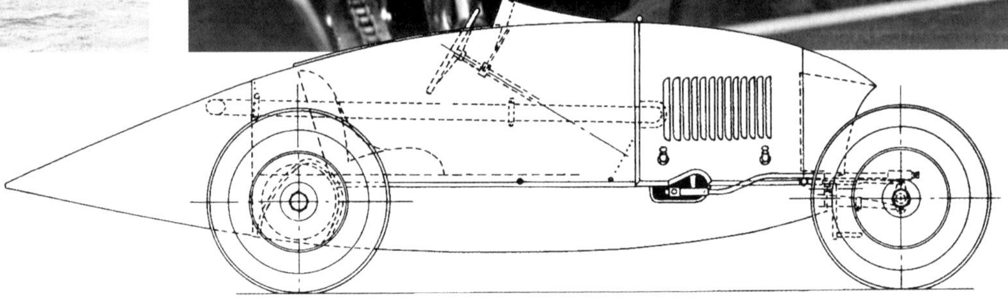

Soriano begab sich nach dem Krieg auch unter die Autohersteller: Modell Monoplace von 1923

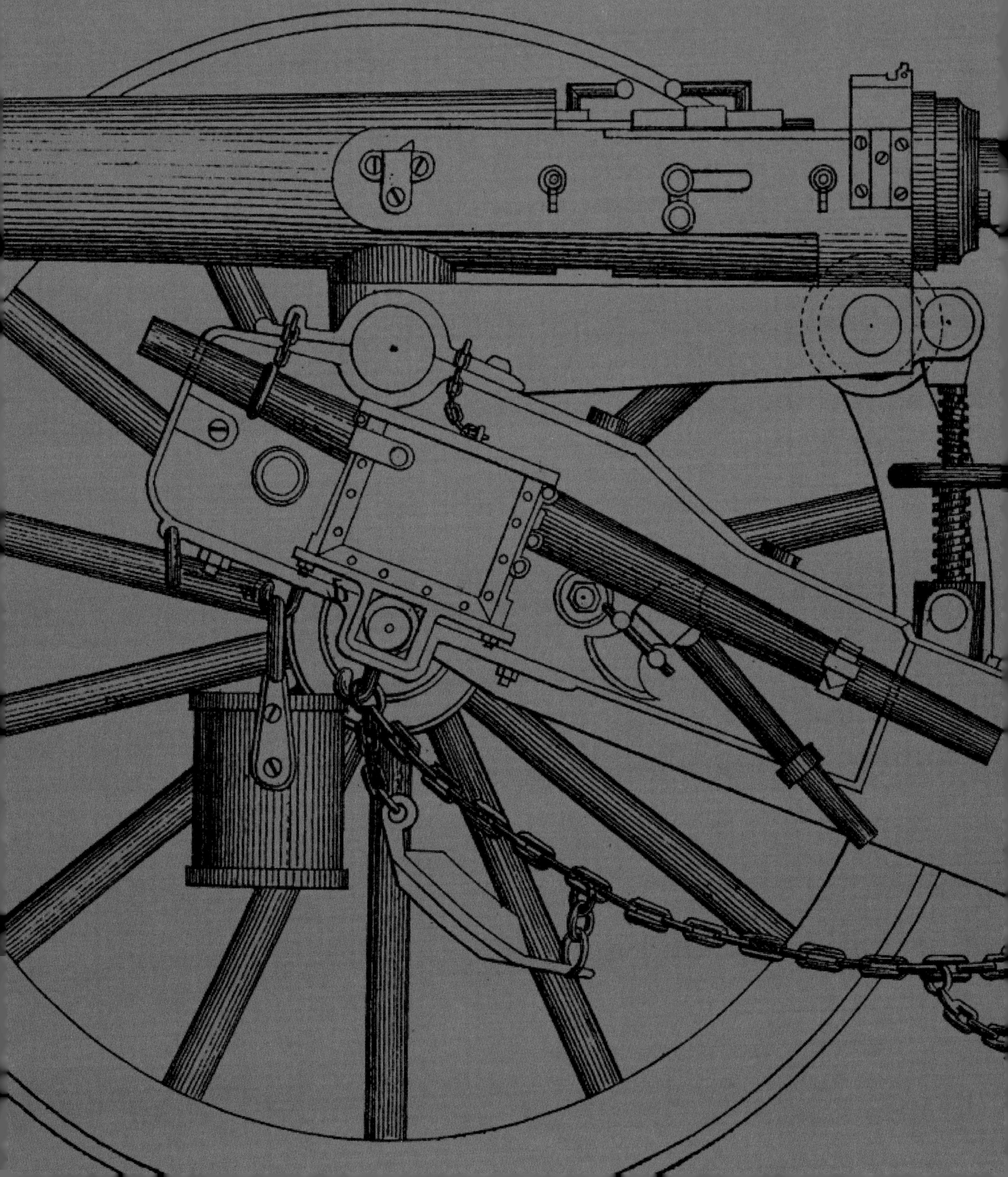

Kapitel 5 | Erster Weltkrieg 1914 – 1918

Viermal rote Ostern

Neue Waffen, aber alte Strategien: Militärs aller Nationen waren 1914 überfordert. Zwischen Jagdflugzeug und Panzer suchte das Motorboot seinen Platz. Europa schwamm im Blut

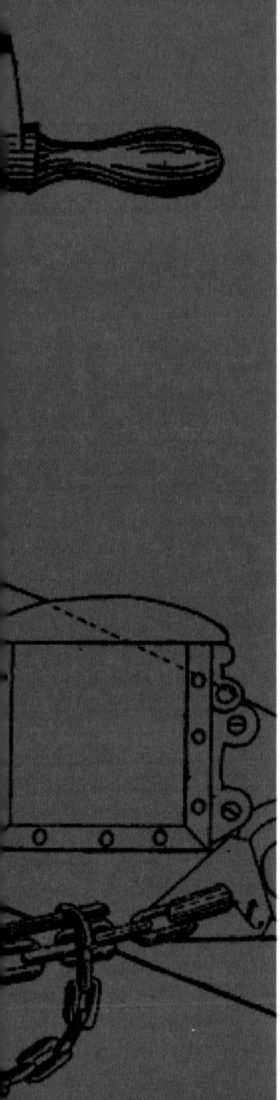

Das Gemälde »Speed at Sea« von Arthur Burgess entstand 1910. Es nimmt das beherrschende Thema des Jahrzehnts bereits bildlich vorweg

»ROTE OSTERN ! – ROT VOM BLUT, UND ROT VOM WIDERSCHEIN DER FLAMMEN, die bildlich und leider nur allzu wirklich in allen Himmelsgegenden der Welt zur Höhe lodern und mit dem Flackerlicht des Weltenbrandes das Fest des jungen Frühlings krass umlohen. [...] Schwer wird der Motorbootsport in diesem Jahr getroffen, dessen bemerkenswerteste Veranstaltung, die Monacoer Woche, stets um die Osterzeit stattzufinden pflegte. An Stelle der knatternden Motoren ist diesmal die Trauer in Monte Carlo eingezogen« – die Zeilen des namentlich nicht genannten Autors aus der »Yacht« Ausgabe 14/1915 geben eindrücklich den Stand der Dinge während des Ersten Weltkriegs wieder.

INTERNATIONALE SPORTWETTBEWERBE wurden reihenweise abgesagt. Zivile Projekte der Werftindustrie aller Krieg führenden Parteien lagen größtenteils auf Eis, Neuaufträge konnten nicht angenommen werden. Im Deutschen Reich befassten sich die großen Sportboot-Werften ausschließlich mit Marinelieferungen, etwa Abeking & Rasmussen, Engelbrecht, Havel-Werft, H. Heidtmann, Lürssen, Naglo, Oertz und die Rolandwerft Vertens & Co. Kleine und mittelgroße Betriebe hatten, auch wenn sie nicht zu militärischen Aufträgen herangezogen wurden, das große Problem des Arbeitermangels. So schrumpfte zum Beispiel von Kriegsausbruch im Juli 1914 innerhalb von drei Jahren die Belegschaft der Spandauer Yacht- und Bootswerft Albert Buller von 20 auf zwei, die von Carl Sonnenschmidt in Tiefwerder/Berlin von sieben auf eins. Von der Elka-Werft ist überliefert, dass sie ihren Betrieb ganz einstellen musste.

NICHT SELTEN FEHLTEN NICHT NUR DIE ARBEITER, sondern auch die Chefetage. Von den an der Havel gelegenen Werften Kluge und Tübbecke etwa zogen die Inhabersöhne an die Front. Sie befanden sich damit in der selben Situation wie viele, die in den Jahren zuvor nur bei Bootsrennen die Auseinandersetzung suchten – wie Rennbootliebhaber Rudolph Hertzog, Alphonse Telliers Partner Gérard, der in deutsche Kriegsgefangeschaft geriet, und der langjährige Sekretär des Sporting Clubs Monaco, Léon Demanest. Er überlebte seinen Einsatz nicht. Die »Yacht« berichtete betroffen: »Wer mit dem liebenswürdigen jungen Franzosen zu tun hatte, der für die Wünsche der Bewerber und der Presse stets ein offenes Ohr hatte, wird ihm ein ehrendes Andenken nicht versagen, nur weil er auf des Feindes Seite kämpfte.«

Kriegspropaganda im Namen des Deutschen Kaiserreichs (links) und des Britischen Empire (oben)

Ihr erstes »Explosions-Motorboot« erhielt die Kaiserliche Marine 1903

VON DER MENSCHLICHEN SEITE ZUR TECHNISCHEN: Hatte die Evolution, die das motorgetriebene Boot bis 1914 durchlaufen hatte, Eindruck auf die Militärs gemacht? Sicher nicht annähernd so viel wie das Flugzeug, und auch nicht so sehr wie das Automobil. Die wesentlichen Impulse, kleine schnelle Boote aus Holz oder Stahl als Kriegswaffe einzusetzen, kamen aus Italien und Großbritannien. Beide entwickelten unabhängig voeinander das Konzept des Torpedoschnellboots. Die Briten setzten dabei auf Konstruktionen von Thornycroft, die Typen CMB 40 und CMB 50. Der Torpedo war jeweils im Heck untergebraucht und wurde von dort aus achtern ins Kielwasser ausgestoßen. Diese Boote operierten mit eher mäßigem Erfolg

Vizeadmiral Richard Aschenborn (1848–1935) war der Befehlshaber des deutschen Freiwilligen Motorboot-Korps (F.M.K.)

AUFRUF
des
Freiwilligen Motorboot-Korps.

Seine Majestät der Kaiser und König haben mich durch Allerhöchste Kabinettsordre vom 30. September 1914 zum Befehlshaber des Freiwilligen Motorboot-Korps (F. M. K.) zu ernennen geruht.

Der Kampf um das Schicksal unseres Vaterlandes verlangt den Einsatz aller persönlichen und materiellen Kräfte.

Ich fordere daher insbesondere auf:

1. Besitzer von Motorbooten mit eingebautem Motor jeder Art und Grösse: ihre Fahrzeuge freiwillig zu gestellen.
2. Herren, die in der Handhabung von solchen Fahrzeugen und deren Maschinen durchaus erfahren sind, ihre Mitgliedschaft beim Freiwilligen Motorboot-Korps nachzusuchen.
3. Maschinisten, Bootsleute und Matrosen sich zum Dienst im Freiwilligen Motorboot-Korps bereit zu erklären.

Die organisatorischen Bestimmungen werden den in Gross-Berlin Wohnenden in der Dienststelle, Charlottenburg, Joachimstalerstr. 2, ausgehändigt, den Auswärtigen durch die Post zugesandt werden.

Aschenborn, Vize-Admiral z. D.

Deutsches Motorboot 1915 beim Wachdienst auf dem Bodensee. Aus der zivilen *Margarete*, einem Kreuzer mit Spitzheck, wurde das *Kfz. 292* der Österreichisch-Deutschen Bodenseeflottille. Die Einheit zog private Motorboote samt ihrer Eigner zum Wehrdienst ein und sollte in erster Linie dem Schutz des Luftschiffbaus in der Region Friedrichshafen dienen. Die *Margarete* wurde 1906 bei Lürssen gebaut. Technische Daten: Länge: 9,64 m, Breite: 2,09 m, Tiefgang: 39 cm; 8,5-PS-Zweizylinder von Körting

vor der flandrischen Küste gegen deutsche Torpedo- und U-Boote. Die Italiener entwickelten mit ihren MAS (»Motobarca Armata Svano o Silurante«) weitaus größere Durchschlagskraft. Das Design der maßgeblich von Cantiere Baglietto entwickelten Torpedoboote fußte auf Erkenntnissen, die mit zivilen Rennbooten gemacht wurden – nicht zuletzt bei den jährlichen Wettbewerben in Monaco. Das größte MAS-Modell war 21 Meter lang und wurde durch drei Isotta-Fraschini-Motoren mit zusammen 1600 PS angetrieben. Die Boote waren meist in der Adria unterwegs und bekämpften die Österreichische Marine. Am 10. Juni 1918 gelang einer MAS-Flottille der größte Erfolg, die Zerstörung des Österreichischen Schlachtschiffs *Szent*

Österreichisch-ungarisches Soldaten lassen ein Mehrzweckboot in den Skutarisee (Montenegro) zu Wasser. Am Heck ein Schleppbügel, mittschiffs ein Schlepphaken. Am Bugspriet ist ein Vierflunken-Anker befestigt

Dieses Flusskanonenboot stand in Diensten der osmanischen (türkischen) Marine. Das mit großer Wahrscheinlichkeit von Lürssen gelieferte 14 Meter lange Boot zeichnete sich durch einen geringen Tiefgang aus

István. Im Dezember 1917 war in Triest bereits der Dampfer *Wien* versenkt worden.

DIE DEUTSCHE MARINE WANDTE SICH ERST SPÄT ERNSTHAFT DEM MOTORBOOT ZU. Die ersten sechs speziell für Kriegseinsätze konzipierten Einheiten wurden zu je zwei Stück bei Lürssen, Naglo und Oertz im Sommer 1916 bestellt. Die als »L-Boot« (später »LM-Boot«) bezeichneten Fahrzeuge waren rund 15 Meter lang und hatten drei Maybach-Luftschiffmotoren des Typs CX an Bord. Jeder Motor schöpfte aus 22,9 Liter Hubraum 210 PS bei 1300 Umdrehungen, die Höchstgeschwindigkeit betrug rund 55 km/h. Die Bewaffnung bestand aus einem Torpedorohr und einem MG. Die Zeitschrift »Motorschiff und Motorboot« wusste zu berichten: »Da es sich um große, ganz neuartige und mit besonders starker Maschinenanlage ausgerüstete Doppelschraubenboote handelte, waren die betreffenden Bootswerften [...] vor eine schwere Aufgabe gestellt, zumal noch die sonstigen durch den Krieg verursachten allgemeinen Schwierigkeiten infolge Mangels an geeignetem Personal, Baustoffen usw. die Arbeiten ungünstig beeinflußte.« Die Boote wurden in der »Motorbootsdivision« unter dem Marinekorps Flandern zusammengefasst. Im Anschluss an diese Neubauten wurden noch weitere 27 LM-Boote mit stärkeren Motoren, größeren Abmessungen und zwei Torpedorohren bei den zu Beginn genannten Werften in Auftrag gegeben. Alle deutschen LM waren Rundspanter, zur Fertigstellung der einzigen zweistufigen Konstruktion *Köro* (Körting/Rolandwerft) kam es nicht mehr. Max Oertz baute die ebenfalls nicht mehr fertiggestellte *Juno I* (Junkers/Oertz) nach Kriegsende zum eleganten Motorkreuzer *Aar II* um.

Außer der Versenkung des russischen Minenlegers *Penelope* sind von der kaiserlichen Schnellbootflotte keinerlei Erfolge überliefert.

Im Großen und Ganzen erfolglos blieb im Übrigen auch die Zusammenarbeit von Reichsmarineamt, Lürssen-Werft, Siemens und dem Torpedo-Versuchskommando Kiel bei der Entwicklung von Fernlenkbooten mit TNT-Sprengstoffladung im Bug (»FL-Boote«). Vierzehn Exemplare entstanden im letzten Kriegsjahr, ohne dass sich das Konzept durchsetzen konnte.

DIE BEI KRIEGSAUSBRUCH BEREITS EXISTIERENDEN FREIZEITBOOTE im Deutschen Reich erhielten auch eine Rolle in der Kriegsmaschinerie, in Gestalt des »Freiwilligen Motorboot-Korps« (F.M.K.). Dessen Befehlshaber Vizeadmiral Richard Aschenborn rief dazu auf, dass »Besitzer von Motorbooten mit eingebautem Motor jeder Art und Größe« ihre Gefährte dem Korps freiwillig zur Verfügung stellen sollen – und sich selbst gleich dazu. Die so entstandene Flotte tat in feldgrau und vielfach mit Maschinengewehr ausgerüstet ihren Dienst auf dem Bodensee, der Weichsel und der Donau. Ähnlich der zu Beginn des Kriegs rund 4000 für das deutsche Militär im Einsatz befindlichen Lkw und Pkw – die meisten davon wurden requiriert – verlagerte sich der Einsatz des F.M.K. im Laufe der Kriegsjahre immer mehr von der Etappe

Werbung in Kriegszeiten. Pallas war ab 1915 eine Tochtergesellschaft von AEG. Interessanterweise fusionierten Pallas und Zenith 1918

Großes Bild oben: Deutsches Fernlenkboot (»FL-Boot«) bei Probefahrten auf der Weser. Die Entwicklung der ferngesteuerten Sprengboote begann 1907 bei Siemens und wurde gemeinsam mit Lürssen bis zum Ende des Kriegs forgeführt. Länge: 13 Meter, Breite: 1,86 Meter, Tiefgang: 0,66 m, Ver-drängung 6 t. 420 PS, Höchstgeschwindigkeit rund 55 km/h. Im Vorschiff befand sich eine Sprengladung, die von einem Posten an Land gezündet wurde. Das Anpeilen des Ziels übernahm ein Flugzeug. 1917 wurden mit FL-Booten britische Truppen im belgischen Hafen Nieuwpoort angegriffen. Kleines Bild darunter: Ein von Lürssen gebautes LM-Boot wird per Zug nach Flandern transportiert

hin zu den Operationsgebieten. Der erste große Fronteinsatz fand im Oktober 1915 bei der Eroberung Serbiens statt. Kleine Autoboote und Yachten erwiesen sich als wertvolle Schlepp- und Übersetzfahrzeuge und wurden gemeinsam mit Barkassen und Dampfern bei der Querung der Donau eingesetzt.

Der renommierte Bootskonstrukteur, Rennfahrer und Autor M. H. Bauer, schon bei der Gründung des F.M.K. sehr engagiert, konstruierte das Flaggschiff des Korps, das 23 Meter lange gepanzerte Flussboot *Weichsel*.

AM 11. NOVEMBER 1918 BEENDETE DER WAFFENSTILLSTAND VON COMPIÈGNE DIE KAMPFHANDLUNGEN, am 10. Januar 1920 trat der Friedensvertrag von Versailles in Kraft. Ein halbes Jahr zuvor hatte sich die ehemals stolze Hochseeflotte der kaiserlichen Marine vor Scapa Flow selbst versenkt. Das F.M.K. wurde offiziell bereits am 24. Dezember 1918 aufgelöst. Etliche der dienstverpflichteten Sportboote und deren Besitzer kehrten nicht aus dem Krieg zurück. Der Deutscher Motoryachtverband stellte gar fest, »dass das Motorbootwesen durch den Krieg völlig vernichtet wurde«.

Die Auflagen des Versailler Vertages bedeuteten für Deutschland Abtretung von Gebieten, hohe Reparationen, den Verlust des Großteils der Handelsflotte und der Armee sowie drastische Einschränkungen, sich innovativ im Bereich technischer Entwicklungen zu betätigen. Elbe, Oder, Donau und Memel wurden zu internationalen Gewässern erklärt. Deutsche Wassersportler litten zudem darunter, dass das 1916 erlassene Fahrverbot für Motorboote bis 1920 aufrecht erhalten wurde und dass der Benzolverkauf ebenfalls erst Ende 1920 wieder begann. Der DMYV zählte 1918 403 verbandlich organisierte Motorboote, dessen Bestand sich in den Folgejahren erst allmählich erholen sollte.

Der Erste Weltkrieg hatte dafür gesorgt, dass führende Entwicklungen bei Motorbooten nicht mehr in Europa stattfinden würden, erst recht nicht in Deutschland. Die Zeit der Amerikaner war gekommen. ⚓

Kleines Torpedoboot der U.S. Navy, 1917 gebaut von der Greenport Basin & Construction Company. Duesenberg steuerte die beiden 400-PS-Reihen-Achtzylinder bei. Das 15 Meter lange Fahrzeug war mit 65 km/h das schnellste Schiff des Kriegs

Dieses formschöne 10,67 Meter lange Autoboot von Racine Wis wurde 1917 von der U.S. Coast Guard für Streifenfahrten genutzt

Erster MAS-Typ der Italiener, um 1916. Die in Adriahäfen stationierten Boote hatten mehrfach Erfolge aufzuweisen, was die Österreichische Armeeführung auf sie aufmerksam machte. 1918 versuchte deshalb ein Trupp unter dem Kommando eines italienisch sprechenden k.u.k.-Offiziers, ein MAS im Hafen von Ancona zu stehlen. Da die Aktion aber vorher verraten worden war, gerieten die Soldaten in Gefangenschaft

40-FT. MOTOR

CONSTRUCTED BY MESSRS. J. I. THORNYC

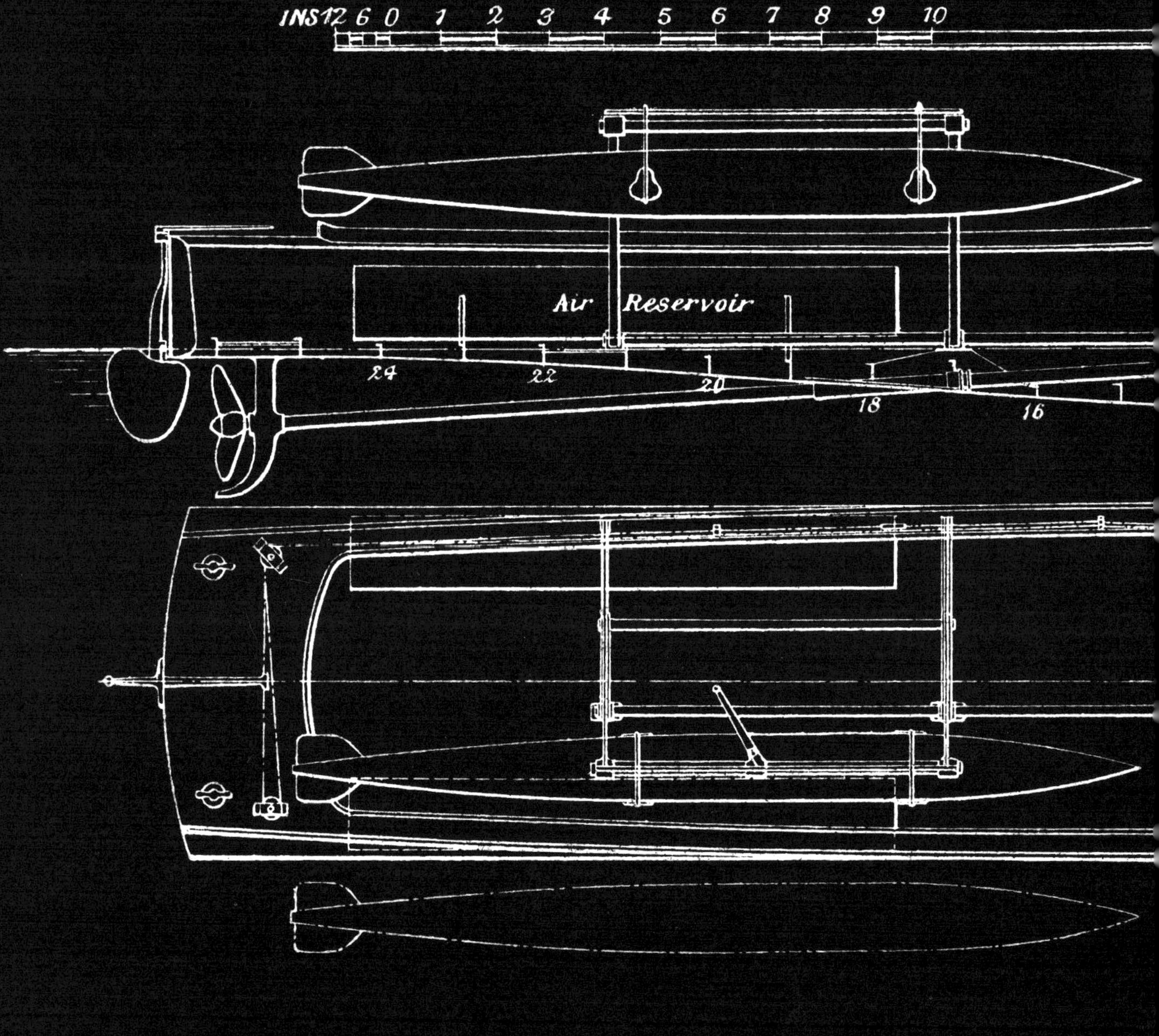

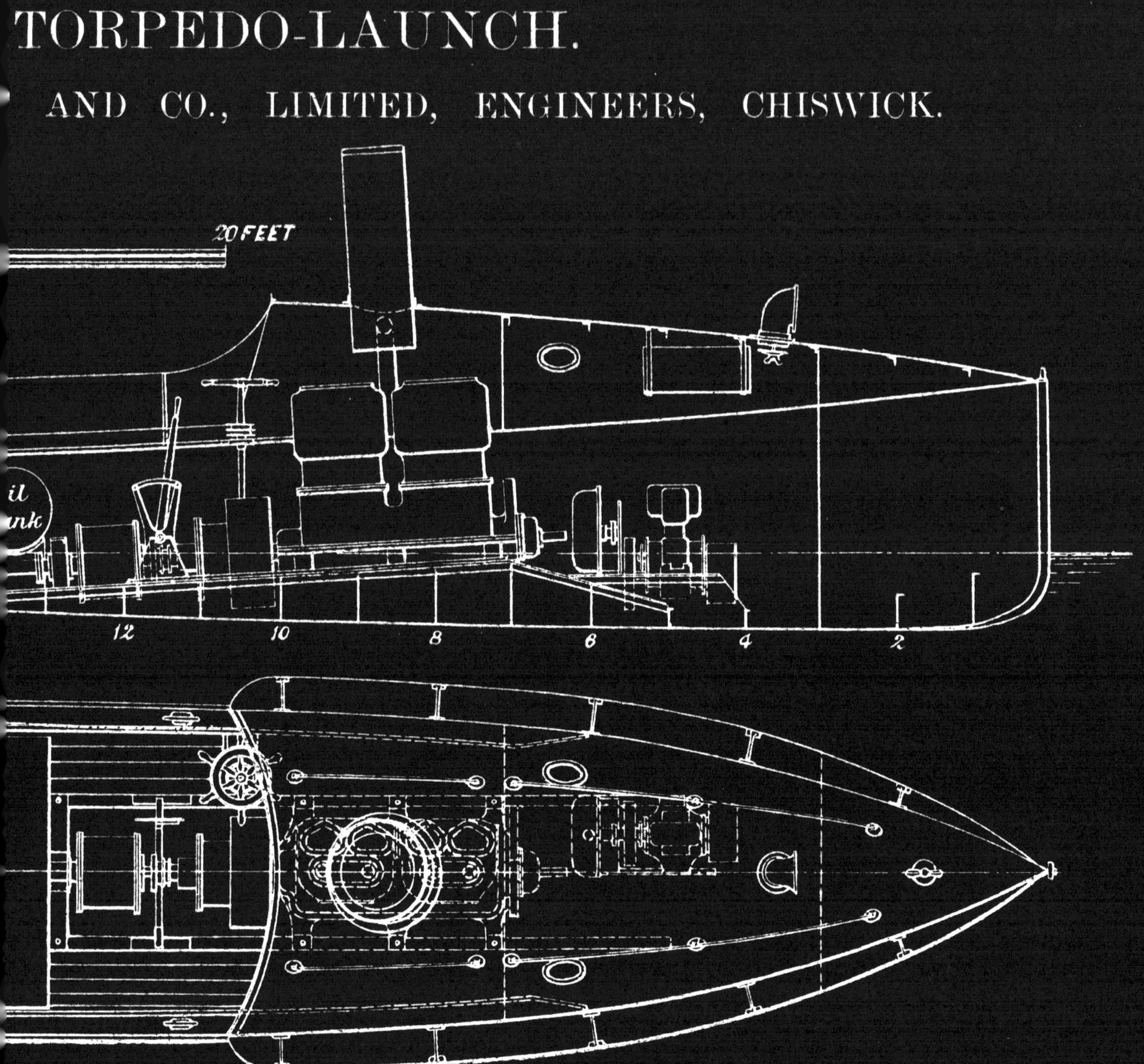

Riss eines Thornycroft-Torpedobootes, wie es im ersten Weltkrieg von der britischen Marine eingesetzt wurde. Der stählerne Bootskörper ist 12,20 Meter lang, der 27-Liter Vierzylinder leistet 120 PS. Der Entwurf stammt aus dem Jahr 1905

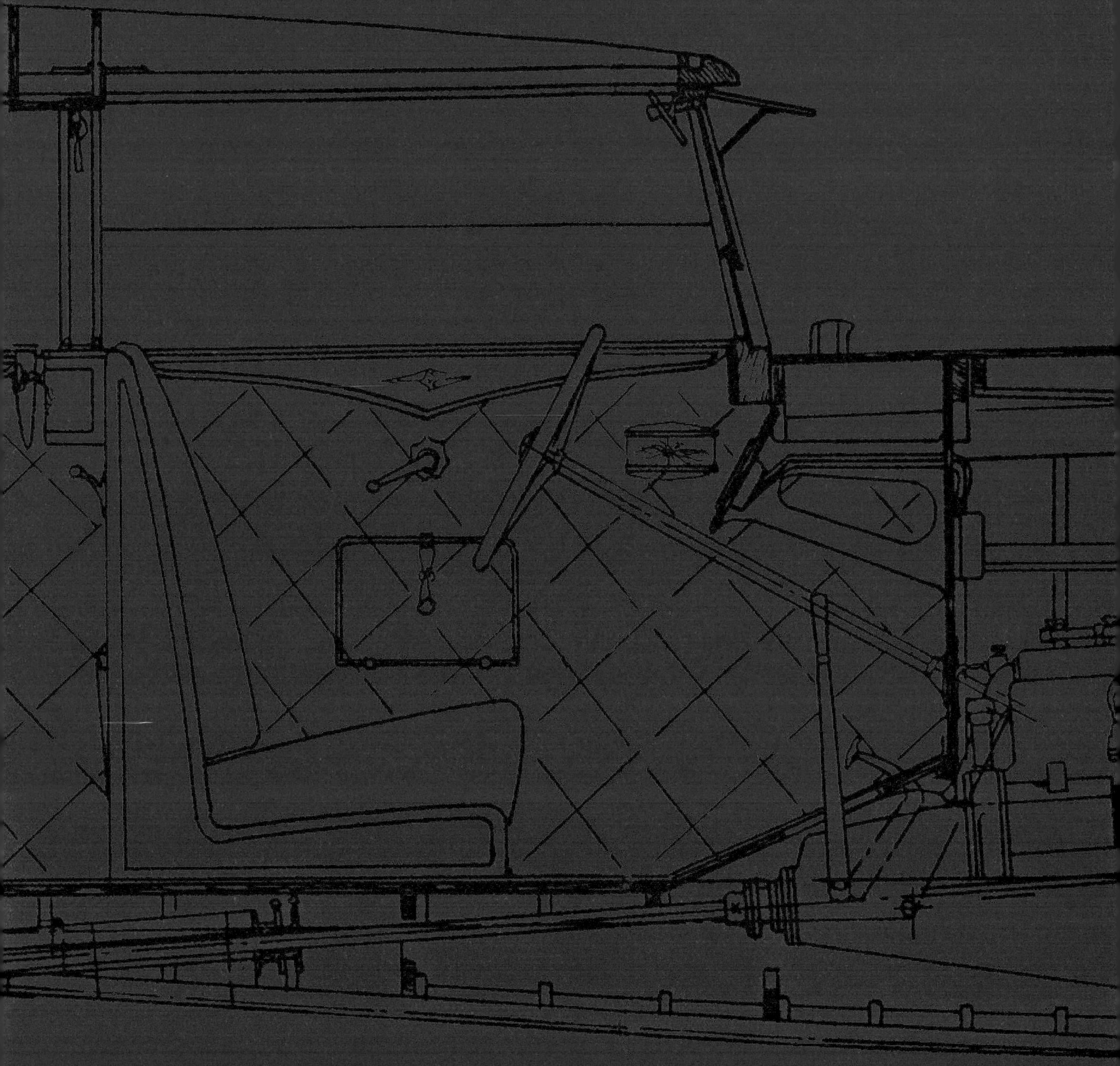

Kapitel 6 | Die goldene Ära der Autoboote 1918–1939

Limousinen im Schilf

Ob in Berlin oder New York, ob auf Themse oder Zürichsee: Das Wandern mit Motorkraft eröffnete neue Perspektiven

AM 10. SEPTEMBER 1919 rollten in New York fast 100 Cabriolets von der 107. Straße zum Washington Square, jedes voll besetzt. Links und rechts am Straßenrand jubelten ihnen ausgelassene Menschen zu. General Pershing führte den Zug an: Die Wagen waren Teil einer »Ticker tape parade« zu Ehren von Weltkriegskämpfern, in den Autos saßen die Versehrten. Im Konfettiregen hakte die Neue Welt den Krieg endgültig ab.

DIE AMERIKANER WOLLTEN SCHNELL WIEDER SPASS HABEN. Von einer Mangelwirtschaft, wie sie die meisten Europäer erlebten, war man in den Vereinigten Staaten weit entfernt. Die Lust am Konsum führte direkt nach Kriegsende zu einem Wirtschaftsaufschwung. Das Fließband und modernes Management ermöglichten die Massenproduktion von Waren, dies wiederum führte zu rasantem Bevölkerungszuwachs der Großstädte. Durch die niedrigeren Preise entstand ein Massenwohlstand, auch der normale Verbraucher konnte sich nun einen gewissen Luxus leisten, vieles war deutlich billiger als vor dem Krieg. Allen voran das Auto, dessen Preis sich in einem Jahrzehnt halbierte. So kostete zum Beispiel ein zweisitziges Ford Model T Runabout 1911 680, im Jahr 1921 nur noch 325 Dollar. Aber auch Boote wurden erschwinglich: Im Juli 1920 wurden in der »Motor Boating« nagelneue 7,32 Meter lange Tourenboote mit 25-PS-Vierzylinder für 1300 Dollar feilgeboten. Das war zwar in etwa ein durchschnittliches Jahreseinkommen, aber 1910 hätte es davon noch drei gebraucht.

Lürssen bot schon 1919 das Standard-Autoboot »Racker«an. Es war 9 Meter lang, 1,62 Meter breit, der Tiefgang betrug 75 cm. In Sachen Motorisierung stellte man eine einfache Formel auf: 12/20/30 PS = 18/24/28 km/h

Die Goldenen Zwanziger sind leider weitestgehend nur in schwarzweiß überliefert. So auch diese Bootspartie auf dem Griebnitzsee im Süden Berlins. Während in den USA bereits kurz nach Kriegsende die Wirtschaft florierte, befand sich Deutschland noch bis 1924 in unruhigen Fahrwassern.
Dann aber stieg der Wohlstand merklich an und die Bürger der Mittelschicht konnten sich wieder angenehmen Dingen widmen – teuren Anzügen und Pelzen etwa. Und dem Wassersport

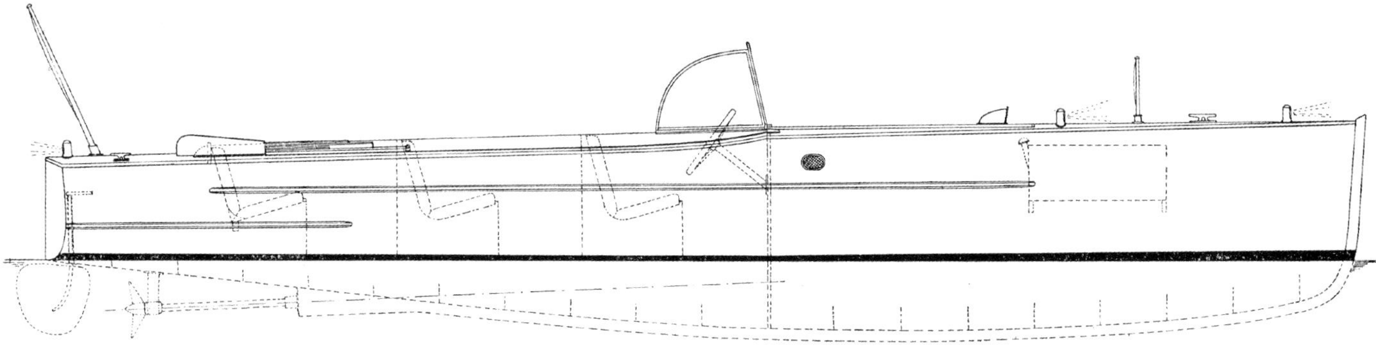

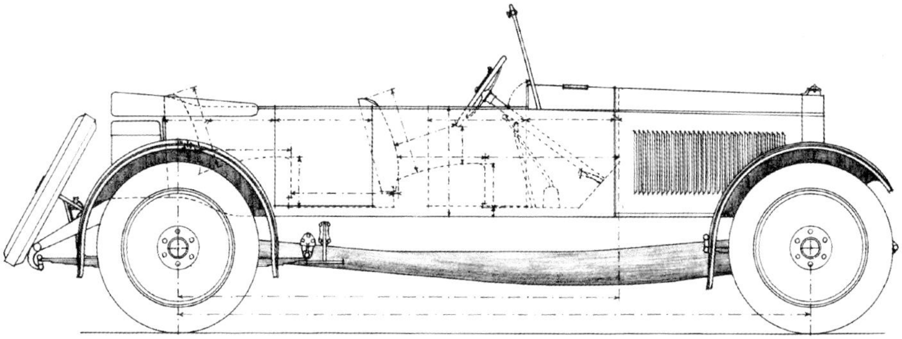

Hinter dem Packard Single Six Sport Touring rauscht die hineinretuschierte *Packard-Chriscraft* vorbei – so wurde der Gold-Cup-Sieg 1922 von Packard-Chefingenieur Jesse Vincent vom Marketing aufgegriffen. Das Boot besaß einen Reihen-Sechszylinder mit 200 PS, der Wagen hatte immerhin 54. Darüber ein Größenvergleich eines 1920er Packard-Wagens mit einem typischen deutschen Autoboot, ein Entwurf der Yachtwerft Gollmitz, Niederlehme

FR. LÜRSSEN
Yacht- und Bootswerft,
Aumund-Vegesack
b. Bremen.

Nr. 9

Länge .... 12,2 m
Breite .... 2,3 m

Ausführung:

Boot, Kajüte u. Inneneinrichtung aus Mahagoni.

Einrichtung:
Salon mit 1 Sofa, 2 Sessel, Buffet und Kleiderschrank. Pantry und Toilette. Vor und hinter der Kajüte Sitzplatz für ca. 12 Personen. Unter dem Vordeck Mannschaftsraum.

Motor 16 PS 4 Cyl.	Geschwindigkeit	16 km
do. 22 PS 4 Cyl.	do.	17 km
do. 28 PS 4 Cyl.	do.	18 km

29

NEBEN DEM AUFSCHWUNG DER KONJUNKTUR fand auch ein Wandel der Gesellschaft statt. Die Leute in den Großstädten wurden freizügiger, die Vergnügungsindustrie boomte. Kino, Theater und Musik wurden populär. Arbeiter zogen in die Innenstädte, umgekehrt siedelten Besserverdiener wiederum in ruhigere Vororte um. Das Sporttreiben wurde zum Massenphänomen. Elektrische Geräte revolutionierten den Alltag, Nahrungsmittel waren besser konserviert und konnten durch Lastwagen zügiger transportiert werden. Das alles wurde ausgiebig durch Werbung begleitet und angefacht.

Flugzeuge ermöglichten eine nicht gekannte schnelle Mobilität über Kontinente hinweg. Die attraktivsten Stücke Technik stellten aber Autos, Motorräder und Motorboote dar: Sie waren bezahlbar und schufen Freizeitmöglichkeiten, die vorher nicht denkbar waren.

DAS ALLES TRAF AUCH AUF NORDEUROPA UND DEUTSCHLAND ZU, nur dauerte es hier fünf Jahre länger. Bevor hierzulande die »Roaring Twenties« so richtig röhrten, mussten Hungersnot, Arbeitslosigkeit, Streiks, Epidemien, Hyperinflation und allerlei politische Wirren überwunden werden. Ab 1924 begann sich das Jahrzehnt aber auch langsam golden zu färben.

1921 zählte der Deutsche Motoryacht Verband nur 40 Neubauten in heimischen Gewässern, 1929 dagegen liefen allein bei Lürssen mehrere hundert Motorboote vom Stapel. Die meisten

Die Fabrikanlagen von Lürssen in Aumund gingen im Januar 1918 ohne Kriegseinwirkung in Flammen auf, wertvolle Werkzeuge, Dokumente und ein Dutzend Boote wurden vernichtet. Trotz dieses Rückschlags war der 1919er Katalog 60 Seiten stark. Der Boom sollte aber erst noch kommen

Auf Hochglanz poliertes Faul-Boot mit Daimler-Vierzylinder Typ LS 944 A, siehe Abbildung nächste Doppelseite. Das Boot maß 7,20 x 1,55 Meter und hatte einen Tiefgang von 60 cm. Es wurde 1920 für 12.000 Franken nach Basel verkauft (Baunummer 288). Für das Foto rechts dürfte der Fotograf mit einiger Mühe auf ein Dach oder einen Baum geklettert sein. Den Hofhund ließ die Aktion kalt

kamen aber im Großraum Berlin zur Welt – hier gab es in den Zwanzigern rund 150 Sportbootwerften. Das Wassersportrevier Berlin-Brandenburg war (und ist) mit 108.000 Hektar eben das größte in Deutschland. Kein Wunder, dass das »Wasserwandern« hier auch die größte Popularität genoss. Für diese Tagesausflüge waren Autoboote ideal. Fast jede Werft nahm sie spätestens 1924 ins Programm. Große Betriebe boten ihre Autoboote in bis zu zehn verschiedenen Ausführungen und Längen an – etwa Brumm, Franz, Engelbrecht, Naglo, Lürssen und die Rolandwerft, um nur einige zu nennen. 1925 erwachte auch beim ADAC wieder das Engagement im Motorbootwesen. Bereits vor dem Krieg hatte man ein »billiges, aber doch brauchbares Serienboot für Jedermann« ausgeschrieben, zu dessen Bau es jedoch nicht kam. ADAC-Ausschreibungen wurden in den 20er-Jahren in verschiedenen Autoboot-Klassen wiederholt. Der Sieg bei einer Ausschreibung war bei den Werften sehr begehrt, denn er bedeutete deutschlandweiten guten Absatz eines Bootstyps. Die Gewinner wurden meist bei »Dauerprüfungsfahrten« ermittelt. Hier waren die im Vorteil, die mit effizienten Rumpfformen wie dem »Wellenbinder« die Kraft des Motors am besten in Geschwindigkeit umsetzten.

NICHT NUR DIE ADAC-KLASSENBOOTE VERKAUFTEN SICH GUT. Ganz allgemein waren offene Autoboote Bestseller. Ende der 20er überholten kräftige Vierzylinder, etwa von BMW, Mercedes

Daimler Bootsmotor LS 944 A. Diese Maschine eignete sich für Autoboote, Backdecker, Fischkutter und Behördenfahrzeuge. Er konnte mit Benzin und Petroleum gefahren werden. Technische Daten: Vier Zylinder, 3562 cm^3, Bohrung x Hub: 90 x 140 mm, Einbaugewicht mit Wendegetriebe: 415 kg, Maximaldrehzahl: 1000/min. Die höchste Leistung wurde mit 22 PS (Petroleumbetrieb) bzw. 25 PS (Benzinbetrieb) angegeben. Anlasser, Lichtmaschine und Magnetzünder stammten von Bosch, der Vergaser von Pallas. Der LS 944 A lief im Werk Berlin-Marienfelde vom Band, das für Ihre Marinemotoren ein attraktives Logo entwerfen ließ

und Selve, die schwachen Zweizylinder in der Gunst der Kunden. Finanziell Bessergestellte orderten ein edles Yachtcabrio mit gefüttertem Verdeck, aufstellbaren Scheibenrahmen und Kurbelfenstern oder eine Limousine mit elegantem Salonaufbau. Diese Fahrzeuge kamen meist gleich mit einem Sechszylinder daher. Wer es sich leisten konnte, griff zur damaligen deutschen Top-Motorisierung: entweder dem S5 von Maybach oder dem BM 9456 von Mercedes. Wer Weltläufigkeit demonstrieren wollte, bestellte eine amerikanische Maschine von Chrysler, Kermath, Packard oder Scripps. Auch der Einbau von Flugmotoren war problemlos möglich, etwa eines marinisierten Argus As III.

FLUGZEUGE UND LUFTSCHIFFE würzten gern damalige Werbeanzeigen. Hauptsächlich aber wurde die Nähe des Autoboots zum Kraftwagen betont, und zwar sowohl von der Autoindustrie als auch von den Werften. Die »Yacht« stieß bei der Besprechung eines Engelbrecht-»Landaulets« 1927 ins gleiche Horn: »Während noch vor wenigen Monaten die Übertragung der Autokarosserie auf das Boot für unpraktisch und unmöglich gehalten wurde, hat die Yachtwerft [...] diesen Vorurteilen durch die Tat ein Ende gesetzt.« Ein paar Ausgaben zuvor war man in der Redaktion schon davon überzeugt, dass »die Vorliebe für den geschlossenen Kraftwagen mit Limousinenaufsatz sich auch auf das Motorboot übertragen hat«.

TROTZ DER ÄHNLICHKEITEN lief der Kauf eines Autobootes übrigens deutlich anders ab als der eines Pkw. Bis zum Aufkommen der Ganzstahlkarosserien in den Dreißigern war die Situation beim Autokauf verkürzt gesagt so, dass der Kunde das Fahrgestell samt Motor bei einem Autohersteller kaufte und dann einen Aufbau dazu wählte – vom Werk oder von einem Karrossier wie Deutsch, Gläser, Reuter etc. Bei Autobooten war es genau andersherum: Man suchte sich erst einen Bootskörper aus und hatte dann bei der Maschine die Qual der Wahl. Auch wenn das Boot schon im Showroom stand: Der Antrieb kam fast immer erst später hinzu. Yachtwerften sprachen natürlich Empfehlungen aus und hatten auch Vorlieben. In Booten von John Faul fanden sich erst Saurer-, dann Hispano-Suiza- und ab Mitte der 20er fast nur noch Kermath-Motoren. Paul Rüdiger arbeitete gern mit BMW, Exquisit mit Breuer und Selve, Lürssen mit Daimler und Maybach, die Plöner Werft AG mit Grade. Kurt Schneider aus Berlin war von Ford überzeugt.

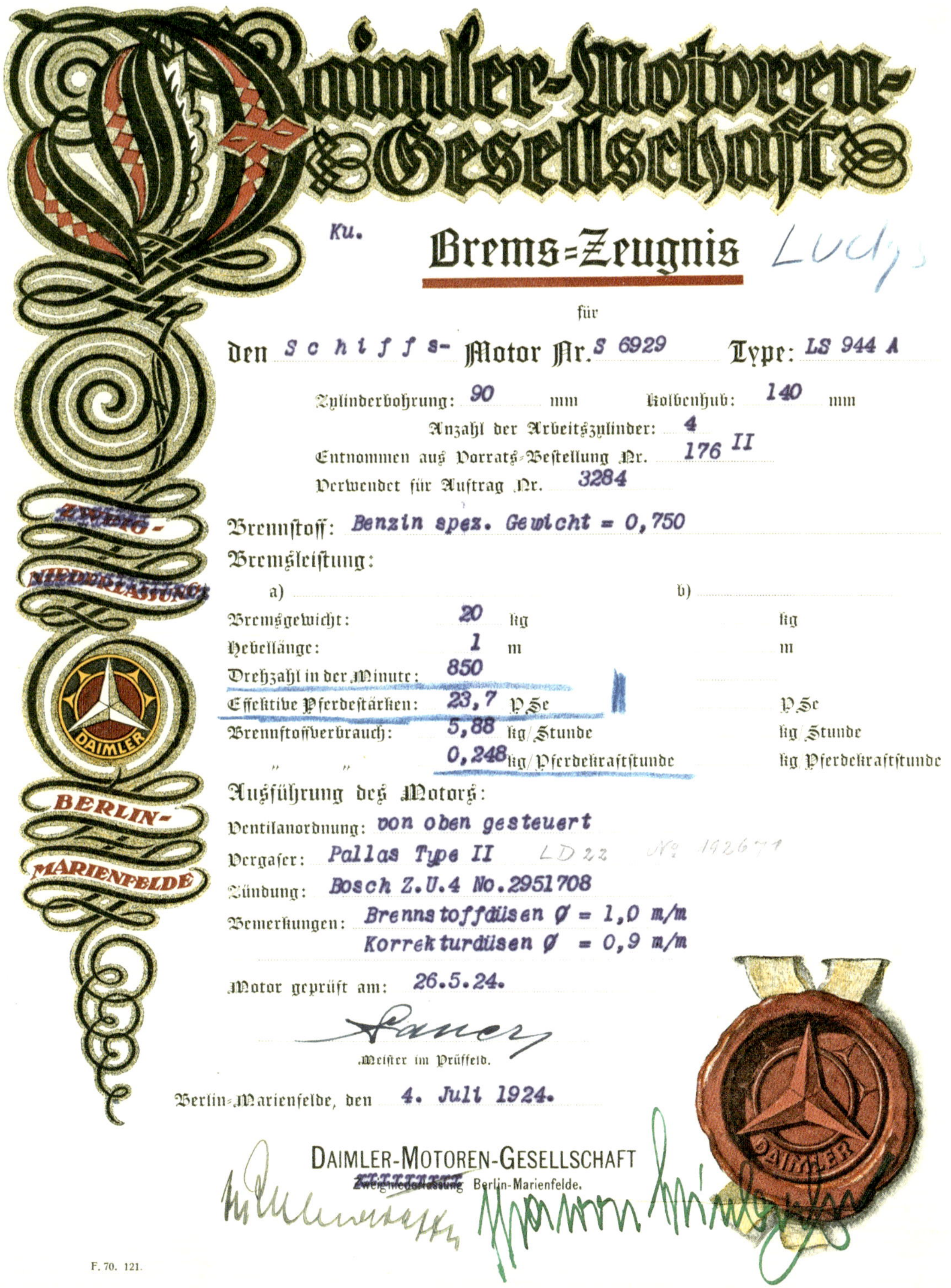
Daimler-Motoren-Gesellschaft

Ku.

Brems-Zeugnis Luchs

für

den Schiffs- Motor Nr. S 6929 Type: LS 944 A

Zylinderbohrung: 90 mm Kolbenhub: 140 mm

Anzahl der Arbeitszylinder: 4

Entnommen aus Vorrats-Bestellung Nr. 176 II

Verwendet für Auftrag Nr. 3284

Zweig-Niederlassung

Brennstoff: Benzin spez. Gewicht = 0,750

Bremsleistung:

	a)		b)	
Bremsgewicht:	20	kg		kg
Hebellänge:	1	m		m
Drehzahl in der Minute:	850			
Effektive Pferdestärken:	23,7	PSe		PSe
Brennstoffverbrauch:	5,88	kg/Stunde		kg/Stunde
" "	0,248	kg/Pferdekraftstunde		kg/Pferdekraftstunde

Ausführung des Motors:

Ventilanordnung: von oben gesteuert

Vergaser: Pallas Type II LD 22 Nº 192677

Zündung: Bosch Z.U.4 No.2951708

Bemerkungen: Brennstoffdüsen Ø = 1,0 m/m
Korrekturdüsen Ø = 0,9 m/m

Motor geprüft am: 26.5.24.

Meister im Prüffeld.

Berlin-Marienfelde, den 4. Juli 1924.

DAIMLER-MOTOREN-GESELLSCHAFT
~~Zweigniederlassung~~ Berlin-Marienfelde.

F. 70. 121.

Bremszeugnis für den LS 944 A Nr. 6929 der DMG, 1924. Die Leistung wurde auf einem Prüfstand mit Wasserwellenbremse ermittelt. Bremszeugnisse wurden von allen großen Motorenherstellern vor der Auslieferung erstellt und dem Käufer in Kopie ausgehändigt. Abnehmer dieses Motors war die Havelwerft Potsdam, die das Aggregat im *Luchs* verbaute. Der 12,50 Meter lange Backdeckkreuzer schaffte damit rund 16 km/h. Das Faul-Autoboot von Seite 188/189 dürfte etwa 10 km/h mehr erreicht haben

Unten: Prüfungsschein (Bremszeugnis) für einen Selve Typ S8, um 1923. Der 2112-cm³-Vierzylinder erreichte 20,8 PS bei 1600/min und scheint für ein 7,30-Meter-Autoboot der Havelwerft Potsdam vorgesehen gewesen zu sein. Der S8 war einer der beliebtesten deutschen Vierzylinder-Bootsmotoren. Das große Bild zeigt die *Freude*, gebaut von der Bootswerft Luftschiffhafen, ebenfalls Potsdam. Auch sie wurde durch einen S8 angetrieben

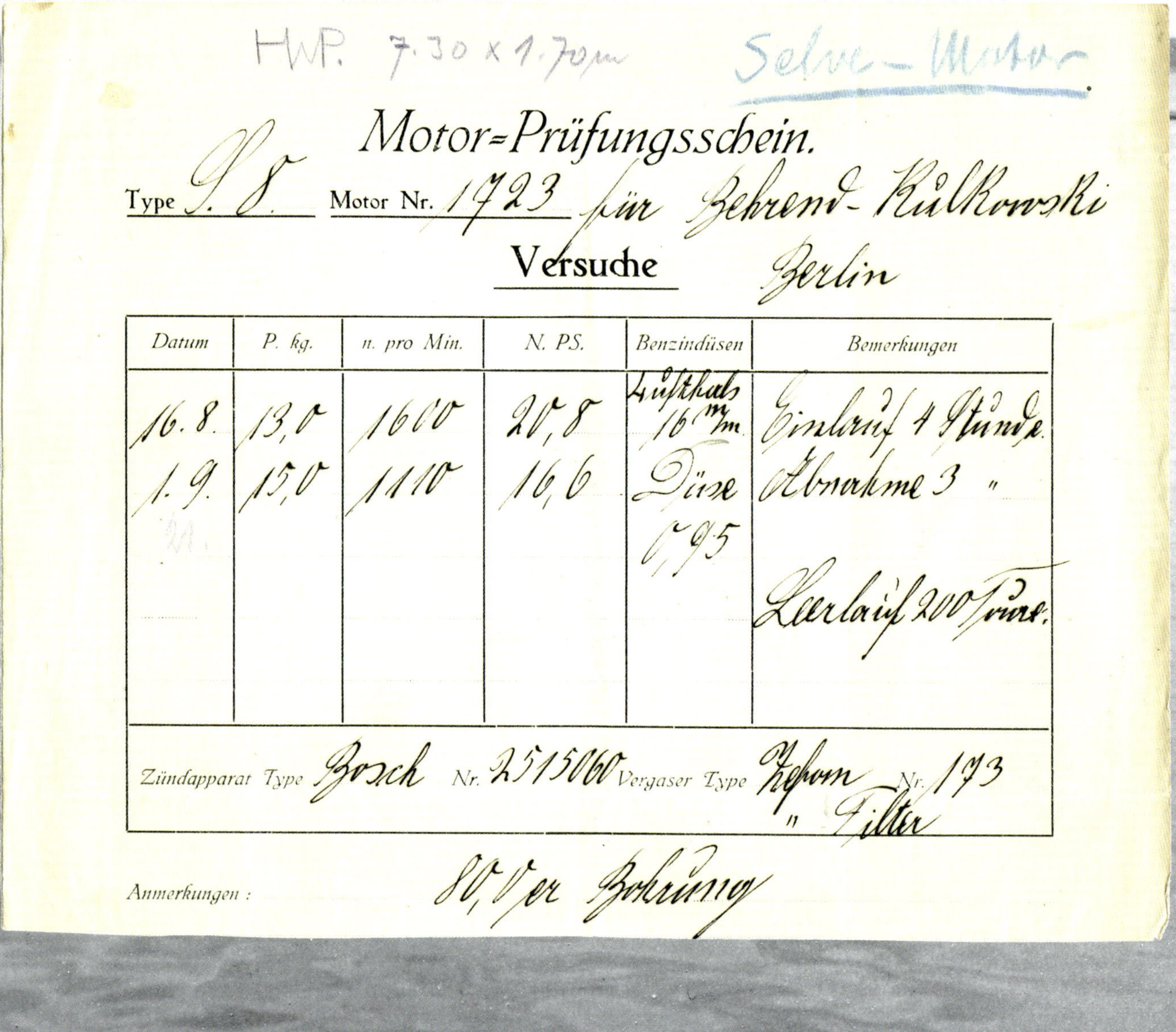

HWP. 7.30 x 1.70 m Selve-Motor

Motor=Prüfungsschein.

Type S. 8. Motor Nr. 1723 für Behrend-Kulkowski

Versuche Berlin

Datum	P. kg.	n. pro Min.	N. PS.	Benzindüsen	Bemerkungen
16. 8.	13,0	1600	20,8	Luftkal. 16 mm	Einlauf 4 Stunde.
1. 9.	15,0	1110	16,6	Düse 0,95	Abnahme 3 "
					Leerlauf 200 Touren.

Zündapparat Type Bosch Nr. 251506 Vergaser Type [illegible] Nr. 173 " Filter

Anmerkungen: 80,0 er Bohrung

FREUDE

Verladung der 11-Meter-Innensteuer-Limousine *Spindrift* auf einen Eisenbahnwaggon, 1916. Bauwerft war Faul, der 35-PS-Motor stammte von Saurer

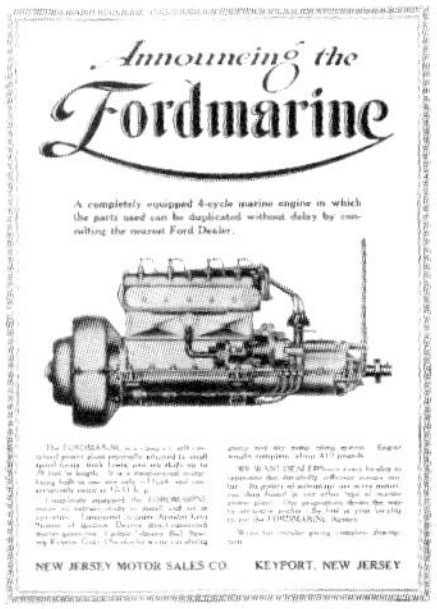

Autoboot-Transport mit Ford Model T Service-Pick-up in den USA um 1920. Marinisierte Model-T-Motoren wurden schnell auch für den Einsatz in Booten beliebt. Ab 1919 vermarktete Ford den Motor in Nordamerika unter dem Namen Fordmarine selbst – und machte damit als Weltmarktführer zur damaligen Zeit ein äußerst attraktives Angebot. Der Vierzylinder wurde mit Trockensumpf-Druckumlaufschmierung, Startergenerator, Seewasserpumpe und Wendegetriebe geliefert und leistete bis zu 15 PS

DIE POPULARITÄT VON MOTORBOOTEN in der Zeit zwischen den Kriegen lässt sich an der Zahl der Vereine ablesen: 1932 gab es in Deutschland deren 16, neun davon lagen allein im Raum Berlin. Aufschlussreich sind auch die Mitglieder- und Materialzahlen, da fast jeder Eigner damals in einem Verein organisiert war. Beim 1907 gegründeten Berliner »Motoryacht-Club von Deutschland« ging es wie folgt aufwärts:

1909: 323 Mitglieder, 98 Boote
1922: 328 Mitglieder, 100 Boote
1925: 400 Mitglieder, 160 Boote
1934: 1219 Mitglieder, 518 Boote

518 Prozent Zuwachs an Booten in zwölf Jahren zeugen von der Beliebtheit, der sich die motorisierten Fahrzeuge erfreuten. Vor allem auf Müggel- und Wannsee herrschte, so berichten Zeitzeugen, an so manchem schönen Wochenende geradezu drangvolle Enge auf dem Wasser. Auch wenn das Beispiel oben nur einen einzigen Club behandelt: Im Vergleich zu den USA waren die absoluten Zahlen bescheiden. Laut der »Motorboating« vom Februar 1931 gab es dort 1919 – Außenborder mitgerechnet – bereits mehr als 150.000 Motorboote. Der Wert für 1930 lautete eine halbe Million.

»Motor- und Segelboote schossen wie Schilfstauden aus dem Wasser, zum guten Ton der Neureichen gehörte es nun einmal, ein mächtiges Wasserfahrzeug zu besitzen«, schaute 1939 ein Autor der »Yacht« auf die Zwanziger zurück. Das galt für beide Seiten des Atlantiks.

Die Baufirma Pfister-Rossaro half mit ihrem Viertonner der schweizer Marke Arbenz (1904–22) John Faul beim Transport der *Fortuna*. Aufgenommen um 1920

Lürssen-Autoboote der frühen Zwanziger auf der Weser. Die Norddeutschen bevorzugten aus Gewichtsgründen Holz als Baumaterial. Mit rund 300 Angestellten waren die Hanseaten seinerzeit größte Bootswerft Deutschlands

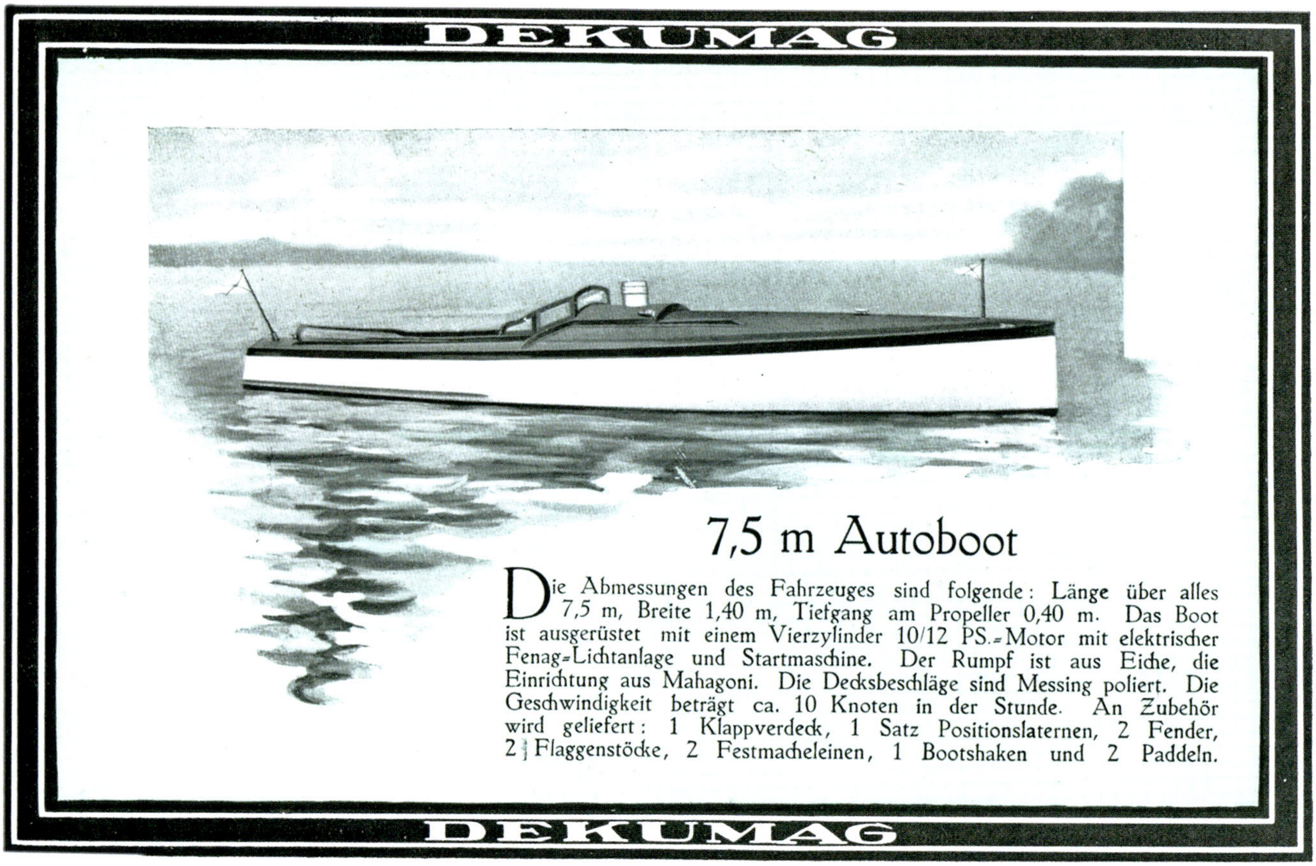

Die Deutsche Kleinschiffbau- u. Motorenhandelsgesellschaft (Dekumag) in Rathenow offerierte 1926 in einem Prospekt 35 verschiedene Typen – vom 4,50 Meter langen »Deutschen Kanu« über vier Autoboote bis hin zum 16-m-Polizeipatrouillenboot mit »Telefunkenanlage«. Obiges Modell hatte ein etwas skurriles Design. Es passte mit seinem kleinen Schornstein stilistisch eher in die Vorkriegszeit

Der österreichische Journalist Robert Johanny tat 1930 kund: »Zwei Menschenklassen gibt es, die den Seglern vom Wörthersee ein Gräuel sind.« Neben den Wassersportlern vom Attersee waren das, wie sollte es auch anders sein, die »selbstbewußten Besitzer von Motorbooten«. Wenn das stimmte, dürfte die Besatzung der potenten *Wien* also reichlich unbeliebt gewesen sein

Die technischen Daten des obengesteuerten B1 (»Bootsmotor Nr. 1«) waren: vier Zylinder, 1539 cm^3, 12 PS bei 1200/min. Die Zündung erfolgte »vermittels eines Siemens-Magnetapparates in Verbindung mit Siemens-Zündkerzen«, der Kühlwasserumlauf wurde durch eine Kolbenpumpe bewirkt. Der Motor war auch ohne Spritzwand lieferbar

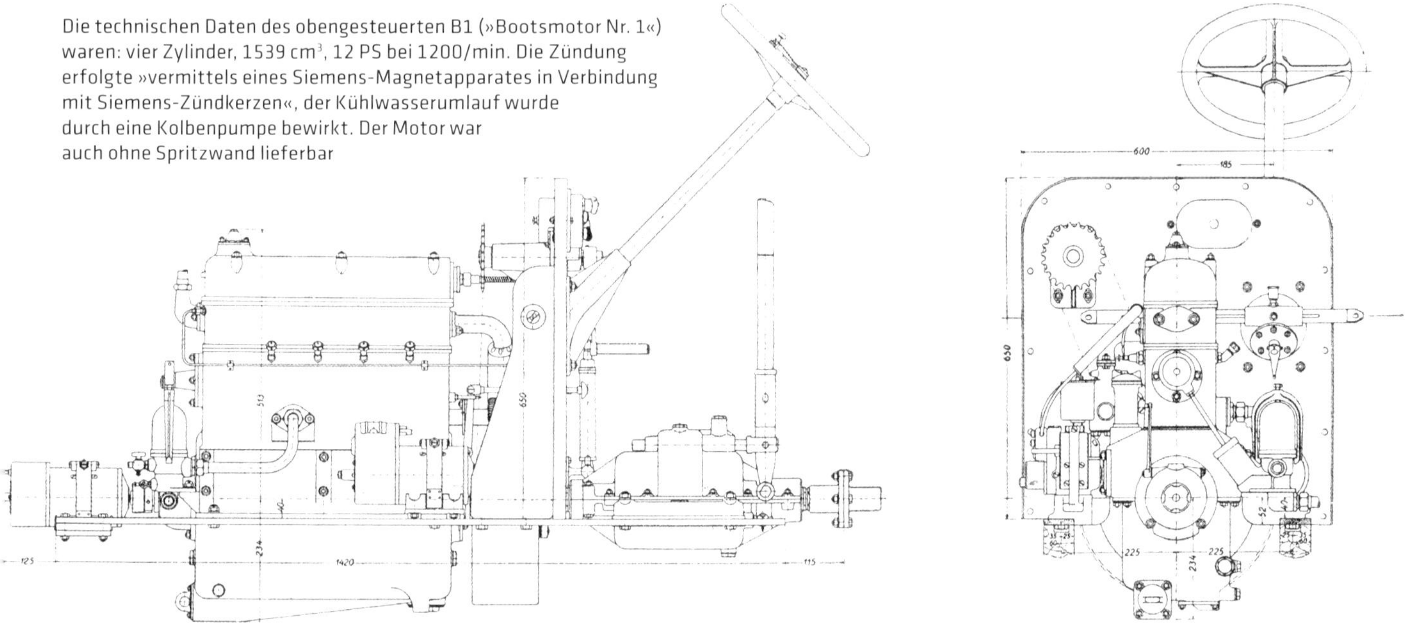

Maßzeichnung des Vierzylinder-Bootsmaschinensatzes B 1 mit Spritzwand und Automobilsteuerung

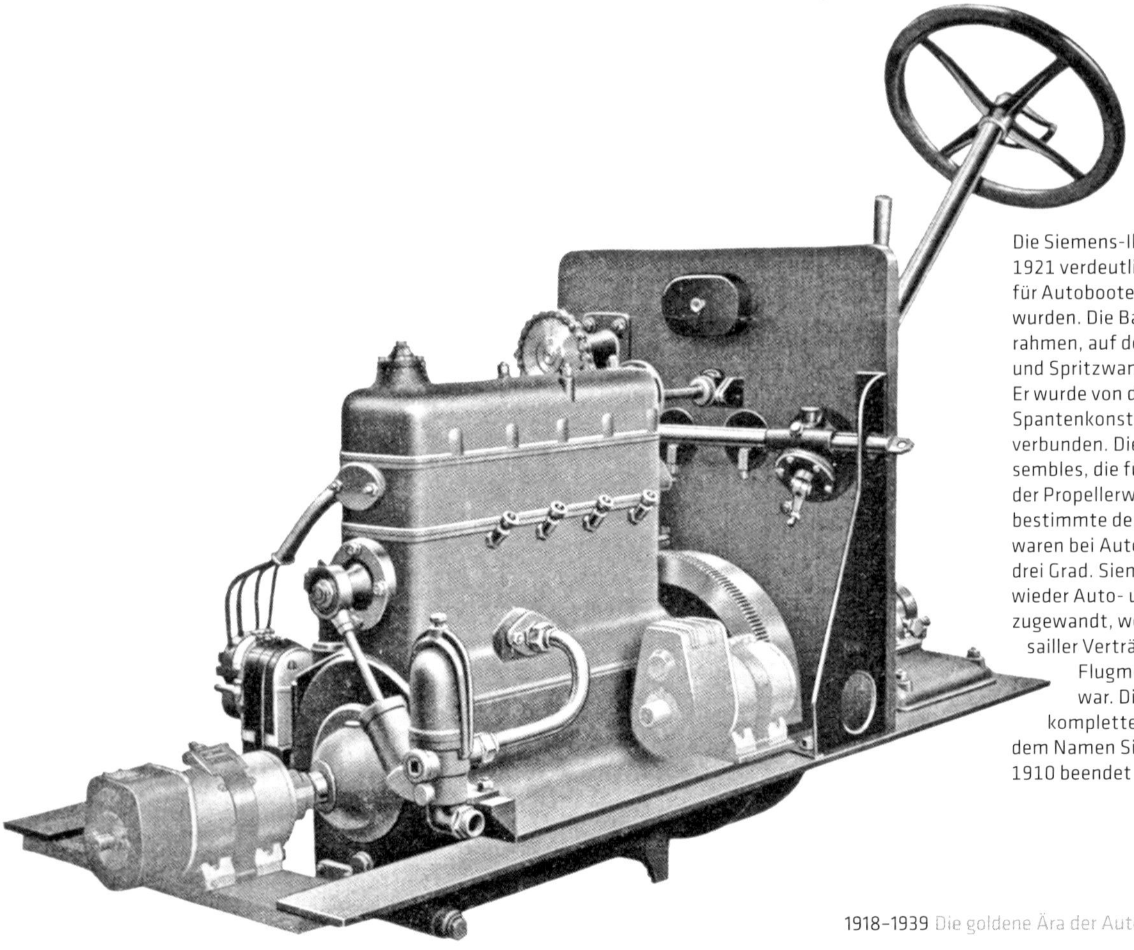

Die Siemens-Illustrationen von 1921 verdeutlichen, wie die Motoren für Autoboote meist ausgeliefert wurden. Die Basis bildete ein Stahlrahmen, auf dem Motor, Getriebe und Spritzwand befestigt waren. Er wurde von der Werft mit der Spantenkonstruktion des Rumpfes verbunden. Die Neigung des Ensembles, die für die Verbindung mit der Propellerwelle nötig war, bestimmte der Konstrukteur. Üblich waren bei Autobooten zwei bis drei Grad. Siemens hatte sich übrigens wieder Auto- und Bootsmotoren zugewandt, weil ihnen durch die Versailler Verträge die Fortsetzung ihres Flugmotorenbaus verboten war. Die Herstellung kompletter Automobile unter dem Namen Siemens war bereits 1910 beendet worden

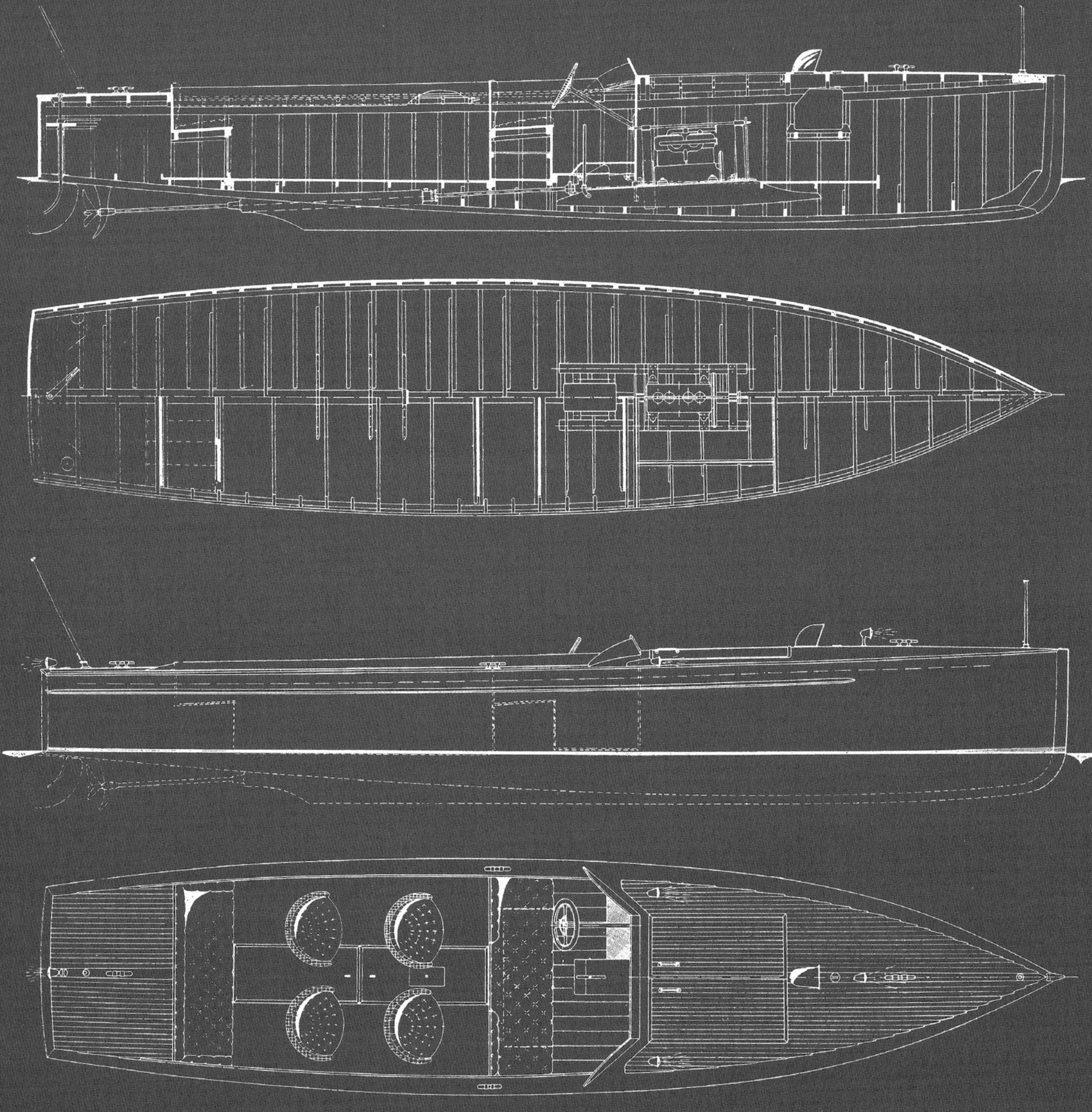

1924 begann die Yachtwerft Gebr. Engelbrecht, dieses von Bruno Engelbrecht entworfene »Familien-Autoboot« in Serie zu bauen. Es maß 7,50 x 1,70 Meter und war für den Einbau eines Vierzylindermotors vorgesehen. Über das Fabrikat konnte der Käufer entscheiden. Die meisten griffen zu einem Daimler – die Schwaben hatten 1921 einen Marktanteil von 33 Prozent und waren auch in den Folgejahren tonangebend

Unterwegs auf Weser, Dahme, Löcknitz (von oben nach unten): Ein schmucker Yachttender von Lürssen 1928 auf Probefahrt vor dem Abwrackbetrieb Neugebauer in Vegesack. Der Gitter-Dreibeinkran steht an der Stelle des späteren Lürssen-Helgens. Das Wassertaxi *Roy* gehörte der Pabst-Werft in Köpenick. Sein amerikanisches Verdeck hatte rund fünf Meter zu überspannen. Die geklinkerte *Iltis* der Rüdiger-Werft war 1926 ein Auftrag der Dresdner Bank. Mit einem 6-PS-Zweizylinder von Bub gaben die Banker sich recht bescheiden. Am Steuer Paul Rüdiger jr. bei einer Probefahrt

Unten: die *Mercedes-Dinos* auf dem Weg zu einem Rennen in Berlin, Juni 1924. Das vom Hamburger Konstrukteur Alfred Neesen entworfene Einstufenboot wurde in nur 13 Tagen gebaut. Technische Daten: 5,78 x 1,60 Meter, Tiefgang: 53 cm. Der 1,5-Liter-Kompressormotor von Mercedes hatte vier Zylinder und gab bei 4300 Umdrehungen 66 PS ab. Als »Renntransporter« verwendeten die Warnemünder standesgemäß einen Sechszylinder-Wagen aus eigener Produktion. Rechts: Das Autoboot *Imperator* besticht durch sein pefekt gepflegtes Mahagoniholz und die schweinsledernen Sitzbezüge

Die Limousine *Johanna* lief 1921 vom Stapel. Sie war 11,73 Meter lang, 2,40 Meter breit und hatte 75 cm Tiefgang. Als Antrieb fungierte ein Daimler-Vierzylinder Typ LS10854A mit verhältnismäßig bescheidenen 35 PS. Auftraggeber war Direktor Götze von der Telos-Verkehrsgesellschaft Berlin-Wannsee. Die Farbillustration schuf der Marinemaler und Illustrator Willy Stöwer im Auftrag der Dinos-Werke

Die Dinos-Automobilwerke AG aus Berlin widmete sich von 1920–24 dem Bau von Oberklassewagen mit vier und sechs Zylindern. Im selben Zeitraum trat man auch als Sportbootwerft auf, die Fertigung befand sich im 240 Kilometer entfernten Warnemünde. Zu diesem Zweck wurde ein Areal der Flugzeugbau Friedrichshafen GmbH erworben, die im Krieg dort Flugzeugschwimmer gebaut hatte. 1924 wurden Dinos-Pkw und -Boote vom Mutterkonzern Stinnes zugusten der Automarke AGA eingestellt. Heute nahezu vollständig in Vergessenheit geraten, genossen die Produkte von Dinos einst einen sehr guten Ruf

Größte und renommierteste Werft im Raum Berlin war bis 1945 Engelbrecht. Ein Familienbetrieb, der mit seiner Qualität, seinem Design und seiner Vielseitigkeit seit 1890 bei privaten und staatlichen Kunden in hoher Gunst stand. Bei Lürssen war er als Konkurrent geradezu gefürchtet. Im Nachruf auf Werftgründer Claus Engelbrecht (1861–1935) wurde ihm stets »hervorragende Bootsbaukunst« und »bestes Material« bescheinigt – ein Grund, warum bis heute noch dutzende Engelbrechtboote überlebt haben. Bei Rissen, Dokumenten und Fotos sieht es weniger gut aus. Nicht die beiden Weltkriege, sondern der Sozialismus in Gestalt des Nachfolgebetriebs VEB Yachtwerft Berlin hat die Spuren der Firma verwischt. Dazu kommt, dass Claus Engelbrecht und seine Söhne mehrfach umzogen und umfirmierten. Die Werft in Zeuthen zum Beispiel wurde 1911 an Fritz Naglo abgegeben. Aber schon im Jahr darauf gründeten die Söhne eine neue Engelbrechtwerft in Berlin-Rummelsburg, siehe Seite 389. Die beiden Originalfotos auf dieser Seite zeigen die *Germania* und die *Pan*. Erstere war 39 km/h schnell, ein Schwesterschiff wurde 1926 von Carl Friedrich von Siemens erworben. In der *Pan* sitzt Konstrukteur Bruno Engelbrecht am Steuer. Technische Daten: 9,00 x 1,90 Meter; Packard-Reihen-Achtzylinder 1M-357, 6307 cm^3, 60 PS bei 1800/min, Höchstgeschwindigkeit: 43 km/h. Dieser Motor wurde auch in den Packard-Single-Eight-Modellen 1928 verwendet. Dort leisteten die Motoren 109 PS bei 3200/min

GERMANIA

PAN

BAYERISCHE MOTOREN WERKE

AKT. GES.

MÜNCHEN 46

TELEGRAMMADRESSE: **BAYERNMOTOR**

45/60 PS BOOTSMOTOR, TYPE M 4 A 12

Leistung: 45 PS bei 800 Umdrehungen in der Minute
60 PS „ 1100 „ „ „ „

Brennstoffverbrauch: 210 gr Benzin / 220 gr Benzol für eine Pferdekraftstunde

Gesamtgewicht: 620 kg netto, 760 kg brutto. **Kistenmaße:** 1,73×0,88×1,3 m, ca. 1,8 cbm.

Wir liefern den Bayern-Bootsmotor als VIERZYLINDER-MOTOR mit 120 mm Bohrung und 180 mm Hub, betriebsfertig, ausgerüstet mit angebautem Wendegetriebe, einfacher Hochspannungszündung, Regulator, Kühlwasser-Kolbenpumpe, gekühltem Auspuff-Sammelrohr und mit Andrehvorrichtung am vorderen Ende des Motors. Motorzubehörteile (darunter Spezial-Benzinspritze für Anlaßgemisch), Bordersatzteile und Werkzeuge (soweit zweckmäßig sind diese Teile in verschließbarem Kasten eingeordnet) und folgende Bord-Einbauteile: Seewasserhahn mit Schlammsieb, wassergekühlter Auspufftopf mit Wassereinspritzung (stehende oder liegende Anordnung nach Wahl).

Gegen besondere Berechnung liefern wir:

1. Andrehvorrichtung auf Getriebeseite.
2. Ausrückbare Lenzpumpe (von Kurbelwelle angetrieben).
3. Ausrüstung für Unterdrucksetzung des Brennstoffbehälters:
   Druckluftpumpe (von Steuerwelle angetrieben),
   Handluftpumpe, Manometer und zugehörige Rohrleitung.
4. Magnet-Handanlasser (am Bedienungsstand anzubringen).
5. Zweite Zündung mit Umschalter.
6. Komplette elektr. Licht- und Anlasser-Anlage, bestehend aus:
   a) Lichtmaschine mit Befestigungsbänder,
   b) Batterie (gefüllt und geladen) mit Schaltkasten,
   c) Anlaßmotor mit Ritzel und Zahnkranz am Schwungrad.
7. Umdrehungszähler.

Sonst noch erforderliche **Einbauteile:** wie Brennstoffbehälter, Oelbehälter, Motorschutzkasten und Rohrleitungen, sowie Kreuzgelenke, Schraubenwelle, Stevenrohr und Propeller richten sich nach den Einbauverhältnissen. Die Preise für diese Teile können deshalb erst nach Eingang aller erforderlichen Unterlagen angegeben werden. Motoreinbau und Inbetriebsetzung werden nur auf besonderen Wunsch ausgeführt gegen Berechnung der Monteurkosten.

Das Kurbelgehäuse wird auf besonderen Wunsch statt in Gußeisen auch in Aluminium-Ausführung geliefert. Mindergewicht ca. 110 kg. Mehrpreis auf Anfrage.

Der Bayern-Motor ist in **Fahrtrichtung** gesehen normal **linksdrehend.** Er kann aber auch, z. B. für Doppelschraubenboote als Spiegelbild rechtsdrehend geliefert werden.

Die Bootswerft Rüdiger am Werlsee verwendete gern BMW-Motoren. Während der 8,1-Liter-M4 A12 von 1925 (linke Seite) selbst in der Aluminiumausführung noch ein richtig schwerer Brocken war, hatte das Autoboot von der Wassersportausstellung Berlin 1932 einen kleinen Dixi-Motor mit 782 cm^3 und 15 PS. Ein offener BMW Dixi 3/20 kostete damals 2650 Reichsmark, das Boot war schon für 2450 zu haben.

Die schlanke *Torpedo III* bauten Paul und Willy Rüdiger 1930 für sich selbst. Sie hatte aber keinen BMW-, sondern einen amerikanischen Van Blerck-Vierzylindermotor

Die Faul-Werft orientierte sich gern an amerikanischen Trends und Designs. Einer davon war der Jagdsitz, ein zwei- bis dreisitziges Cockpit vor der Maschine. Aufgescheuchte Wasservögel konnten vom Vorschiff aus besser mit der Schrotflinte aufs Korn genommen werden. Ob diese Art zu jagen allerdings in Zürich, Paris oder Berlin tatsächlich auf Anklang stieß, ist fraglich

Oben: *Shooting Star*, 1922. Motor: 40-PS-Hispano-Suiza; Maße: 10,00 x 1,75 Meter, Tiefgang 32 cm. Kurz hinter dem Steven wurde auf Wunsch des Kunden der Hispano-Suiza-Storch an Deck montiert. Wir gehen davon aus, dass »Shooting« hier lediglich auf Sternschnuppen gemünzt war, nicht aufs Schießen. Anderenfalls fänden wir Meister Adebar am Bug recht makaber. Links und gegenbüberliegende Seite: *Annelise* von 1924. 170-PS-Flugmotor von Argus; Maße: 9,00 x 2,00 Meter, Tiefgang: 40 cm. Auf dem kleinen Bild ist noch ein Schwesterboot ohne Jagdsitz zu sehen

The DODGE WATERCAR

Die Dodge Brothers – John Francis und Horace Elgin sr. beschäftigten sich seit der Jahrhundertwende mit dem Bau von Automobilen. Sie arbeiteten u. a. für Ford und Olds, bevor sie ab 1914 eigene Fahrzeuge herstellten. Horace E. Dodge sr. begeisterte sich stets auch für den Wassersport - eine Passion, die sein Sohn Horace jr. übernahm und – anstatt auch in die Automobilindustrie zu gehen – 1923 in Detroit eine Werft gründete, die Dodge Boat Works. Sein Bestreben war, die rationelle Serienfertigung, die bei Autos zu jener Zeit bereits gängig war, auch beim Motorbootbau zu etablieren. Erstes Produkt war das »Watercar«, ein Holzboot aus Mahagoni und Eichen-Unterkostruktion mit Motoranordnung vor dem Fahrer. Es wurde von 1923 bis 29 in drei verschiedenen Längen (6,85 Meter, 8 Meter und 9,10 Meter) und zwei Motorisierungen (Reihenvierzylinder und marinisiertem Curtiss-V8-Flugmotor OX-5) angeboten. Im Bild das kleinste Modell, der Typ 422 (vier Zylinder, 22 Fuß Länge). Technische Daten: vier Zylinder, 3479 cm³ Hubraum, 30 PS bei 1900/min, Höchstgeschwindigkeit: 32 km/h. Hersteller des Motors war die Dodge Bros. Co., die diesen Motortyp in Kleinlastwagen einsetzte. 1925 betrug der Preis inklusive Motor 2475 Dollar – ungefähr das doppelte eines damaligen durchschnittlichen Jahreseinkommens. Trotzdem verließen Mitte der Zwanziger fünf Watercars pro Tag die Werft

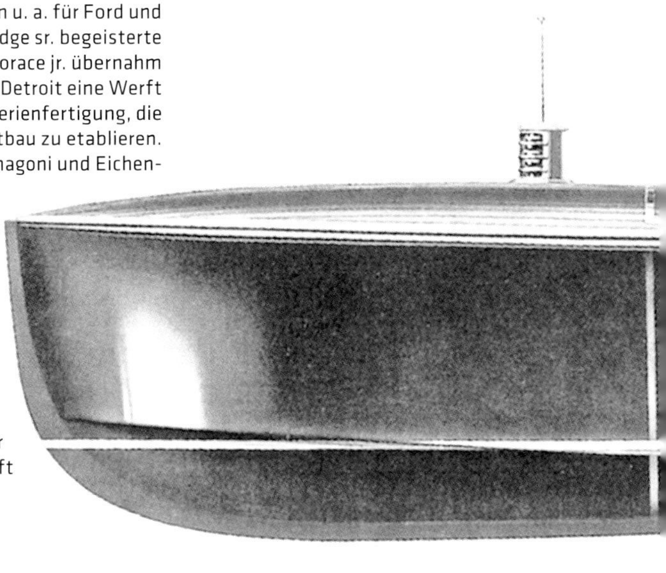

HED

Boston, USA: Unter fachkundiger Aufsicht zweier Experten bekam der ziemlich stark benutzte Holzbackdecker *Allida* endlich einen neuen Anstrich

Gold Coast, Australien: Dieses Autoboot, 1921 fotografiert, wies mehrere Besonderheiten auf. Die durchgehende gepolsterte Frontsitzbank dürfte ausgezeichneten Komfort geboten haben, aber für Anlegemanöver fehlte ein Durchgang nach achtern. Am Bug war statt einer Klampe ein schwerer Kopfpoller montiert, der einem Fischkutter besser stünde. Das Holz des Vordecks war mit Segeltuch bespannt. Die am Bug befindliche Vorpiek nutzte der Eigner Arthur James Godfrey London (rechts) als Sitzplatz für seinen Jack-Russell-Terrier

Monte Carlo, Monaco: Louis Rinaldi setzte Ende der 20er-Jahre zwei elegante Autoboote für Ausflugs- und Taxifahrten ein und tat das durch Postkarten kund. Ausgestattet waren die *Primavera I* und *II* jeweils mit einem marinisierten 50-PS-Automotor der französischen Marke Janvier (1926–28)

Stockholm, Schweden: Betankung eines Motorboots im Djurgårdshamnen um 1920. Die meisten Marinas hatten damals noch keine eigene Zapfsäule. Daher benötigte man Trichter, Schlauch und Durchflussanzeiger, um den Kraftstoff in den Tank zu füllen. Für das Benzin waren 10-Gallonen-Behälter üblich (entspricht 36,5 Liter)

8,50 Meter zeitlose Eleganz: Die *Spindrift II* 1922 auf dem Zürichsee. Bauwerft: John Faul. Den Antrieb besorgte Hispano-Suiza

Seltene zeitgenössische Nahaufnahme vom Steuerstand eines frühen Autobootes in Berlin. Der Drehzahlmesser war nur bis 1500 Touren ausgelegt, was auf einen echten Bootsmotor hindeutet, nicht auf einen drehfreudigeren Automotor. Des weiteren gut sichtbar: Bosch-Zündschloss, Öldruckanzeige, Acht-Tage-Uhr, Zigarettenanzünder, Gasbetätigung am Lenkrad, Getriebewahlhebel. Laut Vorschrift war die amtliche Schallsignaltafel gut sichtbar mitzuführen – hier vorbildlich umgesetzt. Auf der Rückseite des vernickelten Scheinwerfers grüßt das unbekannte Paar, das auf den Auslöser gedrückt hat

Stummfilm-Diva Ellen Richter (1893–1969) hatte den Ruf, nie einen Film zu machen, der nicht auch einen teuren Abstecher ins Ausland beinhaltete. Wenn es die geborene Wienerin mal nicht in die Ferne zog, fuhr sie gern mit ihrem Autoboot auf den märkischen Seen herum. Auf dem Foto sind die Aufnahmen für die abnehmbare Windschutzscheibe gut zu erkennen, ebenso die etwas »gebastelte« Stromversorgung des Suchscheinwerfers

Diese Stretch-Limo hätte Ellen Richter bei Filmpremieren sicher große Freude bereitet: 16,50 Meter Länge bei einer Breite von 2,90 Metern. Der Bootskörper war aus Eiche und Pitchpine, Aufbauten und Einrichtungen aus Mahagoni. Den Antrieb besorgten zwei S2-Maybach-Sechszylinder, ein Typ, der auch im edlen Maybach W3 verbaut war. Mit 2 x 65 PS aus je 5740 cm^3 und Zweischraubenantrieb kam die *Traunstein* damit auf 38 km/h. Besitzer war der Industrielle Gustav Klinger, Leiter des Werks Berlin-Tempelhof der Richard Klinger AG. Die *Traunstein* wurde 1926 nach Rissen von Schiffbauingenieur Hermann Müller auf der Havelwerft in Potsdam erbaut

Auch die *Kondor* hätte der reiselustigen Richter gefallen. Ein deutsches Paar hängte sie an eine D-Rad R9 und bereiste Europa und Asien. Durch den Aufbau wurde das Autoboot zum Wohnwagen. Das Foto links entstand am 6. Februar 1931 in Rotterdam. Leider wissen wir nicht mehr über diese Reise – wir sind für jeden Hinweis dankbar, der für Aufklärung sorgen kann. Zuschriften bitte an *oldtimer@mv-verlag.de*

Wer die Frage »Was ist ein Autoboot?« beantworten muss, zückt idealerweise dieses Foto.
Die *Puck* der Werft A. Hohmann aus Brandenburg/Havel hatte alle charakteristischen Merkmale. Der mittschiffs vor dem Fahrersitz eingebaute Motor und das Vierspeichenlenkrad stammten aus einem Automobil. Das amerikanische Verdeck gab es auch für Straßenfahrzeuge – in gleicher Form, von den selben Anbietern. Der typische Rumpf von Autobooten ist hier auch erkennbar: der Wellenbinder, eine konkave Spantform des Bodens

Die Gegenüberstellung der Illustrationen von Dr. J. Hoos mit Grafiken aus einem Rolls-Royce-Verkaufskatalog von Ende der 20er-Jahre verdeutlicht die gewollte Ähnlichkeit von Auto und Autoboot:

DAS OFFENE FAHRZEUG

Auf dem Wasser die verbreitetste Form. Dr. Hoos schrieb dazu: »Das gediegene Sportfahrzeug in S. M.-Stahl, in Längen von 6,50 bis 11,00 m lieferbar. Seine elegante Linienführung und zweckmäßige Einrichtung macht es zum schönsten Boot«. In der englischen Sprache wird es meist »Runabout« genannt

DAS KABRIOLETT

Hier ist unser Vergleich etwas ungenau, da das Autoboot eine Variante mit Kurbelfenstern und schwerem Verdeck und darstellt, der Rolls-Royce Oxford aber ein leichtes amerikanisches hat. Dr. Hoos bot »Pullman-Kabriolet, Coupé-Kabriolet und Phaeton« an, jeweils in »höchster Vollendung«

DIE LIMOUSINE

Gab es zu Land und zu Wasser als Außen- und Innensteuer-Version. Ersteres wurde grundsätzlich nur von Bediensteten gefahren, die Herrschaften hielten sich im Salon auf. In den USA meist als »Sedan« oder »Commuter« bezeichnet. Sie wurden gern zum Pendeln zwischen Wohn- und Arbeitsort genutzt

Sieht aus wie ein Autoboot, ist aber keins: kleiner schwedischer Pettersson-Backdecker. Unter dem Schiebeluk vorn verbirgt sich nicht der Motor, sondern eine Schlupfkajüte. Die Maschine, meist ein Ein- oder Zweizylinder, befand sich mittschiffs in einem Holzkasten. Pettersson-Backdecker sind nicht nur in im Ostseeraum heute noch sehr verbreitet. Foto um 1920 auf dem Mälaren-See in Schweden

Autoboote waren für eintägige Wander- und Ausflugsfahrten konzipiert. Übernachten war höchstens auf den Sitzbänken möglich. Nur auf wenigen Limousinen waren ab und zu Schlafsofas vorhanden. Wer längere Touren beabsichtigte, legte sich einen Backdecker zu – dieser Bootstyp hatte in der Back im Vorschiff Kojen, Toilette und eine Kochgelegenheit. Backdecker gab es in Größen von sechs bis 16 Meter. Ein solcher Riese war 1925 auf dem Genfer See unterwegs (großes Foto)

Gewollter Wischeffekt oder war dieses Paar für den Fotografen zu schnell unterwegs? Wie auch immer, das Köpenicker Rathaus ist scharf und der Backdecker immerhin als ein Erzeugnis der Werft Robert Franz in Niederlehme zu identifizieren

Kleiner Backdecker der Werft A.C.F. (American Car and Foundry Company) aus New York. Abmessungen: 7,30 x 2,25 Meter, Tiefgang: 70 cm. Als Antriebsmaschine fungierte ein Chrysler-Vierzylinder mit 55 PS, die Höchstgeschwindigkeit betrug rund 25 km/h

Seltene Bilder aus dem Norden: Zwei von der Hamburger Werft H. Heidtmann Mitte der 20er gebaute Verkehrsboote auf der Außenalster; beide mit Hanomag-Lloyd-Vierzylinder. Ab 1914 produzierte Hanomag Schiffsmotoren in Hannover-Linden. Im Angebot waren Ein-, Zwei- und Vierzylinder-Ottomotoren von fünf bis 100 PS. Zeitgenössische Berichte waren voll des Lobes: »Als Schiffsmotor hat der Hanomag-Motor sich bei dem vielseitigen Einsatz in allen Weltteilen; besonders im Kriege bei der Armee und der Marine; im Rettungsbootwesen eine sehr beachtenswerte Stellung erobert.« Den Namen Lloyd ließen die Hannoveraner Ende der 20er wegfallen. Er ging auf die Bremer Reederei Norddeutscher Lloyd zurück; die 1906 mit der Tochtergesellschaft Namag in den Automobilbau einstiegen. Schon 1914 wurde Lloyd allerdings mit den Hansa-Werken in Varel fusioniert und die Bezeichnung der Autos änderte sich in Hansa-Lloyd. Vermutlich wollte Hanomag für die neugeschaffenen Bootsmotoren-Sparte vom aus der Schifffahrt bekannten Namen Lloyd bei der Vermarktung profitieren. Die Rechnung ging auf; Hanomag wurde in den 30ern erfolgreicher Hersteller von Schiffsdieseln

Der häufig bemühte Begriff Herrenfahrer, hier ist er treffend.
Beim flüchtigen Hinschauen könnte man die Szene auch in das Cockpit eines Automobils verorten.
Aufgenommen in einer großen Limousine, späte 20er-Jahre

KÄTHI

Die Sportlimousine *Käthi* wurde 1927 von Bruno Engelbrecht konstruiert und gebaut. Ihre Besonderheit war ein Tunnelheck, das einen geringen Tiefgang sicherstellte. Dies war vom Kunden, einem Arzt aus Dresden, gefordert worden, da er sie auf der Saale einsetzen wollte. Der Rumpf bestand aus verzinktem Stahl, der Aufbau aus Mahagoni. Die Einrichtung des Salons war mit zwei Schlafsofas, Schränken, Kochstelle und Waschbecken sehr umfangreich. Als Antrieb fungierte ein Maybach S2, Deutschlands erstem schnell-laufenden Bootsmotor. Technische Daten: Länge: 11,80 Meter, Breite: 2,10 Meter, Tiefgang: 44 cm; sechs Zylinder, 5741 cm^3, 62 PS bei 1800/min, Höchstgeschwindigkeit: 28 km/h

Noch mehr Limousinen: oben ein 15 Meter langes Luxusmodell von Lürssen, das eine besonders große hintere Plicht hat. Meist kamen Maybach-Motoren zum Einsatz. Darunter die M 3 der Werft Brumm, Berlin 1934. Dieses 1934 von Hellmuth Fugmann entworfene Modell lief mit einem 70-PS-Vorkammer-Diesel Typ Mercedes-Benz BOM 67. Ganz unten die englische seegehende *Water Pipit*, die in den 30er-Jahren für Fahrten im Ärmelkanal genutzt wurde. Ihr Salon verfügte schon über eine Heizung – was bei Wasserfahrzeugen damals keineswegs üblich war. Gegenüberliegende Seite: die kompakte *Lido II* von 1928. Gebaut von Faul, motorisiert mit einem amerikanischen 30-PS-Universal. Länge: 6,50 Meter

Der Kölner Versicherungsunternehmer Robert Wilhelm Gerling und sein Vater Robert Gerling sr. waren begeisterte Wassersportler. Sie ließen Ihre Autoboote bei Lürssen in Vegesack bauen und nahmen damit erfolgreich an Gleichmäßigkeitswettfahrten auf dem Rhein teil. Unten die *Stromer* bei der Abnahmefahrt in Vegesack im Frühjahr 1926 durch den Senior, der mit der Kraft des 200-PS-Motors von Scripps souverän umgeht. Im Hintergrund die Werftanlagen des Bremer Vulkan. Das größte Boot der Familie Gerling war mit 15 Metern Länge die Luxuslimousine *Stromer II* von 1927. Sie war mit zwei Maybach-S5-Sechszylindern à 70 PS ausgestattet

Die Lürssen-Sportlimousine *Seewal* stand gemeinsam mit dem Rennboot *Maybach-Donnerwetter* (Seite 302) auf dem Bodensee in Diensten ihres Motorenherstellers Maybach. Der hochverdichtete V12 vom Typ SDS 8 hatte 7973 cm^3 und gab 200 PS bei 3000/min ab

YBACH

Unten: große Limousine der Great Lakes Boat Building Corporation aus Milwaukee. Für die 1928 unerhörten 60 km/h Höchstgeschwindigkeit war ein berühmter Automotor zuständig: der 265 PS starke 6,9-Liter-Reihen-Achtzylinder aus dem Duesenberg Model J. Die Limousine war 14,63 Meter lang, 2,32 Meter breit und hatte einen Tiefgang von 85 cm

Dieses Aquarell entstand im Auftrag von Hispano-Suiza

Stapellauf der 12-Meter-Limousine *Alcyone* bei Baglietto 1932. Sie war für den italienischen Schriftsteller und Draufgänger Gabriele d'Annunzio (1863–1938) bestimmt, der das Design des Bootes selbst übernahm. Den hinter dem Salon eingebauten Motor steuerte Isotta-Fraschini bei

Links: Beim VII. Grande Concorso Motonautica Internazionale d'Italia in Venedig ging es nicht immer nur um Topspeed. Die Limousine *Este I* gewann am 15. September 1934 den ersten Preis in der Disziplin »geringster Krafstoffverbrauch«. Die 9 Meter lange Limousine wurde durch einen Zweitaktdiesel der Brüder Francesco und Eugenio Cassani angetrieben, die 1942 die Traktorenmarke SAME gründeten

Die amerikanische Innensteuerlimousine *Alert* war ein früher Vertreter ihrer Art, da sie ihren Motor noch vorn hatte

Ein weiterer Großauftrag eines amerikanischen Multimillionärs für die Germania-Werke war 1929 die *Orion*. Die 103 Meter lange und 3600 PS starke Motoryacht bestellte der deutsche Auswanderer und Textilfabrikant Julius Forstmann. Auch hier war Lürssen für den Bau der Tender zuständig. Von links nach rechts: Gäste-Übersetzboot, 9,75 Meter, 65 PS; 9-Meter-Fischerboot; Eigner-Limousine, 10,35 Meter, 125 PS. Bis vor weniger Jahren war die *Orion* unter dem Namen *Regina Maris* noch als Kreuzfahrtschiff unterwegs, die Tender (rechts) indes sind leider verschollen

Der New Yorker Multimillionär Edward Francis Hutton ließ 1930/31 seine Mega-Yacht *Hussar* nach amerikanischen Plänen bei den deutschen Germania-Werken bauen. Einerseits fiel die Wahl auf die Kieler Werft wegen ihres hohen Qualitätsanspruchs, der ausschlaggebende Grund dürften aber die wegen der Wirtschaftskrise günstigen Baukosten gewesen sein. Die Bootswerft Lürssen profitierte an dem Riesenauftrag durch den Bau von drei edlen Tendern aus Tabasco-Mahagoni, die sich alle im Styling unterschieden (Foto links). Jedes der Beiboote wurde von Chauffeuren gesteuert, die Passagiere hielten sich im Limousinenaufbau auf. Die Tender wurden häufig benutzt, denn die *Hussar* war mit 111 Metern Länge für viele Häfen zu groß und lag außerhalb auf Reede. Die *Hussar* war seinerzeit die größte und teuerste Privatyacht der Welt. Sie hatte 72 Mann Besatzung und konnte sowohl unter Segel oder wahlweise mit einem dieselelektrischen Antrieb fahren. Für die Innenenrichtung war Huttons Ehefrau Marjorie Merriweather Post zuständig – sie trug zwei Jahre lang auf der ganzen Welt Antiquitäten zusammen und arrangierte sie zunächst maßstabsgetreu in einem Lagerhaus. Die *Hussar* bereist heute als Kreuzfahrtschiff unter dem Namen *Sea Cloud* die Meere

Die drei Lürssen-Beiboote befanden sich auf dem Oberdeck der *Hussar* und wurden mit Davits zu Wasser gelassen

Wenn es darum ging, die für die damalige Zeit gigantische *Do-X* zu besteigen (oder auch nur aus der Nähe zu bestaunen), kam man um ein Boot nicht herum – egal ob auf Hudson oder Müggelsee. Auf dem 1931er Bild aus New York ist gut zu sehen, dass die Amerikaner zu dieser Zeit bereits Boote mit mittschiffs angeordnetem Motor bevorzugten. In Berlin war 1932 noch der Frontmotor verbreitet (Foto rechts und ganz oben)

DORNIER

Berlin, Hauptstadt der Wassersportbewegung. Alexanderplatz und Potsdamer Platz wurden ab 1924 zum Inbegriff der pulsierenden Metropole. Wer es ruhiger liebte, den zog es aufs Wasser, vor allem an Wochenenden. Ob paddelnd, unter Segel oder hinterm Lenkrad, ob mit DKW-Zweitakter oder im Autoboot. Natürlich wurde auch geschraubt, wie rechts an der schnellen *Aenne V*

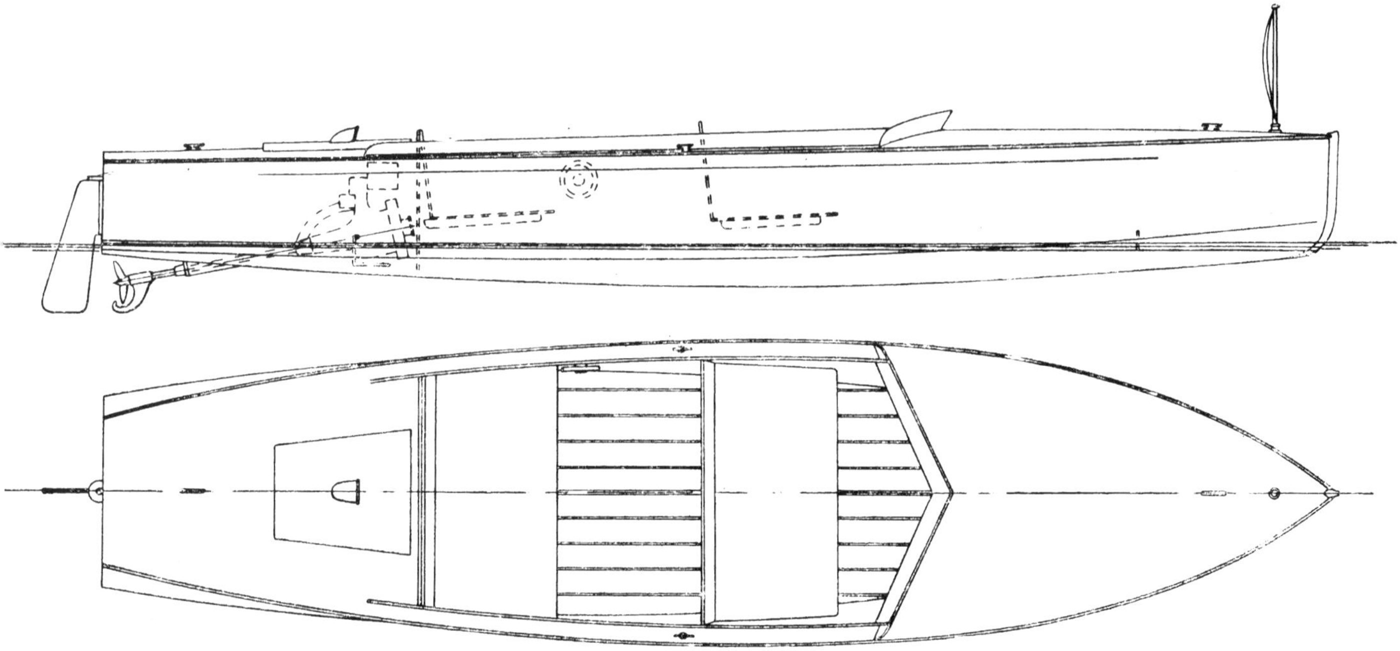

DKW-Motorboot / Type 2

ELCAMO

»Mit DKW-Motor auf sicherer Wasserfahrt ist Erholung und Vergnügen! Zu neuen Ufern lockt ein neuer Tag!« Die DKW-Werbetexter spielten gern die Karte Zuverlässigkeit, da man eine zwölfmonatige Garantie auf Teile mit »Materialfehler oder mangelhafter Ausführung« gab. DKW-Bootsmotoren wurden von der Elcamo Motor-Aggregatebau-Gesellschaft, an der sich DKW-Gründer Jørgen Skafte Rasmussen 1926 beteiligt hatte, hergestellt. Fertige Holzboote wie das »Type 2« gehörten um 1930 auch zum Programm. Der Prospekttext dazu lautete: »Das zum Kleinmotorboot vergrößerte Paddelboot. Gefällt es Ihnen nicht auch? Dieses Boot ist für unseren Motor, Type Nauticus, entwickelt. Der Motor ist achtern fest eingebaut und erteilt diesem Boote eine Geschwindigkeit von 18 km/Stunde. Der Motor leistet 3,5 bis 4 PS. Das Boot bietet 4 Personen Platz. Stauraum im Vor- und Achterschiff. Bänke herausnehmbar. Hauptbaustoff des Rumpfes Gaboon. Knickspantform. Nahtspantenbau. Glattes Deck. Alles Messing verschraubt. Messingbeschläge, und zwar: Stevenbeschlag, 5 Klampen, 2 Fenderklampen, 1 Standerstockhalter. Naturlackiert. Ausrüstung: 1 Fender, 1 Paddel, 1 Standerstock, 2 Anlegeleinen. Boot allein: 610 RM. Motorboot: 1080 RM. Einzig autorisierte Fabrik für DKW-Marine-Motoren: Elcamo Motor-Aggregatebau-Gesellschaft m.b.H., Erfenschlag bei Chemnitz«. Mit der Vereinigung von Horch und DKW zur Auto Union in den Jahren nach 1932 verliert sich die Spur der DKW-Boote

Das DKW Type 2 war ein Schacht-Motorboot und kein klassisches Autoboot, da der Motor im Heck saß. In den 20er/30er-Jahren wurde die Bezeichnung Autoboot aber oft nicht streng ausgelegt. Alles, was ein »Autosteuer« hatte, konnte einem in Prospekten und Zeitschriften als »Autoboot« begegnen. Schachtmotorboote, Seiten- und Außenborder waren allerdings deutlich günstiger in Anschaffung und Unterhalt. Die *Aegir* (links) hatte im Gegensatz zu den kleinen DKW-Booten schon elektrische Beleuchtung und ein Klappverdeck. Aber auch ihr Antrieb war achtern

AURORA

Freude an Freizeit und Familie, Spaß an Wellen und Wetter. Diese Doppelseite muss auf technische Daten und geschichtliche Fakten verzichten. Denn uns ist lediglich bekannt: Der stehende Herr links ist Rennfahrer Hans Stuck. Die fröhliche Ausfahrt oben führte nach Boston. Und das schicke Autoboot auf dem großen Foto hieß *Aurora*

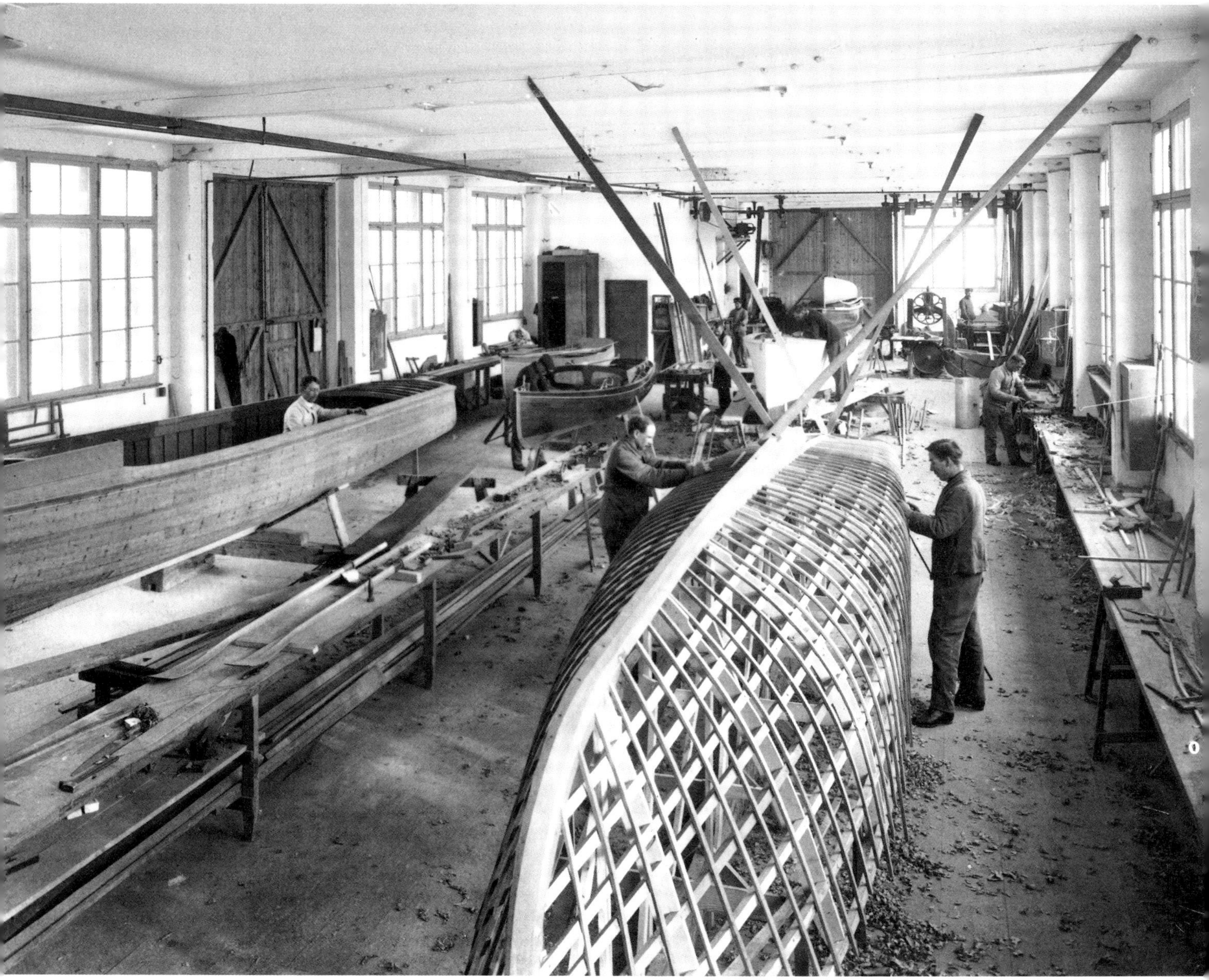

Handwerk vor 100 Jahren: Oben das Gerüst eines Faul-Bootes 1916. Beim Bau von Sportfahrzeugen bis zwölf Meter Länge verbreitete sich Mitte der 10er-Jahre die Kieloben-Methode. An den immer feiner werdenden Booten konnte so besser gearbeitet werden. An die Dachbalken geschraubte Stützlatten brachten Stabilität. Für den Innenausbau wurde der Rumpf dann umgedreht. Rechts oben: Schleifarbeiten an einem Stufenboot bei Engelbrecht, Mitte der 20er. Darunter: Amerikanische Kermath-Motoren warten auf ihre Montage. Rechts: Schlosserei der Albatros-Werft

Die Werft von John Isaac Thornycroft ist eine der bedeutendsten Englands. Die Spanne der Neubauten reichte vom Ruderboot bis zum Zerstörer. Auch die große Limousine rechts entstand in den Thornycroft-Werfthallen an der Themse

Spediteur Huber aus Zürich kümmerte sich mit seinem Ford-Lkw 1934 um den Transport der sieben Meter langen *Roms* der Faul-Werft

Neben Neubauten, die in Zusammenhang mit Reparationsleistungen standen, bekamen deutsche Werften in den 20ern reguläre Aufträge aus allen Erdteilen, allen voran Lürssen. Für Lieferungen nach Übersee war die Lage an der Weser ideal. Europäische Kunden wurden meist per Eisenbahn beliefert (unten). Im Baunummernverzeichnis finden sich Motorboote für Amsterdam, Barcelona, Bern, Bilbao, Bukarest und Wien

Die *Meggenhorn* war ein Auftrag von J. H. Frey, dem Besitzer des gleichnamigen Schlosses am Vierwaldstättersee, Kanton Luzern. Zu dem extra passend angefertigten Bootshaus von Frey gelangte die exklusive 12 Meter lange Motoryacht im Schlepp eines reichlich mitgenommenen Traktors

Die Geschichte der Peugeot-Autoboote hängt eng mit einem der erfolgreichsten Unternehmer Frankreichs zusammen – einem Mann, von dem nur ein einziges Foto überliefert ist, auf dem er lächelt. Der 1,64 Meter große Lucien Rosengart (1881–1976, oben) war genialer Autodidakt und hielt bereits als 24-jähriger diverse Patente. Er war aber auch knallharter Geschäftsmann und Sanierer – ohne sein Engagement gäbe es beispielsweise Citroën heute nicht mehr. Sein Talent hatte sich 1926 auch bis zu Peugeot herumgesprochen, dessen Imperium dringend sanierungsbedürftig war. Rosengart beriet das Unternehmen mit großem Geschick. Daneben initiierte der Segelyachtbesitzer den Wiedereinstieg in das Bootsmotorengeschäft, das seit fast zwanzig Jahren geruht hatte. Vier Modelle kamen 1926 auf den Markt: »Standard« und »Grand Luxe«, jeweils in zwei Längen. Die Motoren stammten aus dem Pkw-Bau und waren für den Marinebetrieb auf fünf und zehn PS gedrosselt. Es gab Versionen mit amerikanischem Verdeck und welche mit Limousinenaufbau. 1928 verließ Rosengart Peugeot und zog unter eigenem Namen eine Autofertigung auf. Auch dort wurden wieder Bootsmotoren hergestellt. Hauptsächlich Außenborder, aber auch marinisierte Vier- und Sechszylinder aus den Rosengart-Pkw. Peugeot hingegen stellte seine »Maritime«-Sparte wegen Erfolglosigkeit im selben Jahr ein

Aus einem 1926er Prospekt: Peugeot-5,50-Meter-»Standard« mit Verdeck

Kompakte Abmessungen und ein günstiger Preis standen bei der Konstruktion der *Seagull* im Vordergrund – genau wie bei seinem Vorbild zu Lande, dem Austin Seven. Die »Seemöwe«, eine Zusammenarbeit des Londoner Austin-Spezialisten Maintenance, Ltd. und der Moorcar Boat Company, wurde im April 1930 in der britischen Zeitschrift »Motor Sport« auf der Themse getestet (Foto) und fand großen Anklang. Technische Daten: Länge: 6,10 Meter, Reihen-Vierzylinder, 747 cm^3, ca. 10 PS bei 3500/min, rund 30 km/h Höchstgeschwindigkeit. Der Preis wurde mit 200 Pfund angegeben, der Wagen kostete in der offenen Version etwa ein Drittel weniger

Austin

Um die neuen Boote zu präsentieren, organisierte Rosengart 1926 in Paris den 1. Salon Nautique International. Zur Eröffnung fuhr ein Korso aus nicht weniger als 20 Peugeot-Booten öffentlichkeitswirksam die Seine entlang. Noch aufsehenerregender waren die *Voitures-canots*, zwei Werbefahrzeuge mit Autoboot-Aufbau auf Basis Peugeot 172 R. Obwohl die liebevoll arrangierten maritimen Details wie Bullaugen, Anker, Laterne und Rettungsring (ein Reifen!) etwas anderes suggerieren: Schwimmen konnten die Gefährte freilich nicht.
Die Wagen gingen in Frankreich, Spanien und Großbritannien auf Reklametournee. In der Folge wurde nicht nur in der Hauszeitung »Peugeot Revue« ausgiebig über die neuen Peugeot-Boote berichtet. Aber der ganze Aufwand reichte für nachhaltigen Verkaufserfolg nicht aus

Das Modell A der Bootswerft Kurt Schneider gab es auch mit dem 40-PS-Herz seines Namensvetters von Ford. Die *Durch III* von 1932 war eine der ersten Neubauten des Betriebs aus Berlin

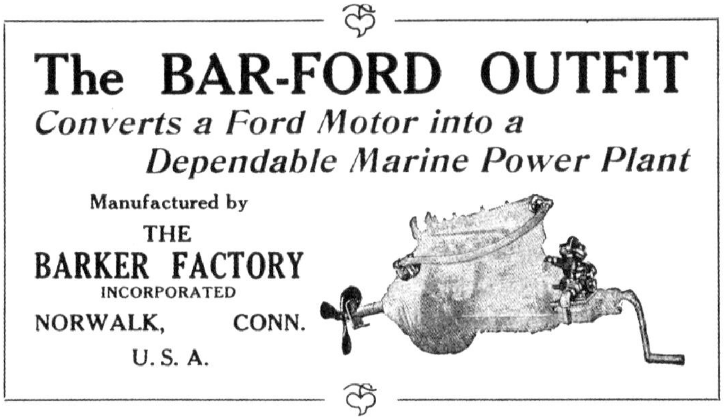

T-Modell-Motoren gab es auf allen Kontinenten zuhauf. Die Firma Barker spezialisierte sich daher auf Umrüstsätze, mit denen diese Automotoren billig marinisiert werden konnten. Das Set namens Bar-Ford umfasste Andrehvorrichtung, Kühlwasserpumpe, Wendegetriebe, Stopfbüchse sowie Propeller und wurde auch in Deutschland angeboten. Der Reihen-Vierzylinder hatte 2884 cm^3 und leistete rund 20 PS. 1928 löste bei Ford das Model A die altgediente Tin Lizzie ab. Auch die Fertigung in Berlin, die seit dem 1. April 1926 bestand, wurde zugunsten des neuen Typs in zwölfmonatiger Arbeit umgestellt. Der Neue war mit 40 PS aus 3,3 Litern doppelt so kräftig. Eine zeitlang wurden für Boote altes und neues Aggregat parallel angeboten. 1935 kam dann der moderne 1172-cm^3-Vierzylinder im Ford Eifel auf den Markt. Er wog nur 130 Kilo und fand in Sportbooten schnell Verbreitung. Ab 1932 gab es auch einen V8 mit bis zu 90 PS, siehe Seite 452).

Zu den Fotos: Laut US-Prospekt schaffte das kleine hölzerne Autoboot mit dem Bar-Ford-Motor 20 mph (32 km/h, ganz oben). Bei einem leichten, gut konstruierten Rumpf ist das durchaus glaubhaft. Das schwarze Autoboot oben, das auf einer Regatta in Grünau abgelichtet wurde, hatte den gleichen Motor. Es war 7,17 Meter lang, 1,89 Meter breit und wurde mit 22 km/h gemessen. Kurios: Der Motor des Ford-Pkw »Model A« hieß 1935 als Bootsmotor in Deutschland »Modell B« (links)

Zwei weitere frühe Schneider-Boote: Das noch namenlose 1932er Modell B (oben) hat einen marinisierten Brennabor-Vierzylinder Typ Z mit 25 PS an Bord. Länge: 6,00 Meter, Breite: 1,50 Meter.
Die *Kork II* von 1935 hat ebenfalls einen nachträglich für den Bootsbetrieb umgebauten Motor, einen BMW 3/15 PS

LTD
DISPLAY CRAFT LTD
Mc LAREN. LIMITED
SPEED DIESEL ENGINES.
LIGHT WEIGHT HIGH

Der Erfolg des Autoboot-Konzepts bestand nicht zuletzt darin, dass man einerseits bequem mit einer Gruppe von Freunden unterwegs sein konnte. Andererseits taugte es auch, um allein den Rausch der Geschwindigkeit zu suchen. Links: International Motor Exhibition 1929 in London. J. & H. McLaren-Benz war ein Joint-Venture, das schnelllaufende Benz-Dieselmotoren in Großbritannien herstellte und vertrieb. Mit dem Neuseeländer Bruce McLaren hatte die Firma aus Leeds nichts zu tun

Die Exquisit-Werft legte Wert auf die Feststellung, sich ausschließlich mit respektablen Motorfahrzeugen zu befassen: »Segelboote und Ruderboote werden nicht hergestellt. [...] Minderwertige Fahrzeuge, Kleinboote u. Außenbordmotorboote werden nicht fabriziert. In den Werkstätten werden ausschließlich absolut erfahrene Fachhandwerker unter erprobter Leitung beschäftigt. Jede erdenkliche Gewähr für vorzügliche Ausführung und Betriebszuverlässigkeit in allen Teilen sind wir somit zu bieten in der Lage. Unsere große Spezialität: Autoboote«. Walter Vierarm war zudem überzeugt, dass »durch zweifelhafte Firmen soviel Schund angeboten« wird

EXQUISIT-WERFT

Wildau b. Berlin

*

Inh.: Walter Vierarm, Marine-Ingenieur

Ob.-Apl. a. D., Motorenschlossermeister

*

Fernsprecher: F 3 Schmöckwitz 9986
K 9 Königswusterhausen 2417

EXQUISIT-Autoboote

in Rundspantform 8 m x 1,65 m, 7,25 m x 1,60 m, 6,50 m x 1,50 m laufen auf fast allen Deutschen Wasserstraßen zur Zufriedenheit ihrer Besitzer!

Meine AUTOBOOTE, die ich als Spezialität meiner Werft in ständiger Verbesserung seit Anfang 1920 erbaue, wurden in etwa 200 Exemplaren geliefert. Stets der solide Stahlrumpf, stets der in wirklich bester Werkmannsarbeit hergestellte Innenausbau in feinstem Sapelimahagoni, Decks in Spruce oder Oregonepine. Stets der überall herausnehmbare Fußboden. Immer ein sorgfältiger Maschineneinbau mit Schalldämpfer und reichlich dimensionierten Wellen und Rohrleitungen * Die elegante Form der Fahrzeuge, die Solidität der gesamten Ausführung, die Zuverlässigkeit der Maschinenanlagen gewährleistet die Zufriedenheit der Besitzer von EXQUISIT-Autobooten.

Preise der Boote ohne Motor, jedoch mit Ausrüstung und Maschineneinbau:

6,50 m EXQUISIT-Autoboot: 1650 RM
7,25 m EXQUISIT-Autoboot: 2050 RM
8,00 m EXQUISIT-Autoboot: 2175 RM
ab Werft

Die Ausstattung und Ausrüstung besteht aus:

Linoleumbelag in Schienen eingefaßt	2 Fender
Schwerer Messingbeschlag, vernickelt	2 Fangleinen
4 Positionslampen, vernickelt	1 Bootshaken
1 Plan mit Spannvorrichtung	2 Trichter
1 Mahagonibank	2 Flaggenstöcke
2 Sessel	1 elektr. Horn

Gegen Sonderberechnung werden geliefert: 1 Klappverdeck mit Seitenteilen zum Preise von RM 135.— für das 6,50 m Boot, RM 145.— für 7,25 m Boot, RM 155.— für 8,00 m Boot. Maschinen für diese Boote: Selve, Breuer, Steudel, Ford von 4 St PS bis 14 St PS in den Preislagen 1100 RM bis 2600 RM.

Kleines Bild: Neubau der Rüdiger-Werft in den frühen 30er-Jahren. Rüdiger fertigte ausschließlich aus Holz. Ein Motor ist noch nicht montiert, hier hatte der Kunde die Wahl – beliebt waren in solchen 6,20 Meter langen Autobooten Vierzylinder von BMW, Ford, Mercedes und Selve. Auch Kermath, Scripps und Universal waren im Angebot. Ab 1933 hatten es die US-Marken schwerer, da die nationalsozialistische Politik deutsche Produkte immer mehr bevorteilte.
Die Yachtwerft Horgen von John Faul dagegen verwendete in den 30ern fast ausschließlich Kermath. In der 8,50 Meter langen *Lido III* von 1931 zum Beispiel einen 50-PS-Vierzylinder mit 5,4 Litern Hubraum

SPEZIAL-MOTORBOOTSWERFT BERNHARD BRUMM

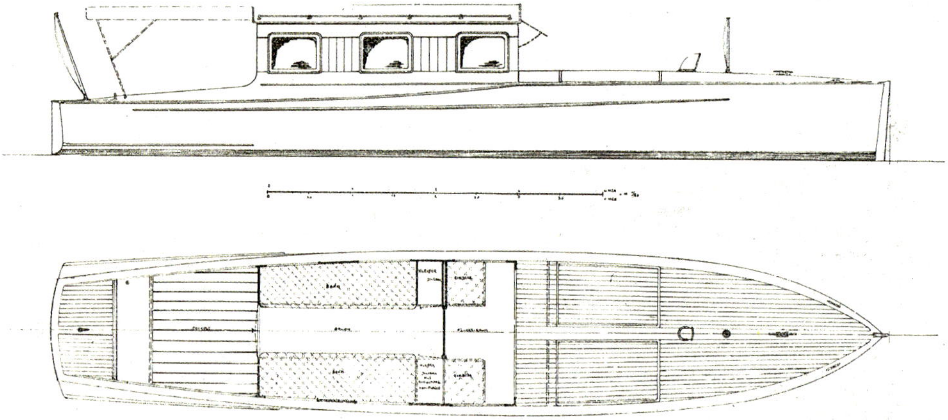

Limousine, das elegante Fahrzeug des Herrenfahrers:

Länge 10 Mtr., Breite 1,90–200 Mtr., Tiefgang ca. 0,56 Mtr., Verdrängung ca. 2500 Klo.

Raumeinteilung: Unter dem lang eingedeckten Vorschiff liegt der Motor von ca. 30–40 PS. Hieran schließt sich der Aufbau, unter welchem sich der Steuerstand, offen oder geschlossen zu fahren, befindet, eine Tür führt in den Salon der mit 2 Sofa, Schrank und Buffet elegant ausgestattet ist; als letztes finden wir einen offenen Sitzraum hinter der Kajüte, der 5 Personen bequemen Platz bietet. Die zweckmäßige Geschwindigkeit für dieses Boot liegt zwischen 20–30 km.

Preis des kompletten Bootes, jedoch ohne Maschinenanlage nebst Einbau, Mk. **6900,–**

Umsteh

11 m Autoschnellboot
„LUX"
mit 90 PS Sechszylinder

„RÜBEZAHL"

12

neue Standardmodelle umfaßt die

ENGELBRECHT-FLOTTE

für 1934

11 m Doppelkabinenmotorkreuzer

CLAUS ENGELBRECHT

Yachtwerft G. m. b. H., Berlin-Köpenick

Verlangen Sie bitte ausführliche Sonderprospekte

Prospekte aus der Blütezeit des deutschen Autoboots. Gern druckte man darin auch Briefe zufriedener Kunden ab: »Für die an mich gelieferte Wasserlimousine will ich nicht versäumen, Ihnen meinen besten Dank auszusprechen. Das Motorboot, welches mit einem 22-PS-Daimler-Motor ausgestattet ist, läuft glänzend […] Ebenso haben Sie die Aufgabe der Inneneinrichtung des Bootes überaus glücklich zu meiner vollsten Zufriedenheit gelöst. Der wohlgefällige Bau des gesamten Motorbootes hat allgemeinen Anklang bei meinen Bekannten und Freunden gefunden und ich werde Sie stets bestens weiterempfehlen.« (Brumm, 1926). Rechts: Franzwerft, 1930. Ganz links: Hansa, wahrscheinlich 1931

SE

GE

YACHT- UND BOOTSWERFT

ROBERT FRANZ

NIEDERLEHME BEI BERLIN

Telefon: Königswusterhausen 135

ERSTKLASSIGE BAUAUSFÜHRUNG IN HOLZ

DIE RASSIGE LIMUSINE

Mit diesen Booten hat die Werft einen Typ geschaffen, der den verwöhnten Herrenfahrer begeistert. Es ist ein hohes sportliches Vergnügen, am Steuer einer solchen Limusine zu sitzen, mühelos und spielend folgen Boot und Maschine jedem leisen Händedruck. Die hochelegante Formgebung in Verbindung mit der ausgezeichnet sicheren Lage auf dem Wasser kennzeichnen die Sonderklasse, die in den Limusinen von Franz geschaffen ist. In der Größe, Geschwindigkeit und Einrichtung wird jedem Wunsch Rechnung getragen. Die Limusine der oberen Abbildungen ist z. B. ein ausgesprochenes Sport- und Repräsentationsboot, die in untenstehendem Riß wiedergegebene betont in Ergänzung dazu gute Reiseeigenschaften. Aber auch in geringeren Abmessungen bis zu etwa 8 m herab und in den verschiedensten Ausführungen als Außen- oder Innensteuerlimusine hat dieser Typ viele Freunde gefunden.

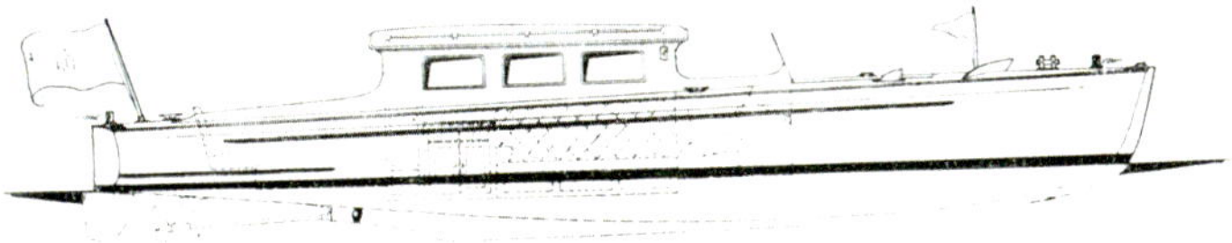

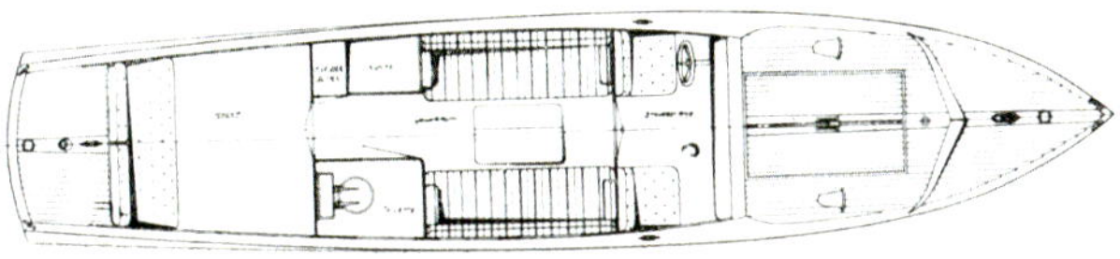

Oben:
Die 60 PS
Maybach - Limusine
„SCHNÜPP"
auf dem Wannsee
Geschwindigkt. 33 km Std.
Abmessungen 11,00 × 2,05

Nebenstehend:
Maybach - Limusine
„INGEBORG"
mit besonders bequemer Reiseeinrichtung
Geschwindigkt. 30 km Std.
Abmessungen 11,50 × 2,30

BRUMM

SPEZIAL-MOTORBOOTSWERFT

Berlin-Oberschöneweide · am Wilhelmstrand

FERNSPRECHER: F 3 OBERSPREE NR. 1046

Motorboote in jeder Art und Größe mit Stahl- und Holzkörpern bis 50 Meter Länge

6 m Autoboot und Trainingsboot

8 m bis 10 m Autoboot

Inspektions-Schnellboote der Berliner Wasserschutz-Polizei

Um die immer weiter wachsende Zahl von motorisierten Wassersportlern auf den Berliner Gewässern umfassend mit Kraftstoff zu versorgen, stellte Aral B.V. 1932 das 16 Meter lange Tankboot *Aral* in Dienst. Es belieferte die rund 150 Wassertankstellen, teilweise konnten Freizeitkapitäne auch längsseits gehen und direkt tanken. Antrieb: Junkers-Dreizylinder-Gegenkolbenmotor mit 36 PS. Die *Aral* konnte bis zu elf Tonnen Kraftstoff (Benzin, Benzol, Diesel und Rohöl) in getrennten Tanks aufnehmen – heute aus Sicherheits- und Umweltgründen eine völlig abwegige Unternehmung. 2016 existieren im Großraum Berlin lediglich drei Wassertankstellen – und die werden landseitig per Lkw beliefert

Havarie auf dem Rhein bei Oberrimsingen im Breisach, Dezember 1932. Das 11-Meter-Autoboot *Kander* ist steuerbords aufgerissen und liegt auf Grund. Der Bergungstrupp hat das Leck bereits notdürftig mit Brettern und Werk abgedichtet. Stromaufwärts nähert sich die Bergungseinheit, bestehend aus Doppelschraubenschlepper und zwei kleinen Kähnen, die mit zwei Stahlträgern miteinander verbunden sind. An diesen Trägern wird der Havarist mittels Flaschenzügen vom Unfallort gehoben und in den nächsten Hafen transportiert – bei der starken Strömung kein einfaches Unterfangen. Der Rhein musste für die Zeit der Bergung für die Schifffahrt gesperrt werden

Linke Seite: Brumm aus Berlin gehörte zu den Großen der Branche. Prospekt von 1936

Ein gut besuchtes Ausflugslokal in Berlin-Zehlendorf Mitte der 30er-Jahre: Drei Jungs bewundern ein Autoboot der Yacht- und Bootswerft Robert Franz aus Niederlehme. Die Besonderheiten des aus Stahl gebauten Boots: durchgehende Sitzbank, amerikanisches Verdeck, Carl-Zeiss-Suchscheinwerfer mit integriertem Rückspiegel, verchromte Elze-Lufthutzen. Armaturen, Fünfspeichenlenkrad und Sechszylinder stammen von Mercedes. Schandeck und Süll sind aus dunklem Mahagoni

Zweimal Daimler-Werbung
von 1926

Die elf Meter lange *Lux*
von der Franzwerft Niederlehme
hatte den BM 9456 an Bord.
Höchstgeschwindigkeit: 38 km/h

Das 4,73 Meter
lange Mercedes Modell K
hatte den M 9456 unter der
Haube. Höchstgeschwindig-
keit: 140 km/h

Der 6,2-Liter-Mercedes-Kompressormotor mit sechs Zylindern ist eine Ikone des Automobilbaus. Der Entwurf von Ferdinand Porsche schmückte sich mit Kleidern von Erdmann & Rossi, Farina, Saoutchik. Was viele nicht wissen: Der berühmte M 9456 hatte einen Bruder. Sein Name: BM 9456 (das B stand für Boot). An seiner Vorderseite trug er statt Kompressor eine Andrehvorrichtung, statt vier Vorwärtsgängen hatte er nur einen. Seine Drehzahl war per Fliehkraftregler auf 2200 Umdrehungen beschränkt – 900 weniger als sein aufgeladener Bruder stemmte. Das PS-Duell gewinnt der Automotor mit 140 zu 90

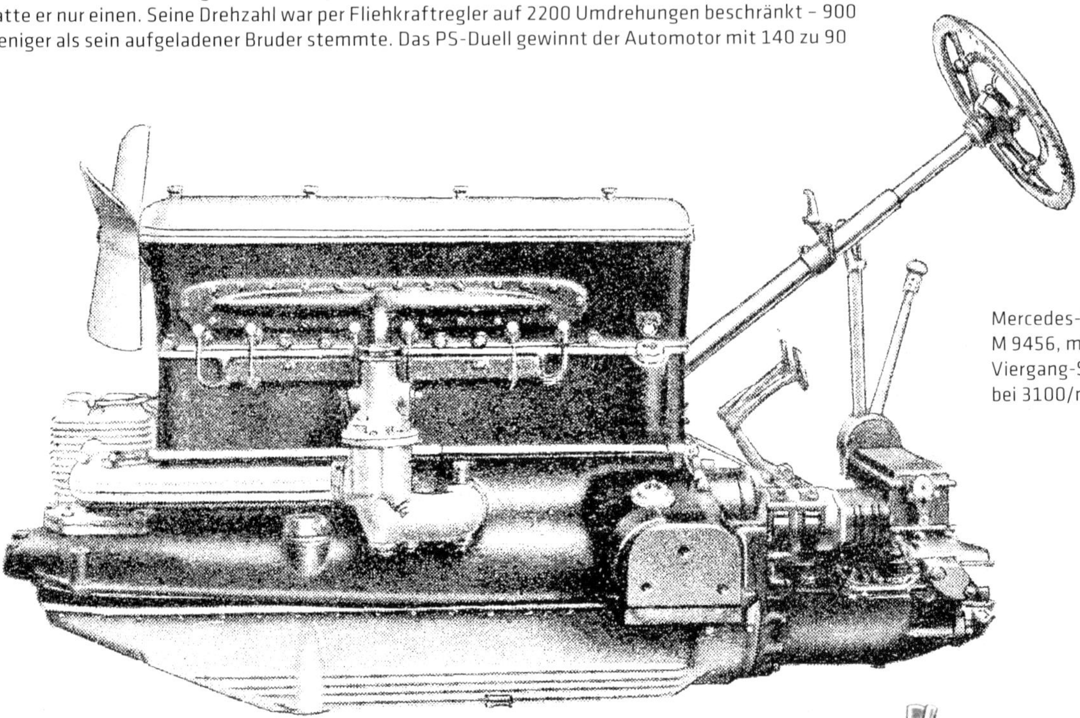

Mercedes-Benz
M 9456, mit Kompressor und Viergang-Schaltgetriebe, 140 PS bei 3100/min. Debüt: 1924

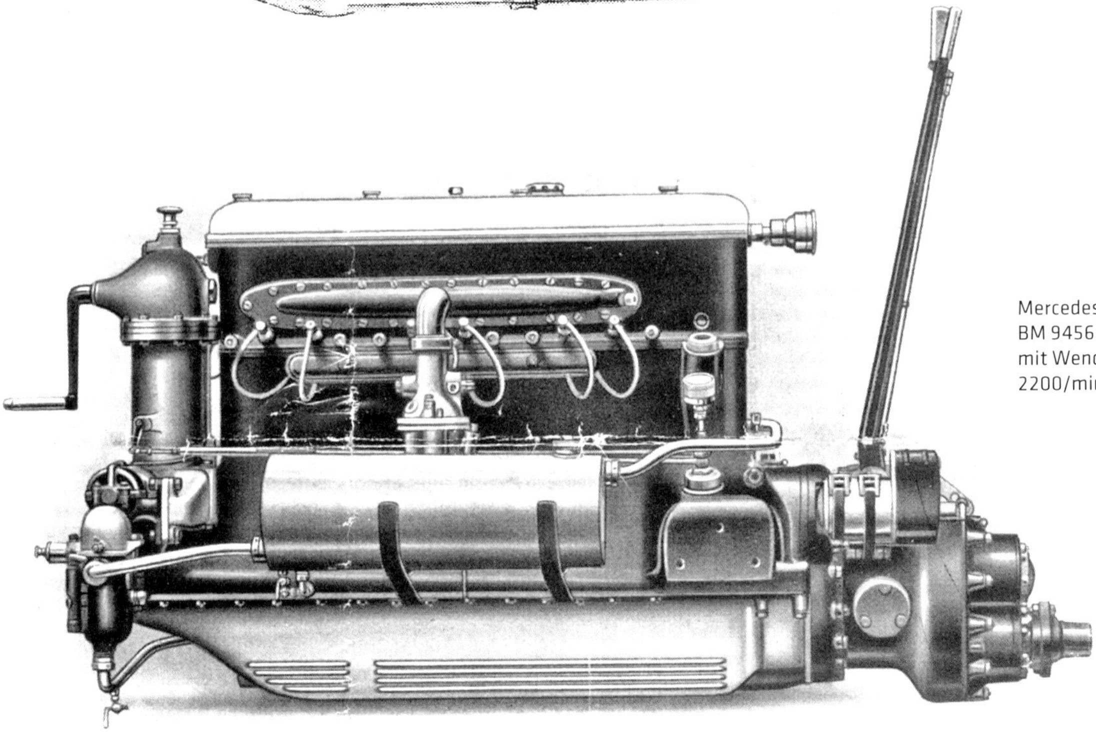

Mercedes-Benz
BM 9456, ohne Kompressor, mit Wendegetriebe, 90 PS bei 2200/min. Debüt: 1926

DAIMLER-BENZ

AKTIENGESELLSCHAFT

Fernschrift: Daimlerbenz Stuttgart — **Stuttgart-Untertürkheim** — Fernsprecher: Stuttgart 30141 S. A.

MERCEDES-BENZ-SECHSZYLINDER-BOOTSMOTOR

MIT WENDEGETRIEBE

TYP BM 6506 / 25 PS

Bild 1: Vergaserseite

Der Motor ist nach den langjährigen Erfahrungen der Daimler-Benz A.-G. konstruiert und zeichnet sich durch einfache Bauart, vollkommen ausgeglichenen Gang und durch hervorragende Geschmeidigkeit aus. Er arbeitet im Viertakt und besitzt sechs senkrecht stehende, in *einem* Block vereinigte Zylinder von 65 mm Bohrung und 100 mm Hub, entsprechend einem Zylinderinhalt von 1990 ccm. Bei einer Drehzahl von 2200 beträgt die Leistung 25 P.S.

Das zugleich als Oelwanne dienende *Gehäuseunterteil* des Motors ist aus Leichtmetall gefertigt; *Gehäuseoberteil* und *Zylinderblock* sind in einem Stück gegossen und bestehen gleich dem leicht abnehmbaren *Zylinderkopf* aus Grauguß. Zwischen beiden Gehäuseteilen ist die besonders kräftige *Kurbelwelle* siebenmal gelagert. Die *Kolbenstangen* sind aus Stahl und haben Doppel-T-Querschnitt. Die Grauguß-*Kolben* besitzen drei Kolbenringe und einen Oelabstreifring. — Die an der Auspuffseite stehend angeordneten *Ventile* werden von unten mittels leicht nachstellbarer Plattenstößel gesteuert; der Antrieb der im Gehäuseoberteil gelagerten *Nockenwelle* erfolgt von der Kurbelwelle aus durch

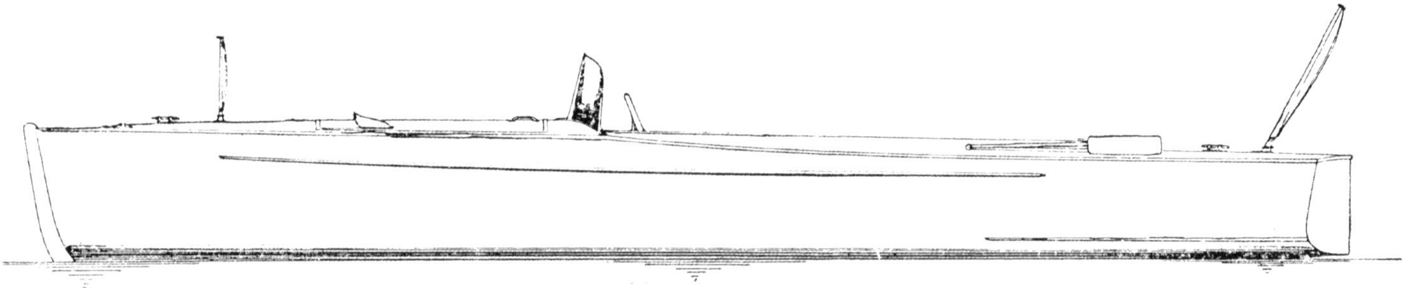

Schauspieler Emil Jannings mit Tochter Ruth-Maria in seinem 8-Meter-Autoboot *Gussy* 1938 auf dem Wolfgangsee. Entwurf: Hellmuth Fugmann. Gebaut 1932 auf der Werft von Joh. Ratz in St. Gilgen. Ihr Motor ist ein Mercedes-Benz Typ BM 6506, der auch im Modell Stuttgart zum Einsatz kam. Die *Gussy* kam damit auf ein Tempo von schon damals eher bescheidenen 24 km/h. Bei der Inneneinrichtung bestand Jannings auf viel Komfort, etwa bei den Instrumenten: Bosch-Zündschloss, Drehzahlmesser, Öldruckanzeige waren Standard, hier waren zusätzlich Zeituhr und Tankanzeige verbaut. Hinzu kommen Zigarrenanzünder, Bosch-Suchscheinwerfer, eine seitlich wegklappbare Windschutzscheibe, umlegbare Polstersitze und Klappverdeck. Emil Jannings (1884–1950) war vor dem Zweiten Weltkrieg einer der berühmtesten deutschen Schauspieler und gewann 1929 für seine Hauptrolle in »Sein letzter Befehl« den ersten Oscar überhaupt. Nach 1945 erhielt er wegen seiner Nähe zu den Nationalsozialisten von den Alliierten ein Auftrittsverbot. Gussy war der Name seiner dritten Frau

BOYE

Unten: Zwei Bostoner Polizisten nach Bergung eines Mannes aus dem Charles River in den frühen 30er-Jahren. Das Aufsichtsboot ist mit Rettungsring, Feuerlöscher und amerikanischem Verdeck ausgerüstet, das hier zum Bug hin wegklappbar ist – eine ungewöhnliche Variante. Nicht so unwöhnlich war der um 180 Grad gedrehte Motor-Luft-einlass, der so besser gegen Spritzwasser schützte

Links: Für diese drei Freundinnen erfinden wir den Begriff »Damenfahrerin«. Die neun Meter lange robuste *Boye* eignete sich gut für Ausflüge in den Schären, da die Besatzung durch das zur Scheibe hochgezogene Süll angenehm windgeschützt war. Die Schweden griffen gern zu amerkanischen oder natürlich einheimischen Motoren wie Albin, Bolinder oder Penta.
Auch der erste Volvo-Pkw wurde durch einen Penta-Motor angetrieben. 1927 begann die Zusammenarbeit der beiden Firmen, die 1935 in der Übernahme von Penta durch Volvo mündete. Die Schiffs- und Bootsmotorenproduktion wurde jedoch nicht aufgegeben – heute ist man Marktführer in diesem Segment.
Das Foto wurde um 1930 aufgenommen

Als Brennstoff für die Doble-Hochdruck-Dampfmaschine »Model F« der *Henschel* diente Braunkohlenteeröl. Ausführende Werft war Claus Engelbrecht, die Fotos zeigen Bau und Probefahrten auf dem Langen See bei Köpenick. Das stählerne Boot war 10,50 Meter lang, 2,10 Meter breit und erreichte 40 km/h

Zurück in die Zukunft: Die *Henschel* war tatsächlich ein Dampfer – sicher einer der schnittigsten und fortschrittlichsten, die je gebaut wurden. Die Geschichte dieses ungewöhnlichen Boots begann in den USA. Der Ingenieur Abner Doble widmete sich schon in jungen Jahren dem Dampfantrieb. Ab 1914 versuchte er mehrmals, eine Großserienproduktion der von ihm entworfenen Dampfautos aufzuziehen, zuletzt im kalifornischen Emeryville. Insgesamt entstanden bis 1932 jedoch nur rund 45 Exemplare. Nach dem Konkurs seiner letzten Firma Doble Steam Motors arbeiteten er und sein Bruder Warren bis Ende der 50er rund um die Welt als Berater, unter anderem für International Harvester, Sentinel, Borsig und Henschel. In Kassel entstanden ab 1931 mit dem Know-how der Amerikaner hauptsächlich dampfgetriebene Schienen- und Nutzfahrzeuge – aber 1933 auch ein offener viertüriger Tourenwagen mit 80 PS. Und natürlich die Idee zur *Henschel*, die aber genau wie das Auto ein Einzelstück blieb

Sieben Schornsteine, fünf Hüte und eine zeitlose Schönheit. Am Steuer Warren Doble, neben ihm Henschel-Chefingenieur Karl Imfeldt. Achtern Oscar Henschel neben einem Reichswehr-Offizier

SACHS-MOTOR
SACHS-MOTOR
Daimler-Benz
MERCEDES-BENZ
DIESEL-MOTOREN
BISHER ÜBER
10 000
DIESEL-MOTOREN
GELIEFERT

Impressionen von der 1935er Berliner Wassersport- und Luftsport-Ausstellung in den Messehallen am Kaiserdamm. Auf dem Engelbrecht-Stand dominierte eine 14 Meter lange Limousine, die für 26.000 Reichsmark an die Adria geliefert wurde. Zum Vergleich: 1935 kosteten die volksnahen DKW F4 und Opel Olympia 2500 Reichsmark. Der KdF-Wagen war mit 990 veranschlagt. Ein Horch 830 B Cabrio schlug mit 9300, ein Mercedes-Benz 500 K Cabrio mit 22.000 Reichsmark zu Buche. Teurer als die Engelbrechtsche Luxuslimousine war nur ein Maybach Zeppelin. In Bildmitte liegt die Ausstellungsfläche von Kurt Schneider, der als größtes Boot sein »Sonderklasse Stromlinien-Sportcabriolet« mit Ford-Vierzylinder präsentierte. Kostenpunkt: rund 3500 Reichsmark. Faltboote (ganz oben) waren schon ab rund 100 Mark zu haben

Warenzeichen ges. gesch.

» ORIGINAL SCHNEIDER BOOTE «

Boote von Kurt Schneider waren bereits auf den vorigen Seiten zu sehen. Der Berliner gründete seine Sportbootwerft 1932 in Stralau und zog um 1935 nach Köpenick um. Sohn Wolfgang führt den Betrieb noch heute, mittlerweile im Stadtteil Bohnsdorf. Die Familie Schneider legt seit Anbeginn besonderen Wert auf traditionelle Holzverarbeitung und ein unverwechselbares Design. Was ihre Formen betrifft, stellen die Schneider-Vorkriegsmodelle unbestreitbar den Höhepunkt bei Autobooten mit Frontmotor dar. Nur ein einziges ist bis heute erhalten geblieben. Daher hier eine ausführliche Würdigung dieser schwimmenden Kunstwerke

Oben: Schneider H Super, 1935. Rechts: Schneider Favorit, 1938. Darüber: Schneider G Sonderklasse, 1936 – mit Kurbelfenstern, Ledersitzen und Scheibenwischer-Komfort wie im Auto

Die Schneider Favorit besticht nicht nur durch den Charakter ihres Äußeren. Auch die handwerkliche Qualität war herausragend. Die exquisit gemaserten Planken der Außenhaut waren vom Steven bis zum Heck aus einem Stück. Sämtliche Beschläge und Lampen stellte Schneider nach eigenen Entwürfen im Gussverfahren selbst her

Die Ähnlichkeit des Schneider-Hecks mit eleganten Straßencabriolets wie dem 1938er Opel Admiral mit Gläser-Karosserie war natürlich beabsichtigt. Die Qualität der Ausführung war bei den Bootsbauern allerdings höher als bei den Stellmachern – ein Auto konnte schließlich nicht sinken

Von den dick gepolsterten Ledersitzen des Favorit hatten die Reisenden das lange Mahagoni-Stabdeck stets prominent im Blickfeld. Die kalfaterten und mit Marine Glue vergossenen Stäbe waren siebenmal klarlackiert und poliert. Bei schönem Wetter spiegelten sich Himmel und Wolken darin

Exotischster Kunde von Schneider war Ende der 30er-Jahre der Lakota-Häuptling Nakingan-Tanka aus dem Pine-Ridge-Reservat in South Dakota. Das Vorschiff seiner *Winona*, ein Typ G Luxus, zierte eine Indianer-Kühlerfigur – vermutlich stammte sie vom britischen Lkw-Hersteller Guy

Das Modell Rekord debütierte 1937. Schneider beschrieb es im Prospekt als »Stromlinien-Schacht-Schnellboot, wie es seinesgleichen sucht«. Unter der Motorklappe steckte ein 350-cm³-Zweitakter mit 12 PS der Marke Effzett. Die Rekord konnte sich der Kunde in jeder beliebigen Farbe lackieren lassen – am beliebstesten war die Farbkombination rot/creme. Auch wenn es nach Blech aussieht: Das Boot war vollständig aus Holz

Schneider
Schneider

Auf der »Exposition internationale de l'eau« in Lüttich stellte Kurt Schneider sein letztes Vorkriegsmodell vor. Das Boot (rechts) bot vier Personen Platz und war mit dem 1,2-Liter-Vierzylinder von Ford ausgestattet. Die Ausstellung war am 20. Mai 1939 eröffnet worden und schloss am 2. September, einem Tag nach Ausbruch des Zweiten Weltkriegs. Das Boot blieb ein Einzelstück – Schneider hatte sich ab Herbst 1939 wie alle Sportbootwerften ausschließlich um den Bau von Rettungsbooten und anderen kriegsrelevanten Produkten zu kümmern

Es gab den Schneider Präsident zwar auch mit Vierzylinder – die standesgemäßere Wahl war selbstverständlich der V8. Beide Motoren lieferte Ford – bis auch in Köln die Kriegsproduktion Vorrang bekam. Der gleichnamige Pkw kostete als Vier-Fenster-Cabriolet (das Spitzenmodell jener Jahre) übrigens stolze 7700 Reichsmark, das waren 1900 mehr als für den 7,50 Meter langen Präsident aufgerufen wurden

MODELL **PRÄSIDENT**

Stromlinien-Yacht-Cabriolet

Bei schönem Wetter vollständig geöffnet, mit heruntergekurbelten Fenstern, sportlich und schnell. Bei Sturm und Regen mit geschlossenem Verdeck, behaglich und sicher, so fahren Sie im SCHNEIDER PRÄSIDENT!

Innenansicht

Länge 7,50 m, Breite 1,90 m. Dieses Cabriolet verbindet die Vorzüge eines Autobootes mit denen eines Kajütbootes. Durch seine wetterfeste Verschließbarkeit ist das Fahren auch in der kühleren Jahreszeit möglich. Die in Fahrtrichtung stehenden bequemen Klubsessel lassen sich so umstellen, daß 4 Personen um einen in der Mitte aufstellbaren Tisch Platz finden. Zur Nacht sind durch einen einzigen Griff zwei im Hinterschiff befindliche Schlafplätze bereit. Das Boot ist äußerst komfortabel ausgestattet. Als Antrieb dient ein 5 34 PS oder 14 90 PS V 8 Ford-Motor.

Preis fahrfertig ab .... RM. 5800,

Eine hochkarätige Besatzung auf einem billigen Boot: Szene aus dem UFA-Spielfilm »Einer zuviel an Bord« von 1935. Albrecht Schönhals spielt den »Kapitän von Moltmann« und die Tschechin Lída Baarová dessen Exfreundin »Gerda Hegert«. Dass das kleine Autoboot eine recht schlichte Konstruktion ist, verraten das Holz (Eiche) und die Beschläge (unverchromt) – daran kann auch das schmucke Bosch-Horn nichts ändern. Lída Baarová war zum Zeitpunkt der Dreharbeiten die Geliebte von Joseph Goebbels; eine Affäre, die Hitler 1938 höchstpersönlich beendete

Die *Neptun* von Ehepaar Max Enders, Berlin. Das Foto entstand 1938 im kleinen Hafen der Bootswerft am Werlsee. Auf dem Steg Firmeninhaber Paul Rüdiger

FRATELLI RIVA

Costruzioni Nautiche
tel 2. Sarnico-(Bergamo)

Riva ist heute mit Abstand der bekannteste Name, wenn es um Motorboote geht. Dafür gesorgt hat zweifellos Carlo Riva, der gestalterisches Talent mit geschicktem Marketing zu verbinden wusste. Bereits sein Großvater Ernesto war als Bootsbauer tätig, sein Vater Serafino und dessen Brüder Angelo, Ernesto, Franceso und Mauro ebenfalls. Unter Serafino Riva, der ab 1907 das Unternehmen leitete, entstanden in Sarnico die ersten Motorboote. Seine Passion waren Rennen mit Außenbordern, doch auch einige Boote mit innenliegenden Maschinen entstanden in seiner Ära. Etwa die 1931 gefertigte *Alcione* (unten), die im Bug ein zusätzliches kleines Cockpit mit einer Sitzbank hat, ähnlich einem Jagdsitz. Die kleine Autoboot-Flotte auf dem Bild rechts oben entstand 1940 im Auftrag der italienischen Regierung. Die schlicht gehaltenen Holzboote waren für die Verwaltung der Kolonie Italienisch-Ostafrika (bestand 1936-41; gelegen am Horn von Afrika) bestimmt. Motorisiert waren sie mit 1,8-Liter-Vierzylindern des italienischen Herstellers BPM aus Mailand. Die Höchstgeschwindigkeit betrug 45 km/h. Die Boote konnten kriegsbedingt nie ausgeliefert werden – sie wurden in den Nachkriegsjahren an private Kunden veräußert

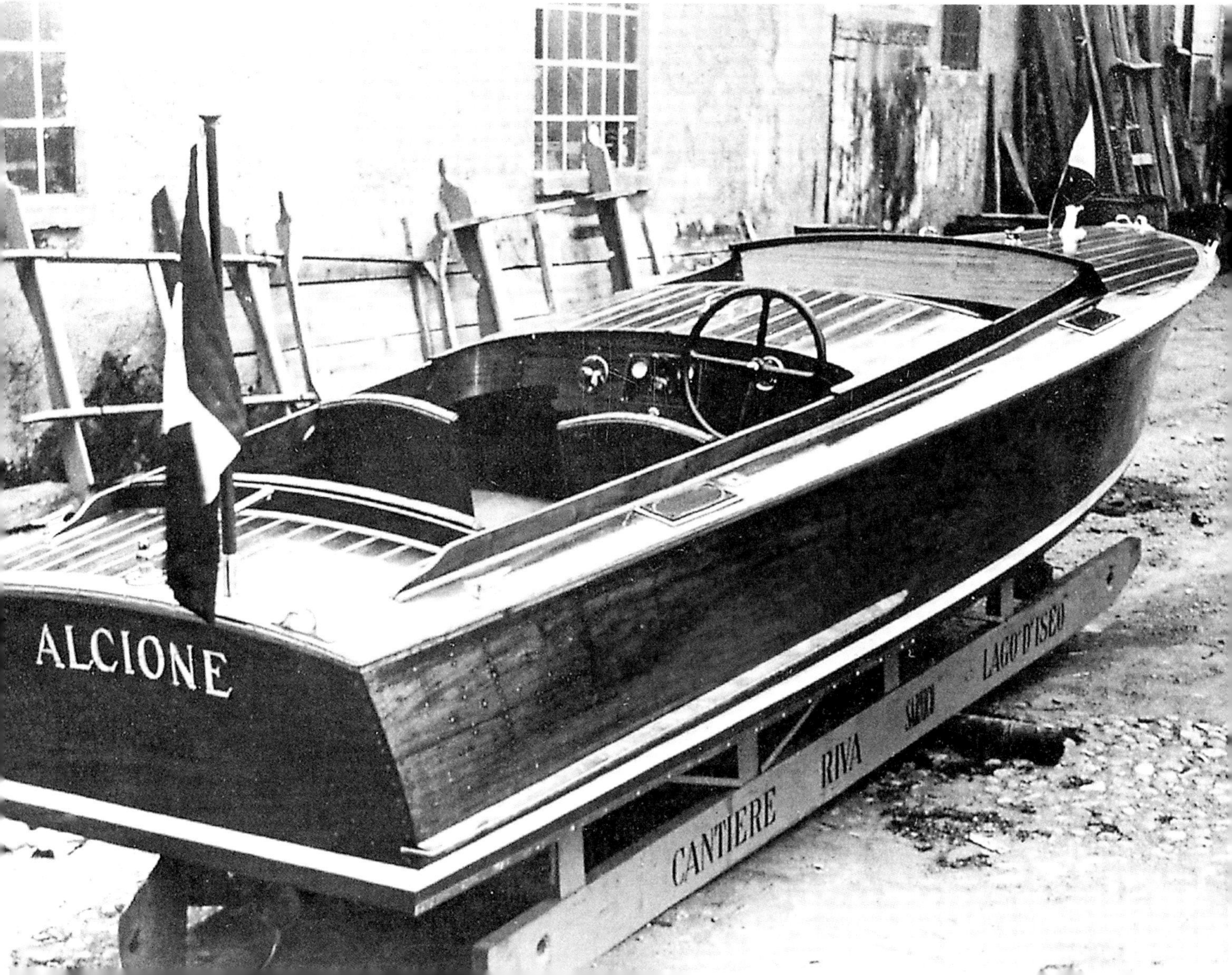

Auch Baglietto ist ein Name von Weltruf. Das Unternehmen mit dem Fledermaus-Logo à la Bacardi (es stellt aber eine Möwe dar) ist heute in La Spezia beheimatet. Ähnlich wie Lürssen betätigen sich die Italiener auf dem Feld der Luxusyachten. Auf dem Strand vom alten Standort Varazze gab es viele Jahrzehnte immer aufregende Boote zu sehen

Despoten in Booten: Joseph Goebbels residierte mit seiner Großfamilie ab 1934 am Wannsee. Nachdem er den Führerschein erworben hatte, legte er sich die Motoryacht *Baldur* zu. Laut der Biographie von Ralf Reuth unternahm der Propagandamann gern »Bootspartien in der märkischen Seenlandschaft«. Das Autoboot links dürfte ihm ebenfalls gehört haben. Komplize Göring fand an solchem Kleinkram keinen Geschmack. Der »dicke Hermann« nannte 1935 die 16,20 Meter lange Engelbrecht-Yacht *Carin* sein Eigen. 1937 ließ er sich vom Reichsverband der Automobilindustrie die 27,50 Meter lange *Carin II* schenken. Sein erster Staatsgast an Bord: Benito Mussolini, der dem Wassersport auch sehr zugetan war. Wenn er nicht regierte oder ein Savoia-Marchetti-Flugboot pilotierte, setzte er sich hinter das Steuer seines Autoboots *Delfino*. Den »Führer« lud der Italiener im Sommer 1934 zu einer Limousinen-Fahrt in Venedig ein

Kapitel 7 | Andere Konzepte 1918–1939

Moderne Zeiten

Runabouts mit »Forward Cockpit« machten Autobooten in den USA schon früh Konkurrenz. Die Massenproduktion begann

John Hacker entwarf die Bear Cat und schuf damit einen durchschlagenden Trend

Oben: Belle-Isle-Anzeige von 1921. 32 mph (51,5 km/h) wurden versprochen und gehalten. Frühe Bear Cats erkennt man an der fehlenden Frontscheibe. Großes Foto: »Race for Belle Island Bear Cats« 1921 in Detroit. Die meisten Exemplare hatten Motoren von Hall-Scott mit 100 bis 125 PS. Gemeinsam mit den hervorragenden Fahreigenschaften machte das die Bear Cats auch bei Regatten erfolgreich. Die Korbstühle aus der hinteren Plicht blieben dann an Land. Mit Startnummer 35 hält hier ein klassisches Autoboot noch gut mit. Unten: Riss einer 26-Fuß-Bearcat von 1922

WENN EINE GESPRÄCHSRUNDE heutzutage das Thema Oldtimer-Sportboote streift, fällt mit einer Wahrscheinlichkeit von 99,9 Prozent innerhalb der ersten Sekunde der Ausruf »Riva!« Der Name des alten italienischen Meisters ist auf dem besten Weg, Gattungsbegriff zu werden (»Guck mal, eine Riva von Lürssen!«). Aquarama, Tritone, Florida und Co sind zweifellos Legenden von rassiger Gestalt. Doch allesamt sind sie Kinder der Nachkriegszeit, ihre Fahrer sitzen vorn.

Hauptsächlich in den USA hält sich Chris-Craft auf der Liste der Namen, die außerhalb von Liebhaberkreisen noch Bekanntheit genießen. Von den Frühwerken des Christopher Columbus Smith einmal abgesehen, sind aber auch die Produkte aus Algonac Runabouts modernen Zuschnitts.

MIT DEM BEGRIFF MODERN ist nicht das Unterwasserschiff gemeint, sondern die Anordnung der Cockpits: In den neuen Runabouts gab es zwei oder drei davon, der Pilot hatte den Motor nun im Rücken. Bei schneller Fahrt thronte er so angenehm hoch über den Wellen. Zudem war die Propellerwelle kürzer, was die Kosten senkte.

VATER DIESES KONZEPTS war John Hacker. Als erstes Exemplar gilt die *Dough Boy* von 1918. In Serie kam das Doppelplichtboot dann 1920 bei der Belle Isle Boat & Engine Company aus Detroit heraus. Sein Name: Bear Cat – eine Hommage an den gleichnamigen Sportwagen von Stutz. Die neue Bear Cat ließ die Autoboote alt aussehen – ab Mitte der Zwanziger hatten praktisch

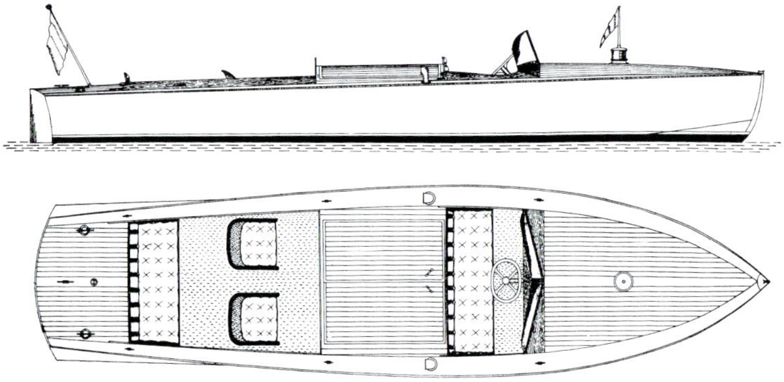

35
36

Schnellstes Doppelplicht-Boot Deutschlands waren die beiden Schwestern *Maybach-Lürssen* und *Maybach-Donnerwetter*. Beide maßen 7,45 x 1,88 Meter, bei einem Tiefgang von 55 cm. Hinter dem Fahrer schob ein Maybach-Motor vom Typ SDS-8 an, in der *Donnerwetter* sogar in der leistungsgesteigerten Version mit 300 PS. Die Spitzengeschwindigkeit lag bei knapp 70 km/h. Als sich die *Maybach-Donnerwetter* 1931 für Werbeaufnahmen auf dem Bodensee ins Zeug legte (Foto), war ihre Schwester *Maybach-Lürssen* bereits Geschichte. Sie brannte am frühen Morgen des 2. Juni 1930 auf dem Templiner See ab. Der Motor Yacht Club von Deutschland dazu: »Der Verlust dieses Bootes ist außerordentlich zu bedauern, war es doch seit einer Reihe von Jahren das erste Boot wieder, das aus gemeinsamer Arbeit einer deutschen Bootswerft und einer deutschen Motorenfabrik entstanden war, sich den amerikanischen Booten mit stärkeren Motoren überlegen zeigen und damit allgemeine Bewunderung erregen konnte.«

alle US-Neubauten das neue »Forward Cockpit«. Auch in anderen Ländern wurde das Konzept schnell kopiert, das »Craft« von Chris-Craft kopierten viele gleich mit. So entstand bei Faul am Zürichsee ab 1930 Swiss-Craft, in Berlin-Köpenick dachten sich die Engelbrecht-Brüder Claus-Craft aus.

ANDERS ALS DAS KONZEPT DER BEAR CAT setzte sich das des Sea Sled nicht für Sportboote durch. Die Idee zu dem »Seeschlitten« kam dem Kanadier Albert Hickman schon Anfang der 10er-Jahre: eine wie ein W gestaltete Spantform, die das Wasser zwingt, mit Luft gemischt mittig unter dem Rumpf durchzulaufen. Die so entstehenden zwei Halbwellen hoben das Boot aus dem Wasser und ermöglichten hohe Geschwindigkeiten. Hickman verschrieb sich 45 Jahre lang seiner Idee, in den Zwanzigern und Dreißigern ließen sich die in verschiedenen Varianten angebotenen Seeschlitten auch einigermaßen verkaufen – allerdings nicht in Europa, wo sie stets Exoten blieben. Die kastenförmige Optik traf einfach nicht den Publikumsgeschmack. Immerhin gilt Hickmans Lebenswerk heute als Grundstein für den Erfolg des Katamarans.

DIE GESCHICHTE DER FAMILIE SMITH liest sich da ganz anders: Chris-Craft stieg zum größten Sportboothersteller der Welt auf. 1929 wurden mit 946 verkauften Sportbooten 3,2 Millionen Dollar Umsatz gemacht. Die Kleinstadt Algonac und ihr Abschnitt des St.-Clair-River wurden von dem Werftbetrieb völlig vereinnahmt. Mit ausgereiften Produkten und dem cleveren Konzept der Standardisierung überstand Chris Smith sogar die Weltwirtschaftkrise ohne allzugroße Probleme. 1936 machte Chris-Craft da weiter, wo man Ende der 20er aufgehört hatte: bei der Massenmotorisierung Amerikas zu Wasser.

Ende der 20er war Chris-Craft sehr erfolgreich. Man begann sogar, eigene Motoren zu bauen. Das Modell »199« rechts von 1931 hatte allerdings einen Gray »Four-43«-Vierzylinder mit 41 PS. Das 5,20 Meter lange und rund 40 km/h schnelle Runabout kostete 1295 Dollar. Es war die kleinste Chris-Craft, aber die Dame im American Bantam schien trotzdem einem Flirt nicht abgeneigt. Unten: Zwei typische Chris-Craft Standard Runabouts Ende der 20er. Chris-Craft setzte auf großangelegten Serienbau, die Standard Runabouts waren in vier Längen lieferbar. Das 1936 aufgenommene Farbbild zeigt zwei 7,30-Meter-Modelle, die üblicherweise mit 125-PS-Chrysler-V8 motorisiert waren

Dodge hatte den »Wasserwagen«, die Brooke Marine Construction Company im englischen Lowestoft den »Meereswagen« im Programm. Mit 100 PS war das 7,32 Meter lange Split-Cockpit-Runabout für europäische Verhältnisse kräftig motorisiert, eine kürzere Version mit 40-PS-Maschine war auch zu haben. Das Foto des »Daily-Mail«-Werbebootes entstand 1929 auf der Themse

DAILY M

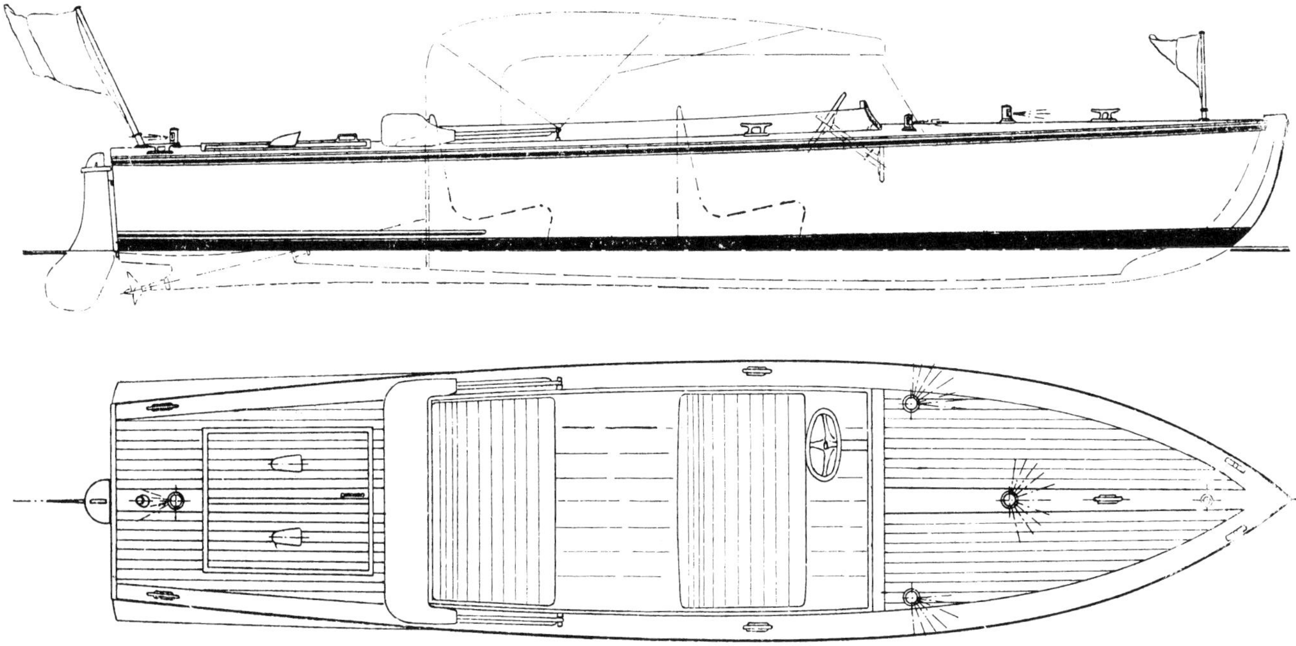

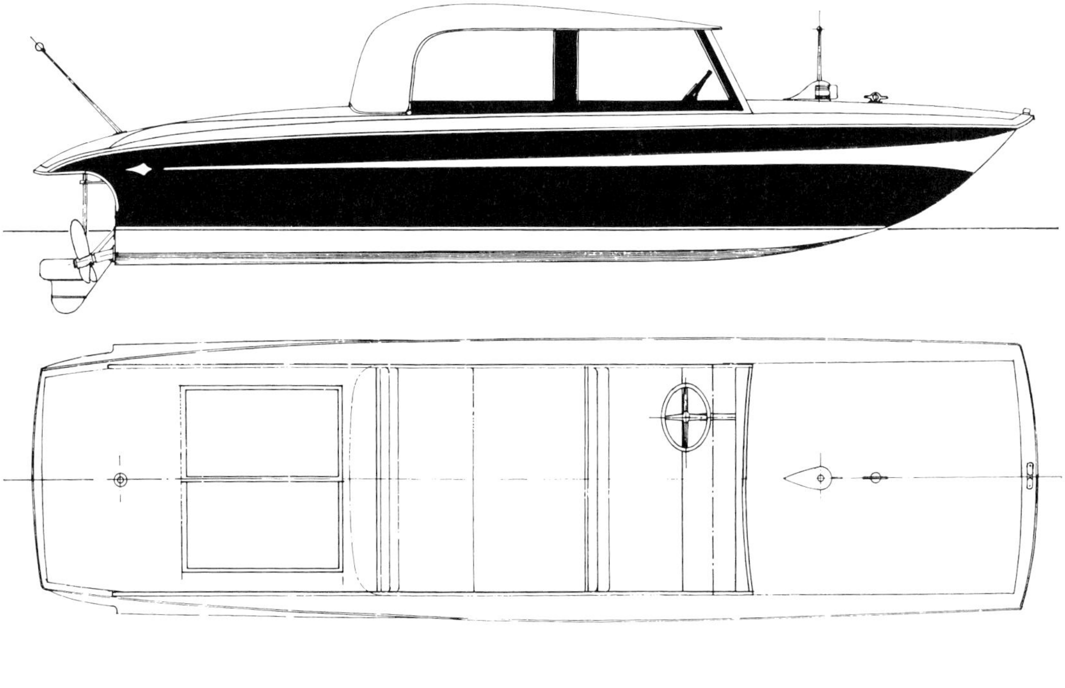

Gegenüberstellung eines 1937er Sea Sled Model 22 mit einem etwa gleich großen modernen Heckmotorboot von Engelbrecht. Der Seeschlitten kam mit den 125 PS seines »Phantom«-Sechszylinders von Gray auf 56 km/h. Der deutsche Entwurf von 1932 dürfte mit einem gleichstarken Motor über 40 km/h nicht herausgekommen sein, dafür war der Rumpf einfach nicht konzipiert. In den USA waren PS-starke Fahrzeuge wegen der großen Distanzen üblich. Eine weitere Parallele zum Automobil

Es waren buchstäblich schnelle Schlitten, aber die Ästhetik hinkte hinterher. Auch aufwändige Anzeigenkampagnen der Sea Sled Corporation konnten dieses Manko nicht aus der Welt schaffen. Die Performance der von Albert Hickmann erfundenen Seeschlitten war indes ausgezeichnet. Schon Mitte der 20er gab es Modelle, die 75 km/h erreichten. Der kleinste Sea Sled war 1930 das knapp vier Meter lange Model 13. Mit einem 35-PS-Vierzylinder von Van Blerck waren fast 50 km/h möglich.
Ganz unten: Faul konstruierte 1924 auch einen Seeschlitten. Der Fahrer saß direkt hinter dem laut brüllenden Argus As III mit 180 PS

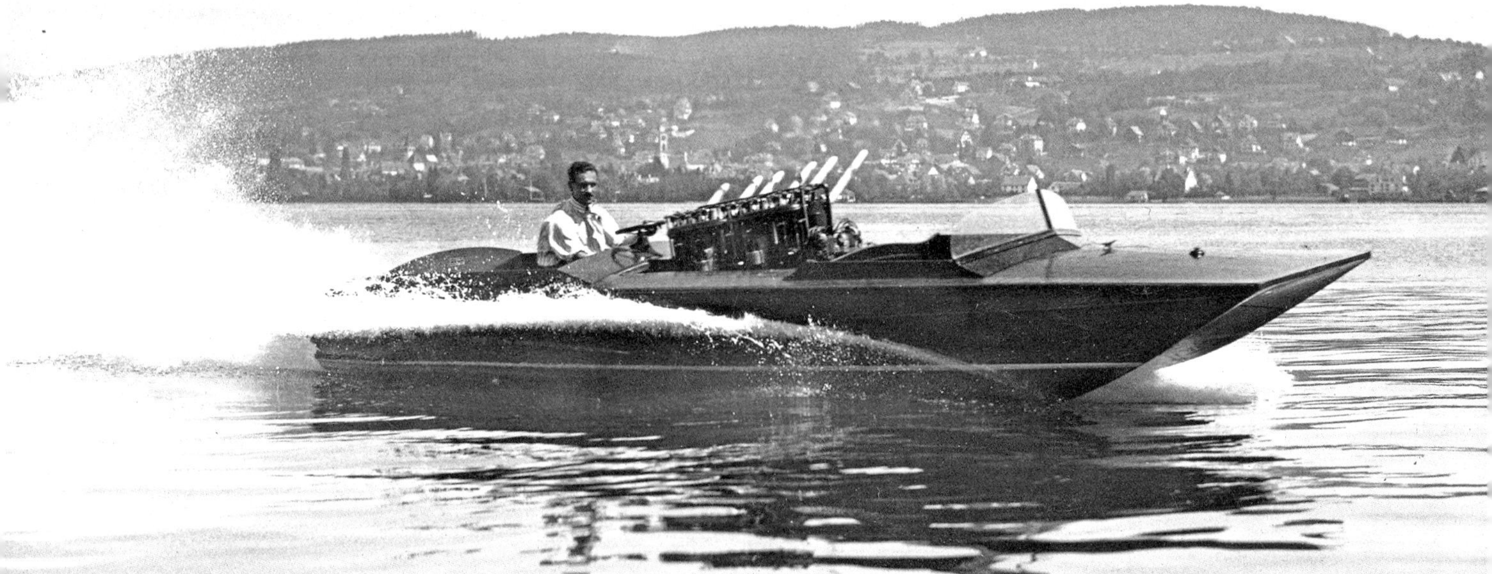

PAUL
HORGEN
WINDSBRAUT

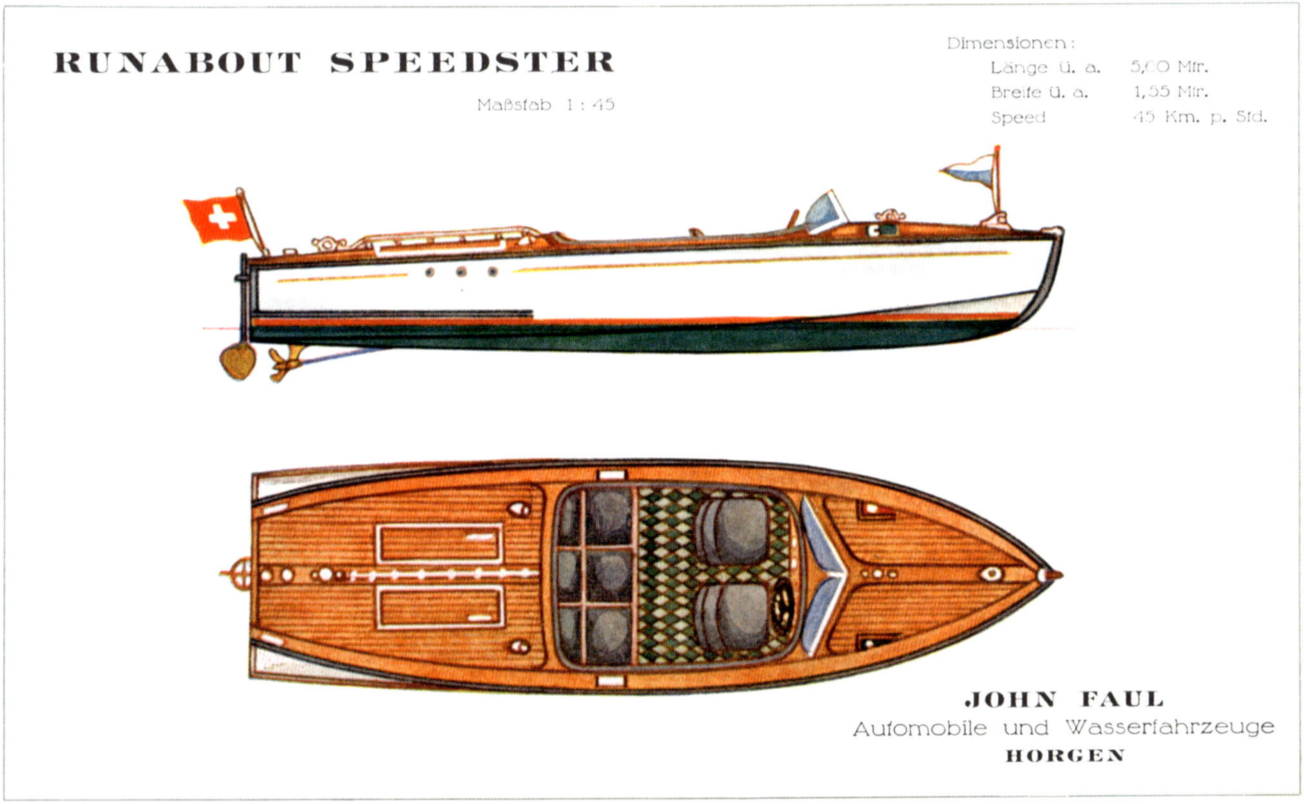

Unter dem Namen Swiss-Craft liefen bei John Faul nicht nur hochkarätige Runabouts wie die »Speedster« vom Stapel. Die bildhübsche Limousine *Windsbraut* war 1937 ein Auftrag des Verlegers Paul August Ringier. Maße: 9,00 x 2,00 Meter. Die beiden Kermath-Reihensechser à 95 PS waren so untergebracht, daß ein Durchgang nach achtern frei blieb. Ein Lkw transportierte sie von Horgen zum Vierwaldstättersee

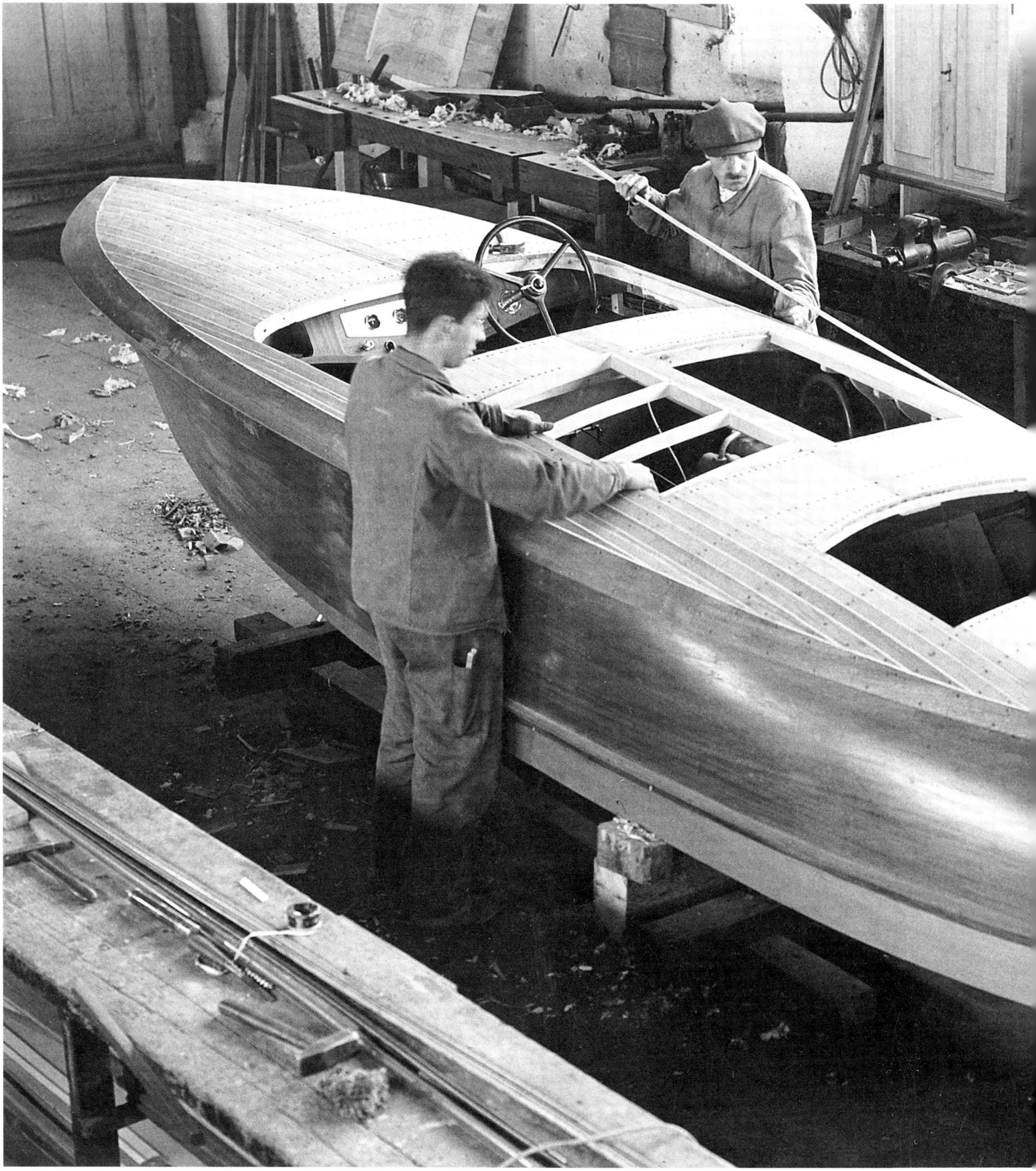

Eine elektrische Kreissäge war vorhanden, aber Akkuschrauber und Computer gänzlich unbekannt: Bau der *Lusbueb* in Horgen, 1934. Technische Daten: 6,30 x 1,65 Meter, Tiefgang: 55 cm; 2 x 45-PS-Kermath. Das charakterstarke Spitzheck sieht direkt von hinten betrachtet einem Auto überraschend ähnlich

Die Außensteuer-Limousine *Urs* war 1934 das erste zweimotorige Fahrzeug von John Faul. Im übersichtlichen Cockpit sind die beiden Ganghebel mittig angeordnet, darüber befindet sich die Zündverstellung. Der Griff zwischen den Armaturen ist fürs Gas. Der Chauffeur nahm auf abwischbarem Kunstleder Platz, die Herrschaften machten es sich auf weichen Polstern gemütlich. Die Korbstühle kamen bei schönem Wetter vor die Tür

JOHN FAUL, HORGEN-ZURICH

Bau No. 501

«Urs»

Konstruktion	V Bottom
Länge ü. a.	9.00 m
Länge d. W. L.	8.82 m
Breite ü. a.	2.25 m
Breite d. W. L.	2.03 m
Tiefe d. B.	0.38 m
Tiefe Extrem.	0.62 m
Deplacement	2950 Kg
Motor	Kermath Zwillinge
Leistung	2×80 PS
Speed	50 Km

Type: **Sedan Express Kreuzer**

Links: 1920 waren rund die Hälfte aller weltweit neu zugelassen Autos Ford Model T – Henry Fords Imperium befand sich zu Beginn der 20er-Jahre auf einem Höhenflug. 1924 beauftragte er John Hacker mit dem Bau der *Evangeline*, einem zehn Meter langen Mittelmotor-Powerboot mit Barrelback. Der Motor musste natürlich ein Ford-Erzeugnis sein – die Wahl fiel auf das Stärkste, was die Firma damals zu bieten hatte: einen von Ford in Lizenz gefertigten Liberty-V12-Flugmotor. Die *Evangeline* erreichte damit 80 km/h, was mehr war, als die meisten Rennboote seinerzeit schafften. Nachdem das Gold-Cup-Rennen im August 1924 für Henrys Sohn Edsel katastrophal endete – sein Rennboot *999* fing Feuer und sank – entschloss sich Ford senior, die *Evangeline* ihrer Namensgeberein zu schenken: Seiner Privatsekretärin Evangeline Dahlinger. Das Boot wurde in den folgenden Jahrzehnten mehrfach umgebaut und wurde kürzlich komplett restauriert und in seinen Originalzustand zurückversetzt

Das Hacker-Runabout *Lockpat II* ist eines der schönsten Boote der Zeit vor dem Zweiten Weltkrieg. Der torpedoartig geformte Rumpf mit dem spitz zulaufenden Heck war zum Zeitpunkt des Stapellaufs einzigartig. Mit seinem 650-PS-Packard-V12 Typ 1A-2025 erreichte die 12,20 Meter lange *Lockpat II* fast 100 km/h. Im hinteren Cockpit saß der Bordmechaniker, der mit dem Fahrer per Telefon kommunizieren konnte. Rennfahrer Dick Locke aus Detroit nahm das Boot 1931 in Empfang – inmitten der weltweiten Wirtschaftskrise ein krasse Zurschaustellung finanziellen Wohlergehens

ROLLS-ROYCE
ALFA ROMEO
ANOMAG
LINCOLN-ZEPHYR
PEUGE
33
31
29

Neben Autos, Motor- und Fahrrädern gab es auf dem Genfer Salon 1934 auch die *Nameless* zu bewundern

Ferdinand Porsche (Mitte) mit Bruno und Helmut Engelbrecht (rechts) vor dem Haupteingang der Werft in der Köpenicker Wendenschloßstraße 1939. In diesem Jahr hatte er gleich drei Mal mit den Engelbrechts zu tun: Beim Weltrekord-Projekt mit dem Rennboot *Tempo* (siehe Seite 352) sowie in eigener Sache – Porsche erteilte den Berlinern zwei Aufträge: ein Doppelplicht-Motorboot sowie das Klassen-Segelboot Typ Star namens *Sia 3*. Porsche war Mitglied im nationalsozialistischem Yachtclub von Deutschland (YCvD) und nahm an Regatten teil

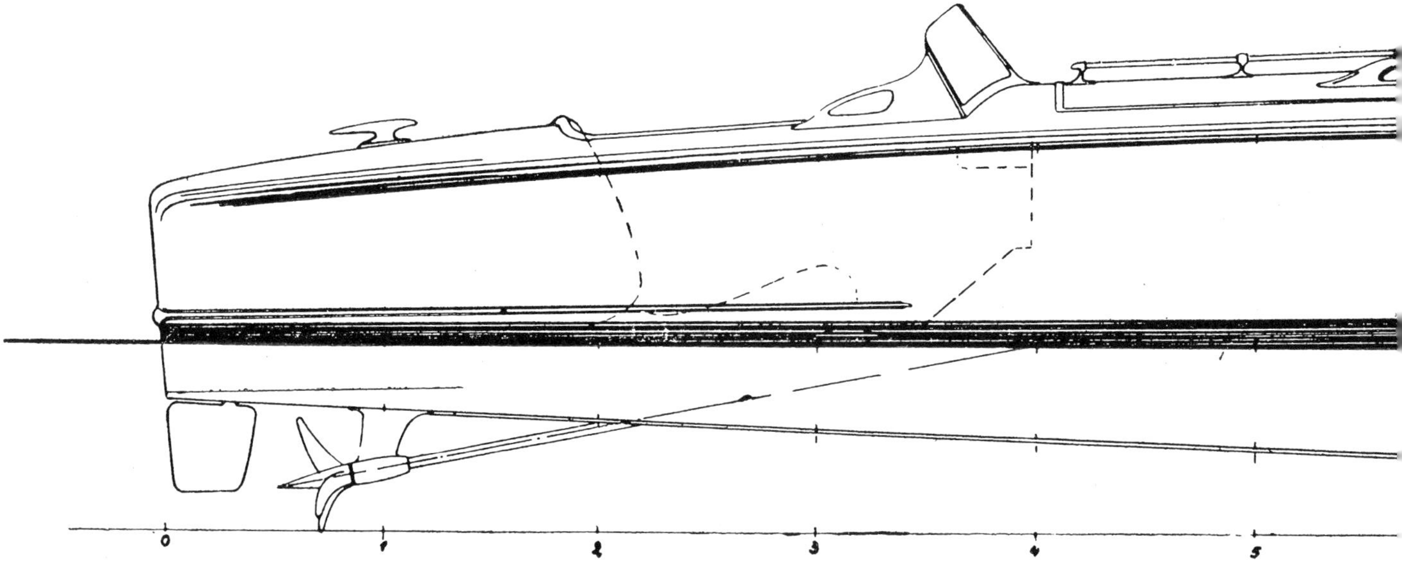

Porsches Doppelplichtboot lief auf dem österreichischen Wörthersee und zeichnete sich durch Leichtbau aus. Durch die Verwendung von amerikanischen Zedernholz statt Mahagoni wurden rund 200 kg Gewicht eingespart. Mit einem auf 60 PS gedrosselten Flathead-V8 von Ford war das Boot 45 km/h schnell – ein für 1939 ungewöhnlich bescheidener Wert. Die Ausstattung war da schon spektakulärer: Polster und Plichteinfassungen waren mit rotem Leder bezogen, der Bug als Kugelsteven ausgeführt. Beschläge und Frontscheibe waren Einzelanfertigungen. Länge: 7,05, Breite: 1,77 Meter, Tiefgang: 50 cm, Gesamtgewicht: 1250 kg. Die Freude an dem schnittigen Boot währte nur kurz, das Boot fiel schon bald einem Vergaserbrand zum Opfer

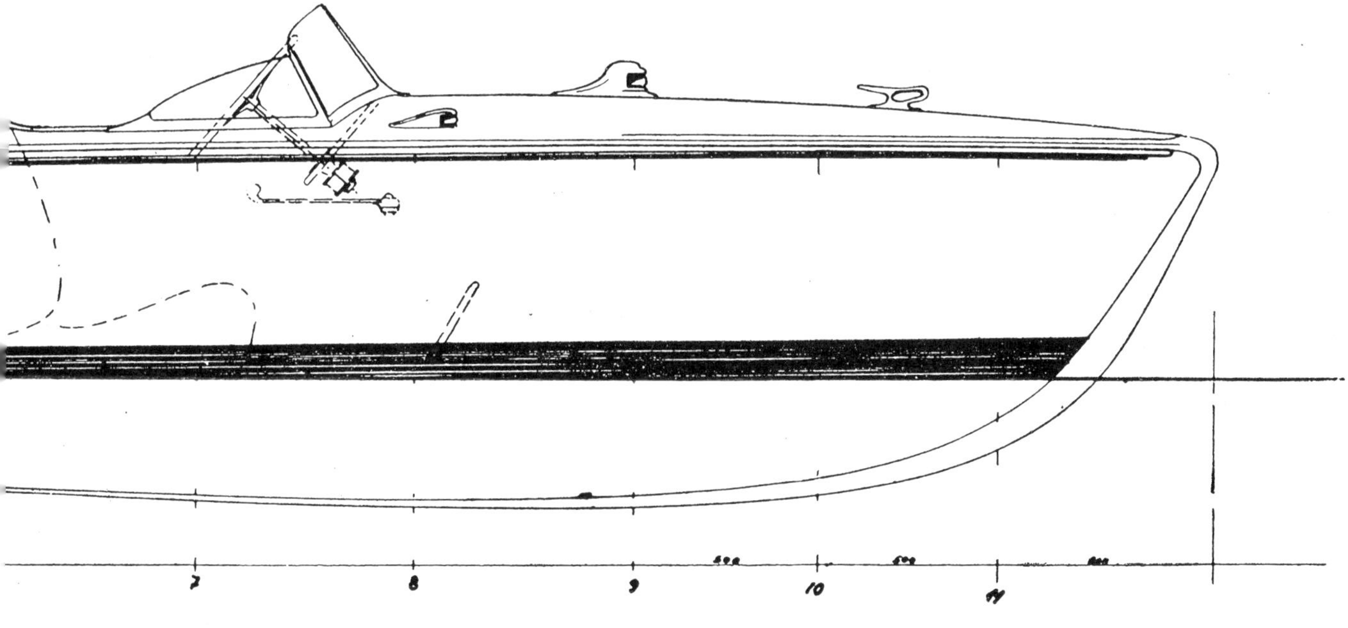

Auch Behörden auf der ganzen Welt setzten Motorboote ein, wie hier die Polizei von Boston. Es ist ein typischer Vertreter eines kleinen hölzernen Runabouts mit Heckmotor, wie sie von Mitte der 30er bis weit in die 50er üblich waren. Erst dann begann der Siegeszug der Kunstoffboote

Die *Wudli II* von 1937 war ein Swiss-Craft Typ Baby Utility Spezial 530. Der 25-PS-Kermath des 5,50 Meter langen Boots stand achtern unter der Sitzbank. Einen Z-Antrieb hatte sie noch nicht, daher waren Motor, Welle und Propeller stark geneigt. Trotzdem war das Konzept sehr fortschrittlich: Der Raum in der Plicht wurde effektiv genutzt

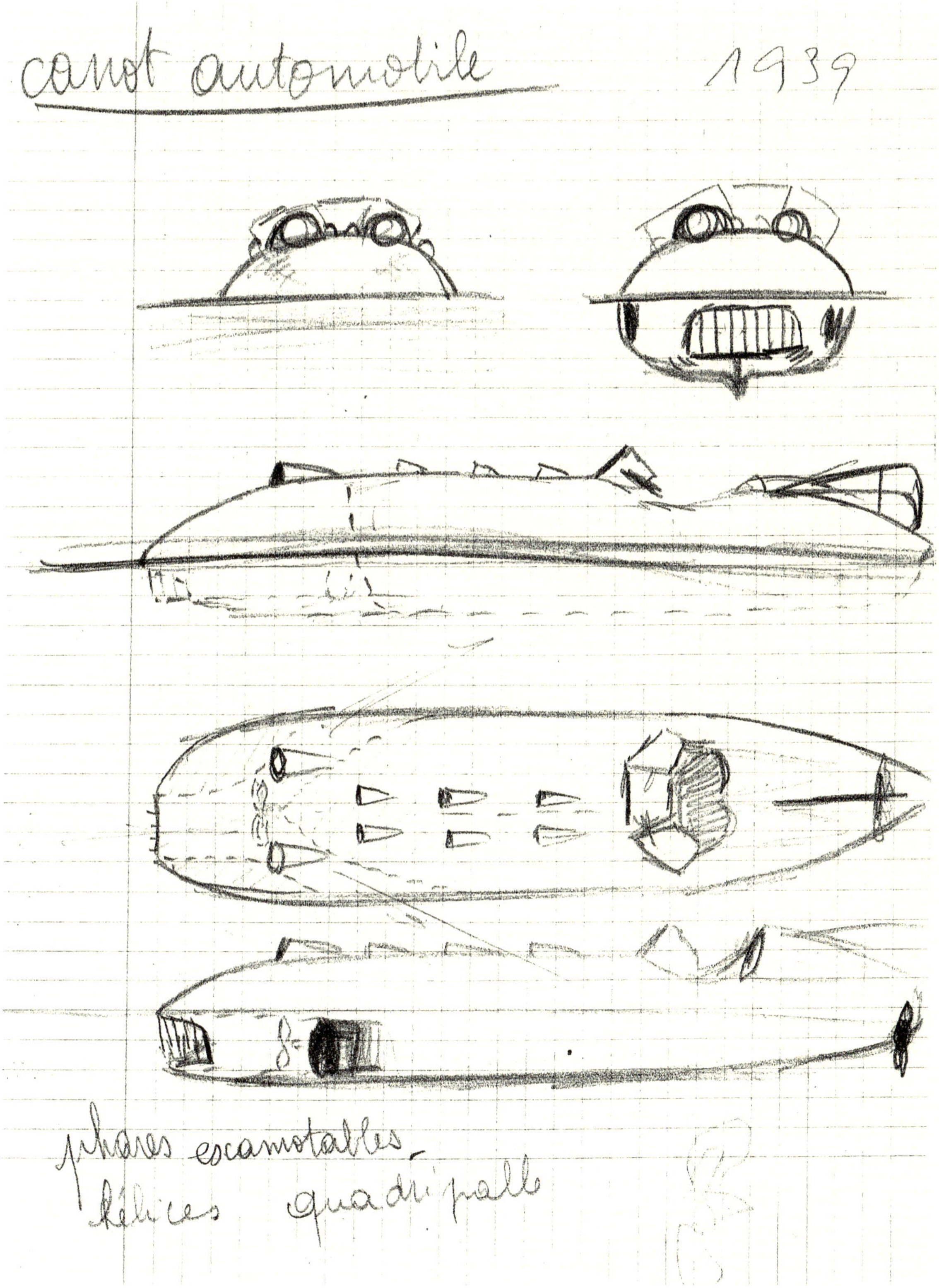

Der französische Industriedesigner Louis Lucien Lepoix (1918–1998) gestaltete viele Fahrzeuge – Berliet, Bugatti, Büssing, Daf, Hanomag, Henschel, Horex, Magirus-Deutz, Simca und Steyr gehörten zu seinen Kunden. 1939 entwarf er ein recht futuristisches Autoboot. Leider wurde es nie realisiert

Rechts: Red & White Express Cruiser von 1940. Chris-Craft bezeichnete es als »Boat of the Future«. Das Styling des 7,90 Meter langen Bootes war heftig vom Art Déco beeinflusst und setzte einen letzten Glanzpunkt, bevor die USA in den Zweiten Weltkrieg eintraten. Vorher konnte Chris-Craft noch 68 Stück verkaufen

Oben: In deutschen Gewässern waren Designs mit spitz zulaufendem Heck selten. Das Doppelplicht-Schnellboot *Delphin II* von Lürssen war 9,60 m lang, 2,10 m breit und mit einem 100-PS-Maybach-Reihensechszylinder Typ S5 motorisiert. Das Foto wurde bei den letzten Probefahrten am 13. September 1938 in Vegesack gemacht. Neben der schnittigen Form bemerkenswert: Beide Scheiben sind mit Wischern versehen

Links: Carlo Dusio vom Autohersteller Cisitalia war seit den 30ern Kunde bei Riva. Direkt nach Ende des Krieges bestellte er sich ein kleines offenes Sportboot mit 1600-cm^3-Motor von BPM aus Mailand, die *Micio*. Sie war einer der ersten Entwürfe von Carlo Riva. Viele weitere sollten folgen.
Wer dem Ufer so sympathisch zuwinkt, ist leider nicht bekannt

Immer wieder Garfield

Motorboot-Regatten wurden alltäglich. Ein paar wenige aber trieben Exzesse. Bewunderung war ihnen sicher. Aber der Tod fuhr mit

In den Jahren 1906 und 1907 hatte Jonathan Wainwright den Gold Cup auf der *Chip II* noch mit 16 PS gewonnen. Zehn Jahre später galoppierten 250 Pferde über den Detroit River …

DIE SCHRECKEN des Ersten Weltkriegs hatten in erster Linie Europa traumatisiert. Anders als die Briten und Franzosen zogen die Amerikaner nur 20 Monate gegen Deutschland zu Felde. Während in der Alten Welt Stellungskämpfe, Senfgasattacken und Bombenangriffe zum Alltag gehörten, trug man in Amerika jedes Jahr den Gold Cup aus. In Deutschland kam zu den Beschränkungen des Versailler Vertrags noch hinzu, dass die Siegermächte anstrebten, den ehemaligen Kriegsgegner bei internationalen Sportwettkämpfen auszuschließen.

NACH FÜNFJÄHRIGER PAUSE fand im April 1920 wieder ein Monaco-Meeting statt. Deutsche Teilnehmer gab es keine. Die Veranstaltung blieb im Vergleich mit den spektakulären frühen Jahren blass. Die Rennen fanden nicht auf dem gewohnten Regattakurs vor Monte-Carlo statt, sondern starteten im 500 Kilometer entfernten Lyon auf der Rhône. Nur rund 20 Teilnehmer aus Frankreich und Großbritannien waren angereist – Despujols dominierte mit Leichtigkeit. Seine beiden Hydroplane waren mit 22,4 Liter großen Sunbeam-Zwölfzylindern

… aber 1920 waren auch 250 PS kein Wert mehr, der Fahrer wie Dubonnet, Mackay Edgar, Soriano oder Wood beeindruckte. Die *Sunbeam-Despujols I* passierte die mittelalterliche Kulisse Avignons mit 425 PS

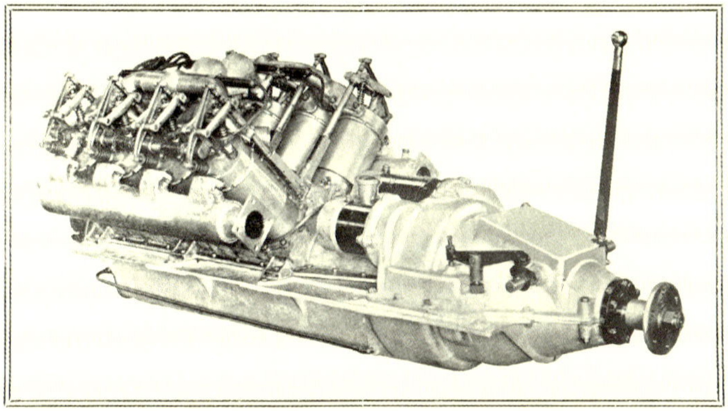

The GRANT-CURTISS
The FINEST motor for fast runabouts and hydroplanes

Flugmotoren waren nach dem Krieg in großer Zahl verfügbar. Sie waren stark, leicht und kamen bis Ende der 20er weltweit in Sport- und Rennbooten zum Einsatz. Der von der Firma Grant marinisierte Curtiss-V8 Typ OXX6 links hatte ökonomische 100 PS, in einem Liberty-V12 waren mehr als 400 möglich. Amerikanische Hochleistungsaggregate fanden sogar den Weg nach Deutschland. Flugmotoren von Argus und Maybach waren aber verbreiteter

ausgestattet, die für 400 PS gut waren. Die *Sunbeam-Despujols III* hatte gleich zwei davon.

DIESE MASCHINEN waren insofern typisch für die Zwanziger, als es marinisierte Flugmotoren aus dem Krieg waren. Solche Überschüsse hatten nicht nur die Briten, auch in anderen Ländern waren zahlreich Flugmotoren übrig, etwa von Hispano-Suiza, Isotta-Fraschini, Argus und Maybach. Bekanntester Vertreter der Spezies war der amerikanische Liberty L-12. Bei Kriegsende hatten die USA mehr als 12.000 Stück des 27-Liter-V12 auf Lager. Da kein militärischer Bedarf mehr vorhanden war, wurden die Bestände verkauft und landeten auch in Rennwagen und Rennbooten. Heftig trieb es dabei mal wieder Edward Mackay Edgar, der seine Maple *Leaf V* 1920 um gleich vier Sunbeam-V12 herumbauen ließ. Auch ein Amerikaner griff großzügig zu. Sein Name: Garfield Wood.

Gar Wood wurde 1880 als Sohn eines Fährmanns in Mapleton (Iowa) geboren. Er wurde 91

DER UNTERNEHMER, der in Detroit sehr erfolgreich im Nutzfahrzeugsektor agierte, war schon seit seiner Jugend mit dem Wasser vertraut und besaß bereits mehrere Boote. Im Herbst 1915 ersteigerte er Chris Smiths 250 PS starken Racer *Miss Detroit*, die kurz zuvor den Gold Cup eingefahren hatte. Diesem Kauf folgte die Übernahme der ganzen Firma – der Grundstein für die spätere Gar Wood Boat Division. Vor allem aber gab es danach für ihn kein Halten mehr, was den Rennsport anging: Zwischen 1917 und 21 gewann er fünf mal in Folge den Gold Cup, bis 1932 trug er sich sechsmal in die Liste der Geschwindigkeitsweltrekordler auf dem Wasser ein. Den Harmsworth-Cup gewann er gar neunmal. Woods Rennbootmanie gipfelte 1932 in der *Miss America X*: Vier 1800-PS-Packard-Motoren beschleunigten ihn auf 124,86 Meilen pro Stunde (200,94 km/h).

DIE PRESTIGETRÄCHTIGEN Harmsworth-Trophys, Gold Cups und Weltrekordvesuche, die vermögende Draufgänger zu Höchstleistungen trieben, waren das eine. In den Zwanzigern etablierte sich aber parallel dazu auch der Breitensport. Am 4. September 1926, der Tag an dem Gar Wood in Detroit vor 150.000 Zuschauern zu seinem dritten Gold-Cup-Sieg unterwegs war, kämpften zum Beispiel im fernen Schmöckwitz *Emmi*, *Onkel Bräsig II* und *Matador III* um den Pokal des Zeuthener Motorboot-Clubs.

Wie beim Segeln wurden Motorboote in Rennklassen eingeteilt – deren Anzahl und die dazugehörigen Formeln waren vielfältig. Während in der höchsten Liga ohne mächtige Flugmotoren nichts zu holen war, spielten in den unteren Klassen Automotoren eine wichtige Rolle. Die 1,5-Liter-Klasse war zum Beispiel sehr beliebt. Die damals recht bekannten deutschen Boote *Brummer*, *Kondenser*, *Mercedes-Albatros*, *Mercedes-Roland* und *Peterlein II* traten hier an, auch die *Mercedes-Dinos* von Seite 202. Die 1,5-Liter-*Sigrid*-Boote vom Ehepaar Krüger aus Berlin reisten sogar zu Wettkämpfen nach London und Baltimore. Der Teilnahme der

Oscar Martin feierte mit seiner *Vicuna IV* bereits 1914 in Monaco Erfolge. 1920 kehrte er zurück. Sein 6,40 Meter langes Autoboot hatte einen Sunbeam-Vierzylindermotor

Die 1920 und 1921 in Monaco von Emile Dubonnet pilotierte *Nieuport II* mit Hispano-Suiza-Motor (links) war noch ein Verdränger. Die Zukunft aber gehörte Hydroplanen wie der *Sunbeam-Despujols III* (großes Foto)

Die großen Sunbeam-Motoren mit den exotischen Namen waren das Werk des bretonischen Konstrukteurs Louis Coatalen (1879–1962), ein Mann der den Grundstein für seine Karriere bereits Ende des 19. Jahrhunderts in Entwicklungsabteilungen von De Dion-Bouton, Clément-Bayard and Panhard-Levassor legte. Nach den Stationen Crowden, Humber und Hillman landete er 1909 als Chefingenieur bei der Sunbeam Motor Car Company. Sein wassergekühlter 22,4-Liter-V12 namens »Matebele« kam auch in der *Sunbeam Despujols I* zum Einsatz

Die *Maple Leaf V* versammelt auf 40 Fuß Länge vier Zwölfzylinder. Pilot Harry Hawker war so Herr über 1800 PS. Genützt hat die geballte Power nichts, das englisch-kanadische Team unterlag 1920 Gar Wood auf seiner *Miss America*. 1921 mussten die vier Motoren an Bord der *Maple Leaf VII* nochmal gegen Wood ran, wieder ohne Erfolg. Grund genug für Eigner Mackay Edgar, sich aus dem Sport zurückzuziehen. Die »Matebele«-V12 gingen zurück zu Sunbeam, die zwei davon für das Projekt 1000 HP abstellten. Mit Henry Segrave am Steuer knackte der 7,62 Meter lange Rekordwagen am 29. März 1927 die 200-Meilen-Marke (327,97 km/h)

Ein mächtiger V12 von Louis Coatalen trieb 1920 auch den Rennwagen Sunbeam 350 HP an. Als *Blue Bird* mit Napier-Motor erreichte Malcolm Campbell 1925 mit ihm knapp 250 km/h (links)

Der zweimotorige Sunbeam 1000 HP bei seiner Präsentation. Beim Wheel-Driven Land Speed Record hatte England die Nase vorn.

Segrave und Campbell wurden aufgrund ihrer Leistungen zum Ritter geschlagen – eine Ehre, auf die Gar Wood verzichten musste

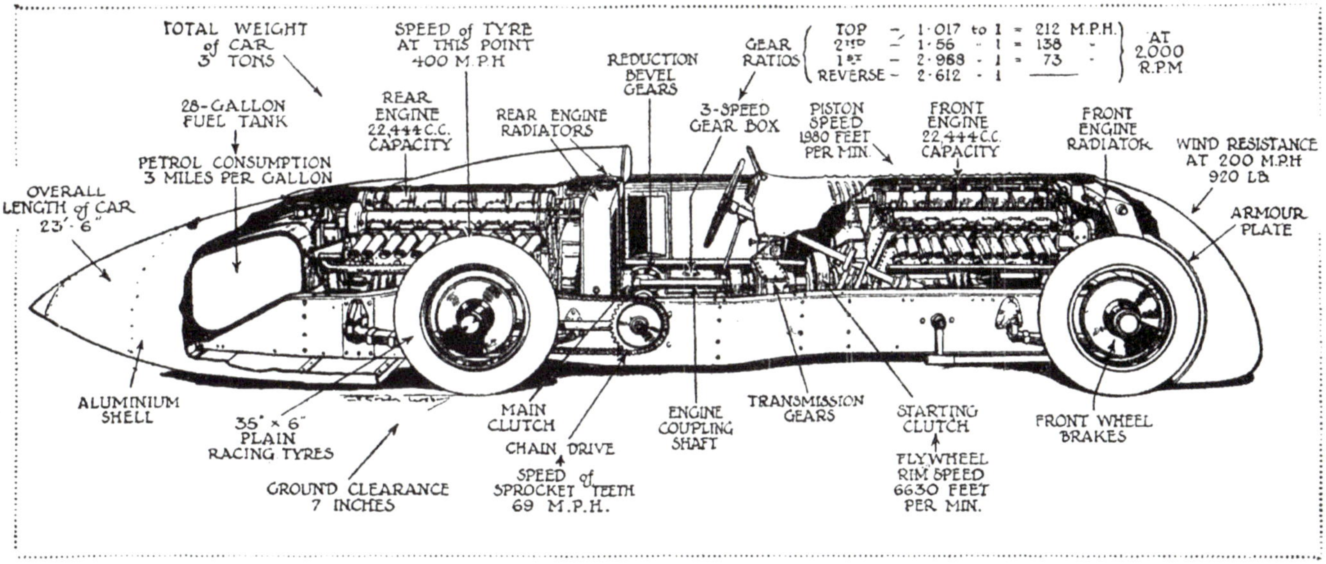

Eine Regatta auf dem Rhein bei Straßburg, 1922. Das Schiedsrichterboot ist durch eine karierte Flagge kenntlich gemacht. In Führung liegt ein Hydroplan, die anderen drei Teilnehmer nehmen noch mit klassischen Autobooten teil

Der wuchtige Verdränger *Cantieri Baglietto* der gleichnamigen Werft aus Varazze wühlte sich mit der Kraft eines 260-PS-Flugmotors von Isotta-Fraschini durch die Fluten. Die Italiener mussten 1921 und 1922 aber ohne Siegerpokal aus Monaco zurückkehren

Sigrid IV bei der Regatta um den Pokal des Herzogs von York war 1926 der erste Auslandsstart eines Deutschen nach dem Krieg. Krüger konnte zwar nicht den Pokal einfahren, er und sein Mercedes-Kompressorboot hinterließen aber einen positiven Eindruck bei Rivalen, Zuschauern und Presse. Einen weiteren vielbeachteten deutschen Auftritt legte Fritz von Opel im Jahr darauf bei den Internationalen Motorbootwettfahrten auf der Seine hin. Mit seiner 520 PS starken *Opel II* gewann er den »Preis des Marineministers« und die »Trophäe der Stadt Paris«. Beide Rennboote stammten übrigens von Lürssen. Die Bremer festigten damit einmal mehr ihren Ruf als führende deutsche Rennbootkonstrukteure.

DER SPORT AUF DEM WASSER BLÜHTE, daran konnte auch die Weltwirtschaftskrise 1929–32 nichts ändern. Die Rumpfformen der Rennboote entwickelten sich weiter, das Einstufen-Hydroplan setzte sich durch. Ende der 30er ähnelte ein 400-kg-Racer einem Objekt, was wir heute wohl als UFO beschreiben würden. In den USA warfen die Marktführer Chris-Craft, Gar Wood, Hacker und Dodge immer schnellere Runabouts auf den Markt. Fast jedes Wochenende fanden Wettfahrten statt. Aber auch Kanadier, Franzosen, Italiener und Briten waren sehr aktiv. Letzgenannte, namentlich vor allem Henry Segrave und Malcolm Campbell, verewigten sich besonders gern mit ebenso riskanten wie kurzlebigen Geschwindigkeitsrekorden.

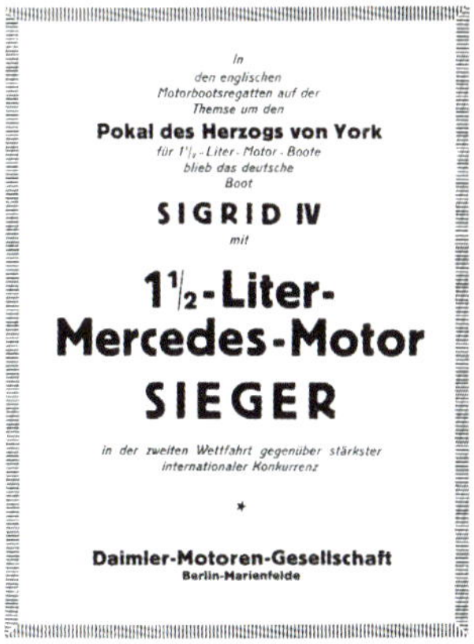

DMG-Anzeige von 1926

1922 kam Ricardo Soriano (rechts) zum letzten Mal zum Monaco-Meeting. Seine mit zwei V12 ausgestattete *Sunbeam-Despujols V* war mit 91 km/h schnellstes Boot der Wettbewerbe. Die Veranstaltung hatte aber nicht mehr Glanz und Bedeutung der Vorkriegszeit inne. Die Preisgelder wurden 1922 kräftig erhöht. Trotzdem traf man sich im Jahr darauf zum letzten Mal vor der Casino-Kulisse. In den darauffolgenden Jahren konkurrierten hunderte andere Veranstaltungen auf dem ganzen Globus um Bedeutung

Die *Hansa III* war 1924/25 das schnellste Stahl-Rennboot der Welt. Mit einem Sechszylinder-Argus-As-III-Flugmotor wurde ein Tempo von 85 km/h erreicht. Die *Hansa III* war nicht das einzige erfolgreiche Rennboot der Berliner Hansa-Werft. So war zum Beispiel die *Hansa I* Inhaber der ADAC-Meisterschaft 1924/25

Das Privatfoto links zeigt die Münchnerin Jeanette Nagel beim Internationalen ADAC-Motorbootrennen Starnberg 1925 auf der *Jeanette* (Nr. 8). Ihr Autoboot von der Berliner Schusterwerft hatte einen marinisierten Vierzylinder von Adler. Nagel war dafür bekannt, niemals ohne ihren »Schmiermaxe« abzulegen. Gemeinsam setzen sie hier zum Überholen der *Ludwig III* an

Unten: Mit der 8,50 Meter langen *Jupp* konnte Maybach-Manager Jupp Rüddel 1924/25 etliche deutsche Wettbewerbe gewinnen. Mit einem 260 PS starken Mb IVa-Luftschiff-motor schaffte das Lürssen-Boot knapp 90 km/h

Links: Werftbesitzer Bernhard Brumm aus Schöneweide am Steuer des 1,5-Liter-Schnellboots *Kondenser*, Baujahr 1930. Das 30 PS starke Boot erreichte wegen seines bemerkenswert konstruierten Rumpfes 40 km/h und konnte beim 1931er Rennen auf dem Scharmützelsee Konkurrenten mit bis zu 400 PS auf die Plätze verweisen. Entwurf: Hellmuth Fugmann, Maße: 5,50 x 1,50 Meter, Tiefgang: 40 cm, Gewicht: 500 kg. Die *Kondenser* verbrauchte bei Volllastbetrieb nur sieben Liter Benzin in der Stunde, was ein hervorragender Wert war

Familienwappen
derer zu Opel

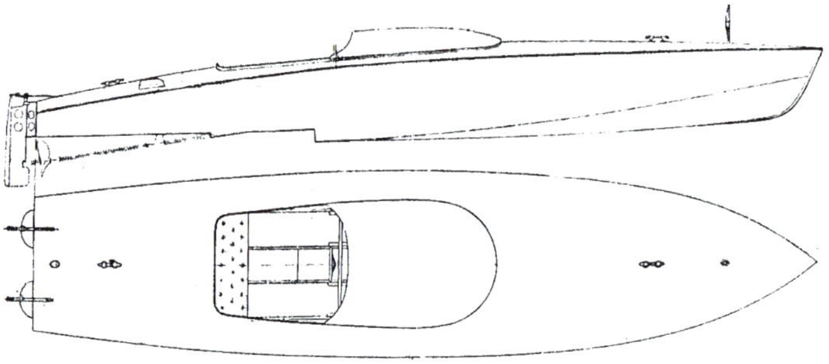

Fritz von Opel ließ sich gern mit der attraktiven amerikanischen Outbord-Sportlerin Helen Hentschel sehen, hier an Bord der *Opel II* auf dem Templiner See im Juni 1928

Die *Opel II* war 10,50 Meter lang, 2,40 Meter breit, die Seitenhöhe betrug 94 cm. Das Einstufengleitboot ist in Lürssenscher Diagonal-Karwelbauweise aus Eiche und Mahagoni gebaut. Die wichtigsten Siege feierte von Opel 1927 auf der Seine, wo er den »Preis des Marineministers« und die »Trophäe der Stadt Paris« gewann

Das bekannteste deutsche Rennboot der 20er-Jahre war die *Opel II*. Sie lief 1926 bei Lürssen als *Namenlos* vom Stapel. Bei ihrer ersten Wettfahrt kam Jupp Rüddel in Potsdam gleich auf eine Spitzengeschwindigkeit von 106,2 km/h. Nur Gar Wood war mit seiner *Miss America II* schneller – der hatte allerdings auch 1150 PS aufzubieten. Die Maybach-Motoren der *Opel II* kamen zusammen »nur« auf 520. Trotz ihres Namens hatte das Boot technisch nichts mit der Firma Opel zu tun. Ihren Namen bekam sie von Fritz von Opel (1899–1971, Enkel von Adam Opel), der zum einen durch den Verkauf Opels an GM, zum anderen durch seine Raketen-Experimente Berühmtheit erlangte. »Raketen-Fritz« hatte einfach an schnellen Gefährten Freude – da kam ihm Europas schnellstes Boot 1927 gerade recht

Der bei 1400 Umdrehungen 260 PS starke Maybach Mb IVa von 1917 ist eine Weiterentwicklung des 22,8-Liter-CX-Luftschiffmotors. Während des Ersten Weltkriegs wurden mehr als 2000 Exemplare gebaut, viele davon wurden nach den Krieg als Stationärmotoren, in Booten und sogar in Autos weiterverwendet. Die *Opel II* besaß zwei, jeweils mit einem speziell entwickelten Wendegetriebe von Schütte-Lanz. Heute existieren noch eine Handvoll dieser nur 390 kg schweren Motoren

Nennenswerte internationale Erfolge oder gar Rekorde von Deutschen gab es seit der *Opel II* hingegen nicht mehr.

EIN UMSTAND, DER ETWAS VERWUNDERT. Denn seit der Machtergreifung 1933 spielte Sport in Hitlers Plänen eine wichtige Rolle. Die Nationalsozialisten griffen einschneidend in die Organisationsstruktur des Sports ein, sie zerschlugen diese oder formten sie für eigene Zwecke um. Der deutsche Motoryachtverband war recht spät betroffen, aber ab 31. Oktober 1938 wurde auch er dem Nationalsozialistischen Kraftfahrer-Korps (NSKK) unterstellt. Der Straßenrennsport wurde zu diesem Zeitpunkt bereits seit Jahren finanziell unterstützt. Die Konzerne hatten das Geld dankbar angenommen und die Silberpfeile geschaffen. Berlin profitierte von deren Siegen wie geplant: Es schlachtete die technische Überlegenheit Deutschlands propagandistisch nach innen und außen aus.

EINEN SILBERPFEIL ZU WASSER sollte es aber doch noch geben. Autorennfahrer Hans Stuck tat sich, schon 38-jährig, auf private Initiative mit den Engelbrecht-Brüdern, Hellmuth Fugmann und der Auto Union zusammen. Im Frühjahr 1939 konnte die Öffentlichkeit dann das Ergebnis bestaunen: die stromlinienförmige silbern schimmernde *Tempo*. Stucks erklärtes Ziel war, den Stundendurchschnitt-Weltrekord in der 800-kg-Klasse zu knacken, der bei 70,74 km/h lag. Mit einem 560 PS starken V16 im Rücken zog der Bayer am 18. Juni erstmalig auf dem spiegelglatten Scharmützelsee seine Runden. Schon bei dieser Premiere erreichte er 82,5 km/h und sicherte sich den Rekord. Am 30. Juli folgte der Klassen-Europameistertitel auf dem Starnberger See.

Was dann am 1. September folgte, ist hinreichend bekannt. Die *Tempo* verschwand im Schuppen. Die *Schleswig-Holstein* eröffnete das Feuer. ⚓

Die baumelnde *Riptide* eignet sich gut für die Betrachtung des Stufenbodens – ein Prinzip, dass heute noch zur Anwendung kommt. Vor und hinter der Stufe befinden sich insgesamt fünf kleine Finnen. Sie sind nötig, um das Boot in Gleitfahrt exakt auf Kurs zu halten und in Kurven die Drift zu minimieren. Der kleine schnelldrehende Propeller und das strömungsgünstig in die Ruderanlage integrierte Wellenlager sind weitere moderne Merkmale. Die *Riptide* von 1934 war ein Entwurf von Hacker für Albert J. Schwarzer aus New York. Ihr Motor war ein getunter V8 von Ford

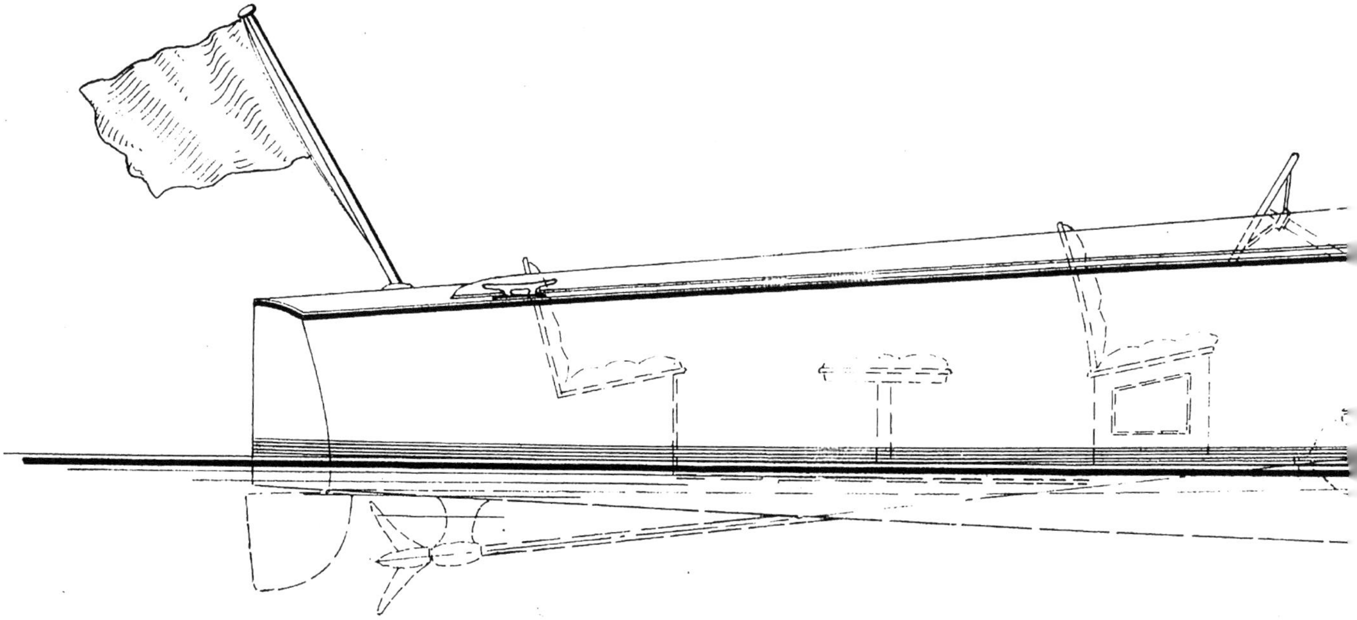

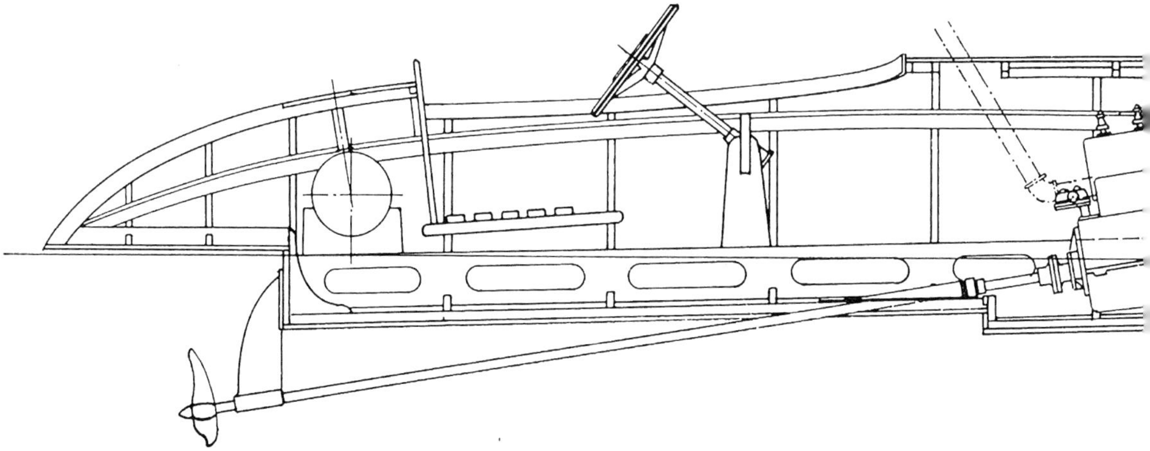

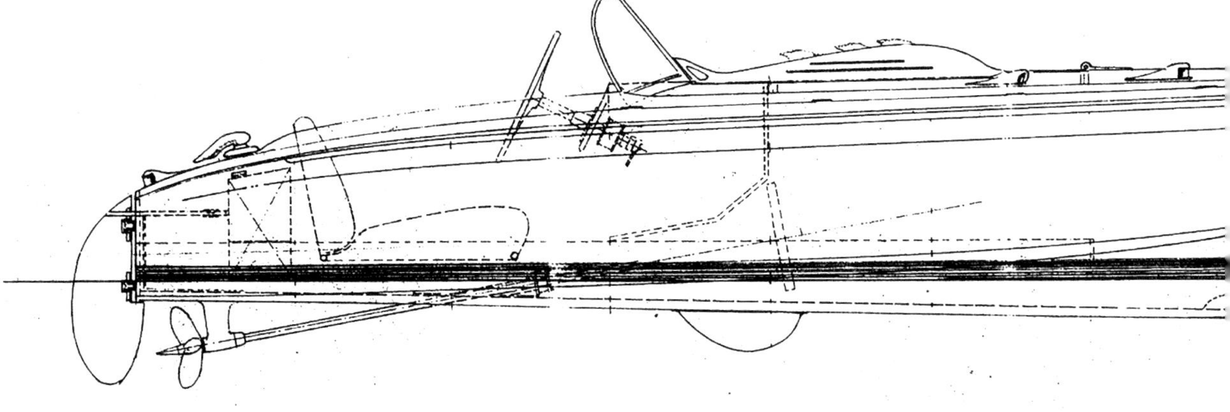

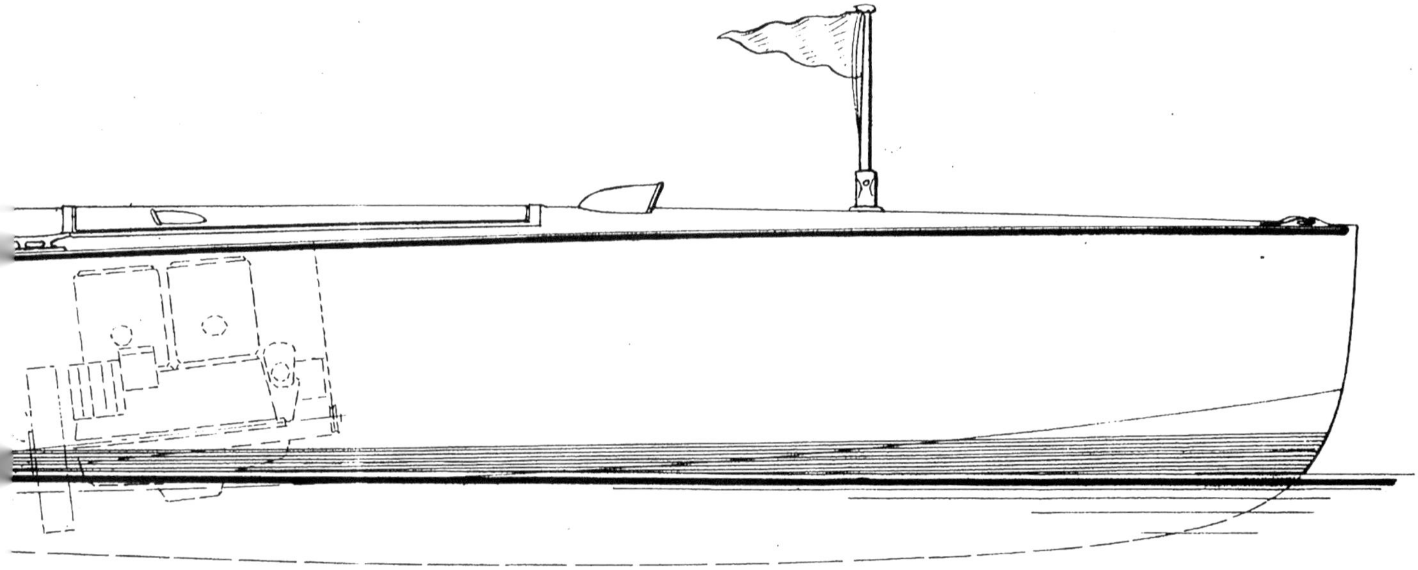

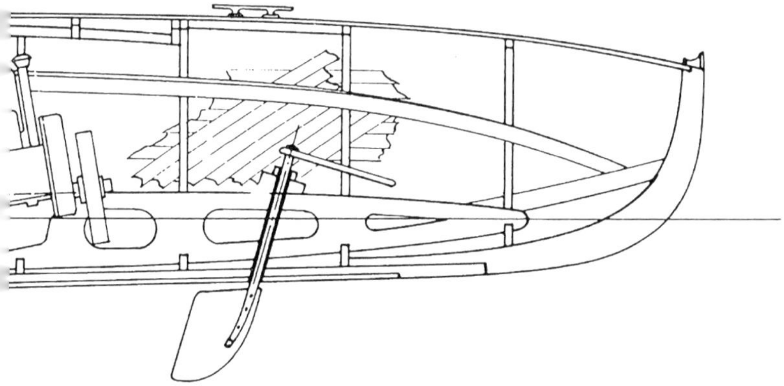

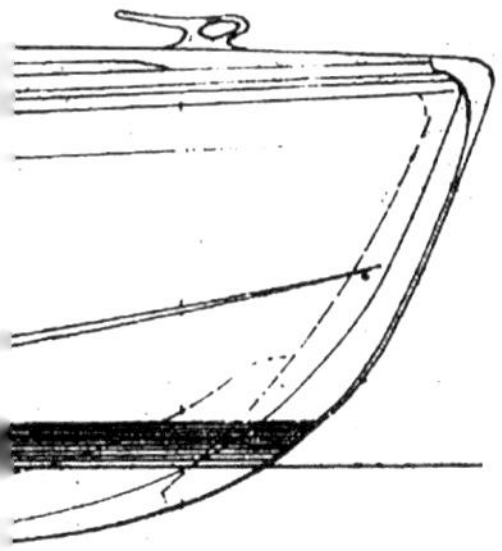

Drei formschöne Rennbootrisse.
Oben ein »Motorschnellboot« der Yacht- und Motorbootwerft H. Heidtmann, Hamburg. Der elegante Riss von 1926 hat noch die Form eines klassischen Autoboots. Maße: 8,00 x 1,80 Meter, Tiefgang: 52 cm.
In der Mitte das 5,36-Meter-Hydroplan *Columbia Jr.* Sie wurde von der amerikanischen Zeitschrift »Motor Boating« 1927 veröffentlicht und vom Designer Charles D. Mower zum Nachbau freigegeben.
Als Antrieb empfahl er einen 2,5-Liter-Vierzylinder von Universal. Bemerkenswert ist das vor dem Motor liegende kleine Ruder.
Unten ein Entwurf des Berliners Hellmuth Fugmann.
Sein »1,8-Ltr.-Schnellboot« aus Mitte der 30er-Jahre wiegt mit Motor nur 385 kg und ist 4,50 Meter kurz. Die Breite beträgt 1,50 Meter, Tiefgang: 35 cm

Ein hartnäckiger Gegner von Gar Wood war Henry Segrave. Im Mai 1929 war er beim Internationalen Motorbootrennen auf dem Templiner See in Potsdam vielbewunderter Gast. Zwei Monate zuvor hatte der Brite im *Golden Arrow* in Daytona den Land Speed Record eingefahren. Sein 8,38 Meter langes Einstufen-Gleitboot *Miss England* hatte einen Napier-W12 mit 950 PS. Mit der doppelt so starken *Miss England II* verunglückte er im Sommer darauf und wurde ohnmächtig ins Krankenhaus gebracht. Als er kurz zu sich kam, teilte man ihm mit, dass er den angestrebten Geschwindigkeitsweltrekord geschafft hatte. Segrave nickte und starb

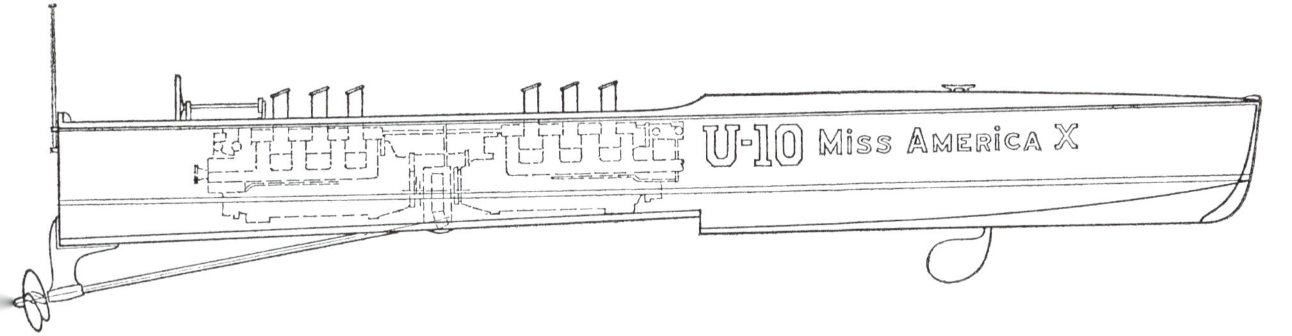

Jedes Boot der *Miss America*-Reihe setzte neue Superlative. Auf *Miss America I* gewann Gar Wood Harmsworth-Trophy und Gold Cup, mit Miss *America X* beendete er 1933 seine Karriere. Wood war erst zufrieden, als sie auf 7600 PS kam. Laut Packard-Ingenieuren hätte der aufgeladene V12 sogar auf 2500 PS gebracht werden können, was zusammen die schöne runde Zahl 10.000 ergeben hätte. Aber auch mit 6400 PS knackte Wood die 200-km/h-Grenze. Die Miss *America X* maß 11,60 x 3,20 Meter, wog acht Tonnen und verbrauchte rund 22 Liter – pro Kilometer

Der Motorenlärm sei »wie nichts von dieser Welt«, schwärmten Zeitzeugen: Wenn die *New Notre Dame* auf Touren kam, flüchteten Fische panisch. Urheber des ohrenbetäubenden Sounds war der Duesenberg W-24. Eine hochkomplexe Maschine, die eigens auf Betreiben von Horace E. Dodge jr. 1926 für das amerikanische Gold-Cup-Rennen in Auftrag gegeben wurde. Bis der Motor allerdings einsatzbereit war und Siege einfuhr, war es ein langer Weg. Anfangs ohne Kompressor und mit Steigstrom-Vergasern ausgerüstet, wechselte man über neun Jahre in aufreibender Entwicklungsarbeit diverse Komponenten und steigerte die Leistung von 475 auf 850 PS. Dodge warf 1934 das Handtuch, Herb Mendelsohn vollendete 1935 schließlich das Projekt in Gemeinschaftsarbeit mit dem Motorenhersteller Miller – und gewann 1937 das Gold-Cup-Rennen auf dem Detroit River, mit einer Durchschnittsgeschwindigkeit von 102,48 km/h auf der 145-km-Distanz. Was lange währt, wird endlich gut

Vorbereitung für einen Prüfstandslauf 1935. Hier ist die finale Version des W-24 zu sehen – bereits mit Kompressor, aber nur noch mit drei statt zwölf Vergasern. Links im Bild Mechaniker Gene Arena, der später mit seinem Bruder Dan die *New Notre Dame* pilotierte. Darüber eine Ansicht des Räderkastens mit Nockenwellenantrieb. Die sechs Nockenwellen steuerten 96 Ventile – sie korrekt einzustellen, dauerte bis zu einer Woche

Der Reihen-Achtzylinder mit Roots-Gebläse aus dem berühmten Alfa Romeo 8C 2300 war Antriebsquelle der *Gianca II* (links), die 1933 bei Cantiere Celli in Venedig entstand.
Die *Arno I* (unten) trat 1939 in der 400-kg-Klasse an. Auch sie hatte einen Reihen-Achtzylinder von Alfa, den 1,5-Liter-Rennwagenmotor vom erfolgreichen Tipo 158 (ganz unten), der auf Betreiben Enzo Ferraris entstand. Im Auto kam der Kompressormotor auf 225 PS, im Boot dürften es etwas weniger gewesen sein. Die Bestleistung der *Arno* war 129,915 km/h, auf der Straße waren 232 möglich

Auch Bugatti-Motoren waren auf dem Wasser zu finden. Ettore Bugatti nannte sechs (nach anderen Quellen nur fünf) Hydroplane sein Eigen. Alle trugen den Namen *Niniette*.
Oben die *Niniette II* mit dem Prinzen Francesco Ruspoli am Steuer. Beim 4. Internationalen Motorbootrennen in Venedig 1932 erzielte Ruspoli mit 107,9 km/h den Weltrekord über eine Meile. Das Boot wurde ebenfalls von der Celli-Werft gebaut, der 150-PS-Reihen-Achtzylinder stammte aus dem Rennwagen 50B

Spektakulär motorisiert war die *Ravanello* des Bobsportlers und Rennfahrers Graf Teofilo Guiscardo Rossi di Montelera. Erbaut bei Baglietto, motorisiert mit mit einem Maserati-V16 aus dem Sportwagen V5. Technische Daten: 4906 cm^3, 330 PS bei 5200/min, Höchstgeschwindigkeit 113,4 km/h. Das Foto zeigt den Grafen bei einer Rekordfahrt auf dem Braccianosee am 10. Oktober 1933

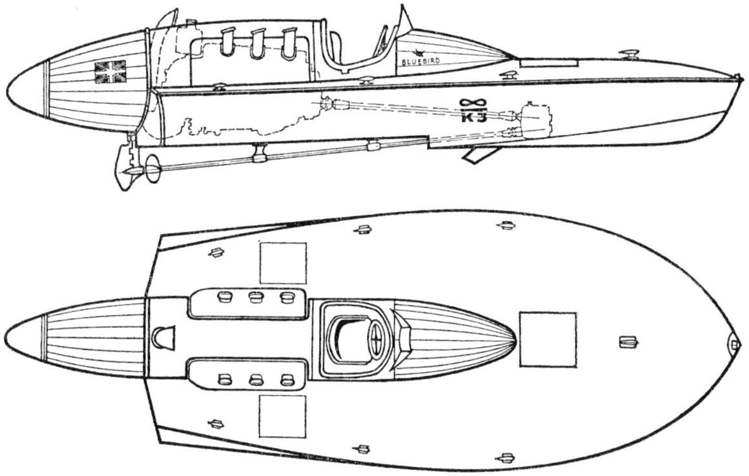

»The Best Car in the World« lautet Rolls-Royce' Credo bis heute. »The Fastest Motor-Boat in the World« war man in den 30ern gleich mehrmals. Die durch zwei RR-Flugmotoren angetriebene *Miss England II* hatte Segrave das Leben gekostet, aber sein Rekordversuch war gültig. 1931 übernahm es der Ire Kaye Don, sich mit Gar Wood zu duellieren. Dessen letzter Rekord mit der *Miss America X* hielt fünf Jahre, dann widmete sich Land-Speed-Record-Koryphäe Malcolm Campbell (oben) dem nassen Element. Seine *Bluebird K3* entwarf er mit Saunders (die ab 1929 Saunders-Roe hießen). Für den Vortrieb sorgte ein Rolls-Royce R; ein 2600 PS starker V12, der speziell für Rekordeinsätze zu Lande, zu Wasser und in der Luft entwickelt worden war. Campbell war am 1. September 1937 auf dem Lago Maggiore zum ersten Mal erfolgreich, in den beiden darauffolgenden Jahren verbesserte er sich noch. Sein Rekord vom 19. August 1939 lautete 228,11 km/h – er bestand bis 1950. Das Foto zeigt Campbell im September 1938 auf dem schweizerischen Hallwilersee

K3

Die *Tempo* war sozusagen das schnellste »Auto-Boot«, was Deutschland je hervorbrachte. Seine Väter waren Hans Stuck, Hellmuth Fugmann, Bruno und Helmut Engelbrecht sowie Ferdinand Porsche, der Anfang der 30er den Kompressormotor entwarf. Der Hochleistungs-V16, der im Auto Union Typ C (oben) Erfolge feierte, war im Boot auf 4500 Umdrehungen gedrosselt, was knapp 500 PS ergeben haben dürfte. Im Gegensatz zu üblichen Motorbooten wurde bei der *Tempo* eine Über- statt Untersetzung verwendet. Der Propeller drehte sich 1,8mal schneller als die Kurbelwelle. Der 5,80 Meter lange und 1,90 Meter breite hölzerne Bootsrumpf hatte eine Stufe und war auf den Gleitflächen mit Aluminiumplatten versehen. Dies war nötig, um bei hoher Geschwindigkeit beim Aufprall von Treibgut nicht Leck zu schlagen. Das Boot lief bereits bei 1700 Umdrehungen 80 km/h. Die *Tempo* sollte ursprünglich *Schwarzer Adler* heißen – eine Namensvorschlag, der aus Richtung NSKK gekommen sein dürfte. Spätere Presseartikel wussten zu berichten, dass *Tempo* der Name von Stucks Hund gewesen sei. Bevor der Krieg ausbrach, konnte Stuck neben dem Stundenrekord in der 800-kg-Klasse am 18. Juni 1939 auf dem Scharmützelsee (alle Bootsbilder dieser Seite) den Klassen-Europameistertitel in Starnberg erringen

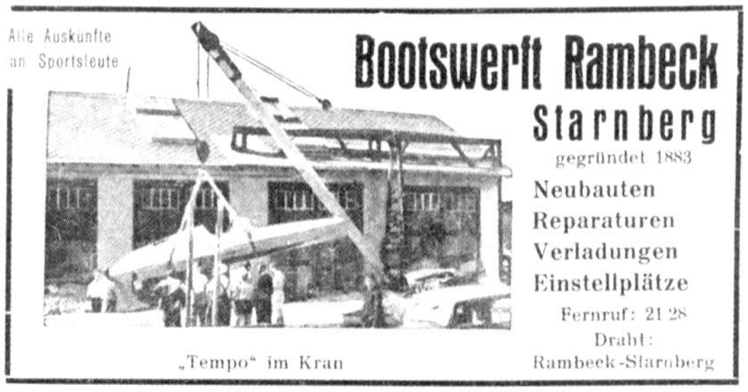

Kleines Foto: Stucks Europameisterschaftslauf 1939 auf dem Starnberger See hatte prominente Zuschauer. An Bord eines Autoboots haben sich eingefunden (von links nach rechts): Hans Albers, Rudolf Caracciola, Manfred v. Brauchitsch, ein ONS-Funktionär, Ernst Henne, NSKK-Chef Adolf Hühnlein. Das große Foto zeigt Ingenieur Hellmuth Fugmann, Hans Stuck, Bruno Engelbrecht und zwei Unbekannte. Die Bootswerft Rambeck trieb mit der *Tempo* 1942 Werbung, obwohl nicht sie, sondern Engelbrecht Bauwerft war

Merkblatt

Das Pionier-Sturmboot

Ausbildung und Einsatz

vom 1. 9. 42.

Der Untergang

In den Zwanzigern ging es um Herrenfahrer. Zehn Jahre später um Herrenmenschen. Von Berlin aus steckten sie die Welt in Brand

Das 5,75 lange Sprengboot »Linse« der Kriegsmarine bestand überwiegend aus Fichtenholz. Als Antrieb diente der bewährte Ford-3.6-V8 mit 95 PS

Diese martialische Illustration wurde 1942 von Packard in Anzeigen verwendet. Das Unternehmen wurde zu einem der größten Rüstungsbetriebe des Kriegs und lieferte allein 13.000 Schnellbootmotoren aus

ÜBER DEN ZWEITEN WELTKRIEG ist in den letzten 70 Jahren viel geforscht sowie noch mehr geschrieben und gesendet worden. Alle kriegführenden Nationen wurden abgehandelt, sämtliche Feldzüge und Schlachten dokumentiert, jeder Truppenteil analysiert. So auch alles, was feldgrau war und schwamm – von der *Yamato* bis zum bemannten Torpedo. Daher an dieser Stelle nur ein kurzer Überblick, wie Sportboote und deren Hersteller in die Geschehnisse 1939 bis 1945 involviert waren.

DIE GROSSEN DER BRANCHE waren schon seit Mitte der 30er parallel mit Marineaufträgen befasst. In Deutschland zum Beispiel wurde ab 1935 die Schnellbootflotte erneuert. Abeking & Rasmussen, Brumm, Engelbrecht, Heidtmann, Kröger, Lürssen, Naglo, Rolandwerft und Schlichting waren daran beteiligt. Namhafte Konstrukteure wie Hellmuth Fugmann, Karl Marconi und Heinz Docter zeichneten ebenfalls für deutsche Militärprojekte verantwortlich.

Ähnlich sah es im Ausland aus, etwa bei Baglietto und Thornycroft. Die Rüstung stand an oberster Stelle. In den USA setzte dieser Prozess etwas später ein. Chris-Craft druckte im Herbst 1941 noch einen 1942er-Prospekt – allerdings schon mit dem Vermerk, dass ab sofort »der Verteidigungsbedarf Vorrang hat«. Gar Wood pflegte schon seit Anfang 1941 große Nähe zum amerikanischen Militär. Nur John Hacker wurde in den ersten Kriegsjahren von der Marine in Ruhe gelassen. Erst 1943 wurde auch er einbezogen, es entstanden Entwürfe für Patrouillen- und Rettungsboote.

Mit dem Fortschreiten des Kriegs wurden überall auch kleinere Werften für die kriegswichtige Produktion eingespannt. So war im deutschen Reich unter anderem Schönherr aus Berlin und Burmester aus Bremen für Rettungsboote zuständig, bei Robert Franz und Karl Mathan liefen Flugbetriebs- und Kleinstschnellboote vom Stapel, bei der Werft Ernst und von Hacht Sprengboote. Rambeck in Starnberg bekam die Order, 150 Sturmboote zu liefern.

STURMBOOTE WAREN GERÄTE DER PIONIERE, also des Heeres. Das Pionier-Sturmboot 39 »ist ein durch Spanten verstärktes Holzboot mit glatter Außenhaut. Die Länge beträgt 6 m, die größte Breite 1,50 m« lautet die Wehrmachts-Beschreibung. Zu den Einsatzorten gelangte es per Lastwagen. Angetrieben wurde das *Stubo 39* durch einen achtern schwenkbar angebrachten 170 kg schweren 30-PS-Viertakter – eine Konstruktion, die an thailändische Langheckboote erinnert. Das aus Fichtensperrholz auf Eichenspanten gebaute *Stubo 39* war für eine Massenfertigung in kleinen und kleinsten Werften konzipiert und das in größter Zahl hergestellte deutsche Wasserfahrzeug im Krieg. Experten gehen von einer Stückzahl von mehreren Tausend aus.

Das *Stubo 39* hatte noch einen großen Bruder, das rund 15 Meter lange *Stubo 42*, von dem circa 200 Exemplare in verschiedenen Varianten entstanden sein sollen. Seine Entwicklung wird den Gebrüdern Engelbrecht zugeschrieben.

Ebenfalls recht große Stückzahlen erreichte das Sprengboot Typ *Linse* der Marine, das knapp 400 mal gebaut worden sein dürfte. Der Zweck einer *Linse* bestand darin, dass der Schiffsführer mit Vollgas frontal auf ein Angriffsziel zufuhr und dann rund 300 Meter davon

Anders als Goebbels und Göring ließ Hitler sich nicht oft auf Schiffen und Booten blicken. Seine Aufmerksamkeit galt am ehesten großen Schlachtschiffen. Das (nachträglich kolorierte) Farbfoto entstand 1935. Es zeigt Hitler, Reichskriegsminister Werner von Blomberg, Generaladmiral Erich Raeder und einen Matrosen (von links nach rechts) auf dem »Admiralsboot« (Foto unten). Die 1927 bei Lürssen gebaute 13-Meter-Limousine hatte einen Diesel mit 150 PS

Das *Sturmboot 39* wurde bei mindestens 20 verschiedenen deutschen Werften gebaut. Sein Entwurf soll auf eine ungarische Konstruktion von 1935 zurückgehen. Der Motor ist ein wassergekühlter Viertakt-Boxer mit vier Zylindern und 30 PS bei 3000/min. Er wurde vom Pionier-Sturmbootführer bedient. Die Mehrzahl der Soldaten an Bord waren Infanteristen, die nach dem Übersetzen ausbooteten und sich mit den feindlichen Truppen auseinanderzusetzen hatten. Auf dem Foto rechts, dass vor Kriegsbeginn entstand, sind die Spanten aus Eichenholz gut zu erkennen

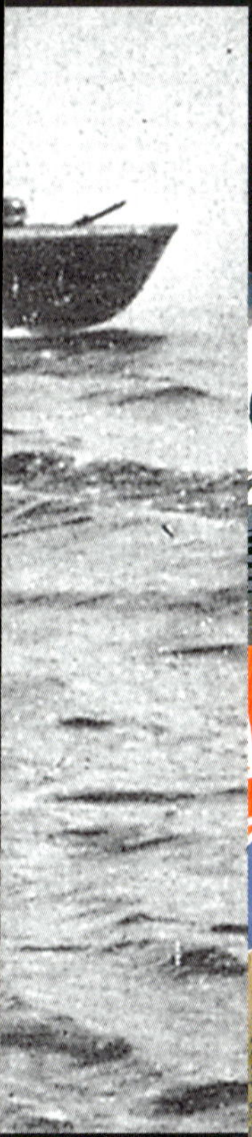

Dem »faschistischen Biest« in Berlin wollte die halbe Welt an den Kragen

Das Engelbrecht'sche Schwere Sturmboot 42 auf Einsatzfahrt im Mittelmeer. Seine Höchstgeschwindigkeit von rund 42 km/h erreichte es mit zwei Diesel- oder Benzinmotoren. Die Benziner waren von Maybach, die Diesel kamen überwiegend von Vomag

entfernt sein Gefährt verließ. Ein am Bug montierter Rahmen aktivierte nach der Kollision mit dem Ziel eine Sprengladung. Die abgesprungenen Piloten kehrten mittels eines Kameraden auf der »Kommando-Linse« wieder zum Stützpunkt zurück.

DIE SPRENGBOOTEINSÄTZE fanden mit mäßigem Erfolg 1944/45 statt – einer Zeit, an der die deutsche Niederlage zwar nicht mehr ernsthaft abzuwenden war, die politische Führung aber getreu der Goebbels-Parole vom »totalen Krieg« sämtliche Ressourcen des Reichs erbarmungslos in selbigen steckte. An ein geregeltes Leben war wegen der ständigen Bombenangriffe spätestens seit 1943 sowieso nicht mehr zu denken. Fast alle Kraftfahrzeuge befanden sich an der Front. Auch Motorboote wurden requiriert und für den Kriegsdienst umgebaut. Außenborder mussten abgebaut werden und wurden eingesammelt. Private Fahrten unter Motor waren bereits seit 1940 verboten – wer sich aufs Wasser begab, musste rudern.

BEI KRIEGSENDE war an funktionierenden Dingen nicht mehr viel übrig. Die wenigen Boote, die noch schwammen, gefielen meist den Soldaten der Besatzungsmächte oder lösten sich im harten Winter 1946/47 als Brennholz in Rauch auf. So ging mit dem »Dritten Reich« auch die deutsche Freizeitflotte nahezu vollständig unter. Mit ihr Fotos und Dokumente, die vielfach im Bombenhagel verglühten. Und der Begriff Autoboote, der heute fast vergessen ist.

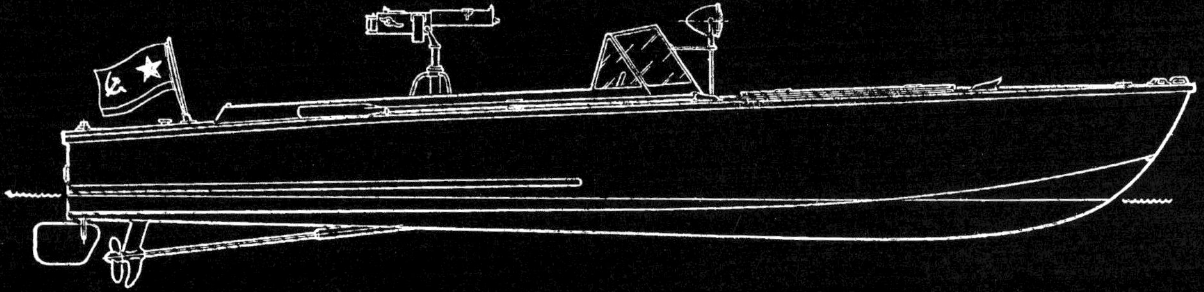

Zwei Autoboote für den Krieg: oben das russische PG-117, das auf dem zivilen Typ NKL-27 basierte. Es war sieben Meter lang und mit dem Motor des Pkw GAZ M1 ausgestattet. Technische Daten: vier Zylinder in Reihe, 3285 cm³, 50 PS. Zentral montiert war ein 360 Grad schwenkbares Maschinengewehr PM 1910. Darunter das deutsche Kleinschnellboot *Kobra*, ein Entwurf von Heinz Docter. Länge: 8,72 m, Breite: 2,50 m, Tiefgang 56 cm; zwei V-Achtzylinder von Ford. Zwischen den beiden Motoren verbarg sich ein Torpedorohr. Auf der Rolandwerft in Bremen entstanden zwei Stück

April 1945: Ein Sonderkommando der sowjetischen Dnjepr-Flotille setzt mit PG-117-Booten unterhalb der Berliner Jannowitz-Brücke über die Spree

Die verheerenden Bombardements auf Berlin im November 1943 zerstörten auch die Hansa-Werft. Sämtliche Boote verbrannten

Mit ihren Waffen im Anschlag posiert hier gleich ein ganzes Dutzend Rotarmisten für den sowjetischen Kriegsberichterstatter

Bombenschäden auf dem Lürssen-Gelände. Der Betrieb und seine Mitarbeiter wurden am 8. Oktober 1943 von Angriffen der U.S. Air Force schwer in Mitleidenschaft gezogen

Die Auslieferungshalle von Gar Wood in Marysville – oben im Jahr 1937, links um 1943. Die Vielfalt ist militärischer Massenproduktion gewichen, namentlich dem 7,32 Meter langen *Plane Personnel Boat* für die U.S. Navy, das mit einem Chrysler-Sechszylinder motorisiert war.
Zu Kriegszeiten entstanden bei Gar Wood mehr als 200 Militärneubauten

Bilder der Zerstörung: Wrack eines *Stubo 39* vor der estnischen Insel Mohn, Herbst 1944. Darunter: Volltreffer in die Maschinenhalle einer Schiffswerft, Kiel 1945. Gegenüberliegende Seite: Steganlage mit Tankstelle der Rüdiger-Werft bei Kriegsende

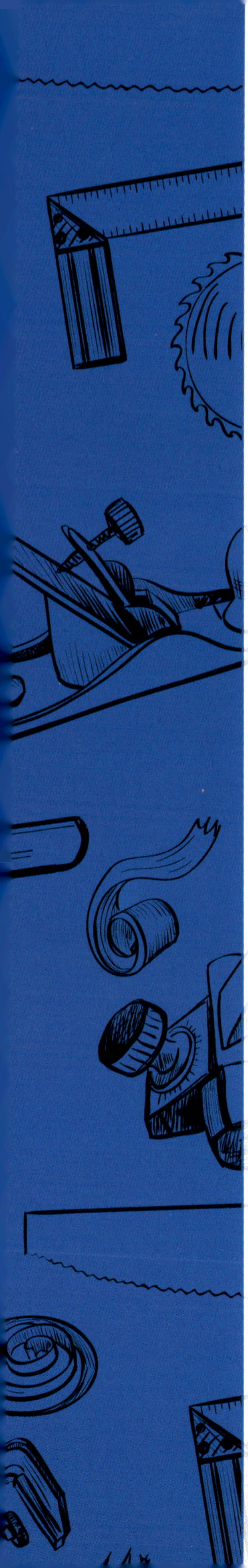

Ganz schön selten

Um ein Autoboot zu finden, braucht es Glück. Es zu restaurieren, erfordert Energie. Wer einmal eins gesehen hat, weiß: Die Mühe lohnt sich

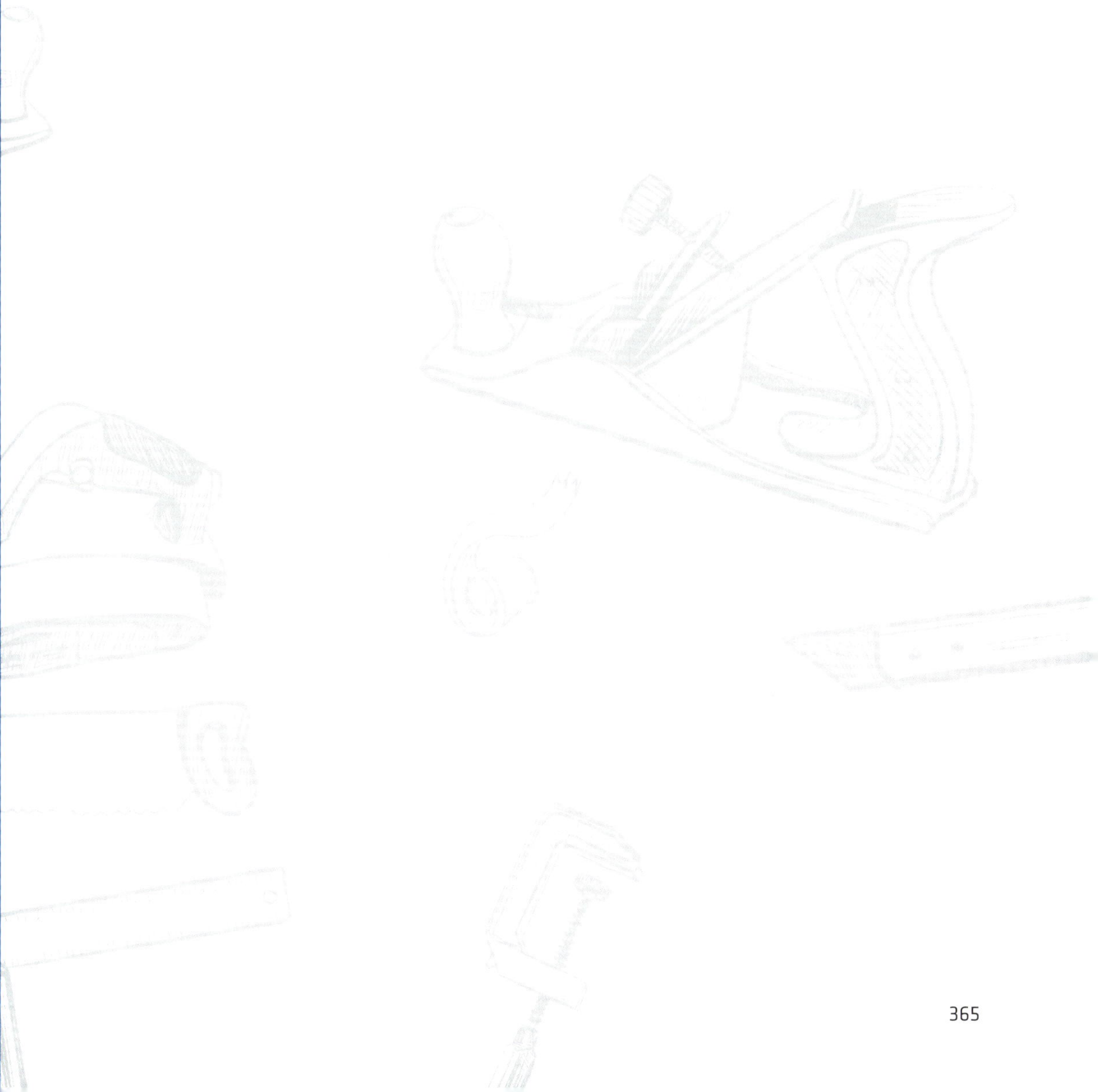

Diese Neun-Meter-Limousine wurde 2006 in einer Spandauer Werft entdeckt. Da durch den verzinkten Stahlrumpf die Substanz noch gut war, entschloss sich Carsten Klink zu einer aufwändigen Restaurierung. Der Aufbau besteht aus Mahagoni und Alaska-Zeder

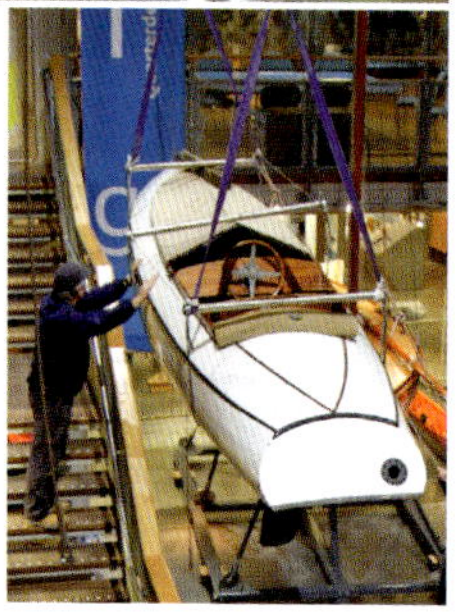

Hin und wieder werden Autoboote noch in Hallen oder Scheunen gefunden. Die originalgetreue Restaurierung erfordert dann großes Fachwissen. Leider können sich nur wenige Museen für Sportboote begeistern. Das National Maritime Museum Cornwall ist da mit der *Disturber II* (kleines Foto) eine seltene rühmliche Ausnahme

ORIGINALE AUTOBOOTE sind fast so selten wie ein originaler Max Beckmann. Von den geschätzt etwa 4000 in Deutschland gebauten sind nur noch rund 20 in Fahrt, im europäischen Ausland ist die Quote ähnlich niedrig. Die Kriege, aber auch die deutlich gestiegenen Ansprüche der Wassersportler an Leistung und Komfort, sind dafür verantwortlich. Und auch die deutsche Teilung: West-Berliner Bootseigner verschrotteten viele ihrer Gefährte – ihr ehemals ausgedehntes Revier war durch die innerdeutsche Grenze arg beschnitten worden.

IM SOG DER HOCHFLIEGENDEN AUTOKLASSIKER-PREISE ist immerhin auch das Interesse an klassischen Booten gestiegen. Die Restaurierung eines alten Autobootes ist mit der eines Oldtimer-Pkw gleichzusetzen – allerdings muss man überhaupt erst mal eine überarbeitungsfähige Basis finden. Der Sinsheimer Museums-Papst Hermann Layher geht noch einen anderen Weg und baut zurzeit ein Rennboot der frühen Monaco-Ära mit Mercedes-Motor nach. In den USA sind Nachbauten übrigens kein Thema – zwischen L. A. River und Long Island gibt es tausende gut erhaltene Klassiker. Leider kein einziges von Engelbrecht & Co.

Links: Das von Walter Vierarm 1925 konstruierte und auf dessen Exquisit-Werft in Stahl gebaute Autoboot hat überlebt, weil es 60 Jahre in Familienbesitz war. Der originale 90-PS-Mercedes-Sechszylinder wurde 1945 von sowjetischen Soldaten ausgebaut. Heute ist ein Mercedes-Reihenachter von 1929 an seine Stelle getreten

Die farbenfrohe *Marie*, das älteste erhaltene Motorboot der Welt, ist im sehenswerten Mercedes-Benz-Museum in Stuttgart ausgestellt. Die stattliche Yacht *Indépendance* aus dem Jahr 1912 läuft in Schweden

Die mit Abstand größte Anhängerschaft haben historische Boote in den USA. Jedes Jahr finden Treffen statt, das bekannteste auf dem Lake Tahoe (*www.laketahoeconcours.com*). Aber typische Autoboote mit Frontmotor sind auch hier selten. In europäischen Gewässern finden sich ansehnliche Oldtimer am ehesten in Schweden, Italien, England, Holland und in der Schweiz. Clubs wie der Oldtimerboot Club Zürichsee oder der Verein Oldieboote Deutschland e. V. sind in Europa rar gesät

Die meisten originalgetreu erhaltenen Holzboote stammen aus der Zeit nach dem Zweiten Weltkrieg. Das elegante Celli-Wassertaxi aus Venedig (oben) ist von 1958. Rechte Seite: Die fabelhafte 1940er *Thunderbird* von John Hacker in Begleitung einer schnellen Gar Wood Triple Cockpit von 1931 auf dem Lake Tahoe

THUNDERBIRD

Kapitel 11 | Werbung im Wandel der Zeit

Guter Ausdruck macht Eindruck

Schwerpunkt Überzeugungsarbeit: Die Texter der frühen Ära hatten viel zu erklären. Erst später trieben sie es bunter: mit Möwen, Bojen, einem Ritter, einem Seebären und einem Hund

Panhard & Levassor, 1892. Da das Unternehmen aus Paris gute Geschäftsbeziehungen zu Daimler und vor allem die Lizenzrechte für seine frühen Motoren hatte, ist es nicht verwunderlich, dass auch in der Werbung ein Daimler-Boot umherfährt. Der groß abgebildete Motor ist die berühmte »Standuhr«, siehe Seite 13

Daimler-Motoren-Gesellschaft, 1893

Simms & Co./Daimler UK, 1893

◁ Daimler Motor Co., 1895

Daimler-Moto
CAN
Auszeichnungen:
Cassel 1889
Bremen 1890
Leipzig 1892
Halle 1892
Moskau 1892
Eger 1892
Scheveningen 1892
Troppau 1893
Essen 1893
Mainz 1893
Hannover 1893
Aussig 1893
Bolsward 1893
Metz 1893
4 HP. Einachsige Daimler-Locomobile.
Station. Daimler-Motor.
2sitziger Daimler-Wagen mit Kindersitz.
Daimler-Lastwagen.
2pferd. Dai
Fahrbare Säg- und Spalt-Maschine
mit Daimler-Motor.
Daimler-Omnibus.
Daimler-Ka
Segelboot mit Daimler-Motor.
Daimler-Draisine.
MOTORWAGEN
SYSTEM DAIMLER
Daimler-Boot mit 4pferd. Motor auf dem Neckar.
Daimler-Trambahnwagen.
Daimler-Kajüt

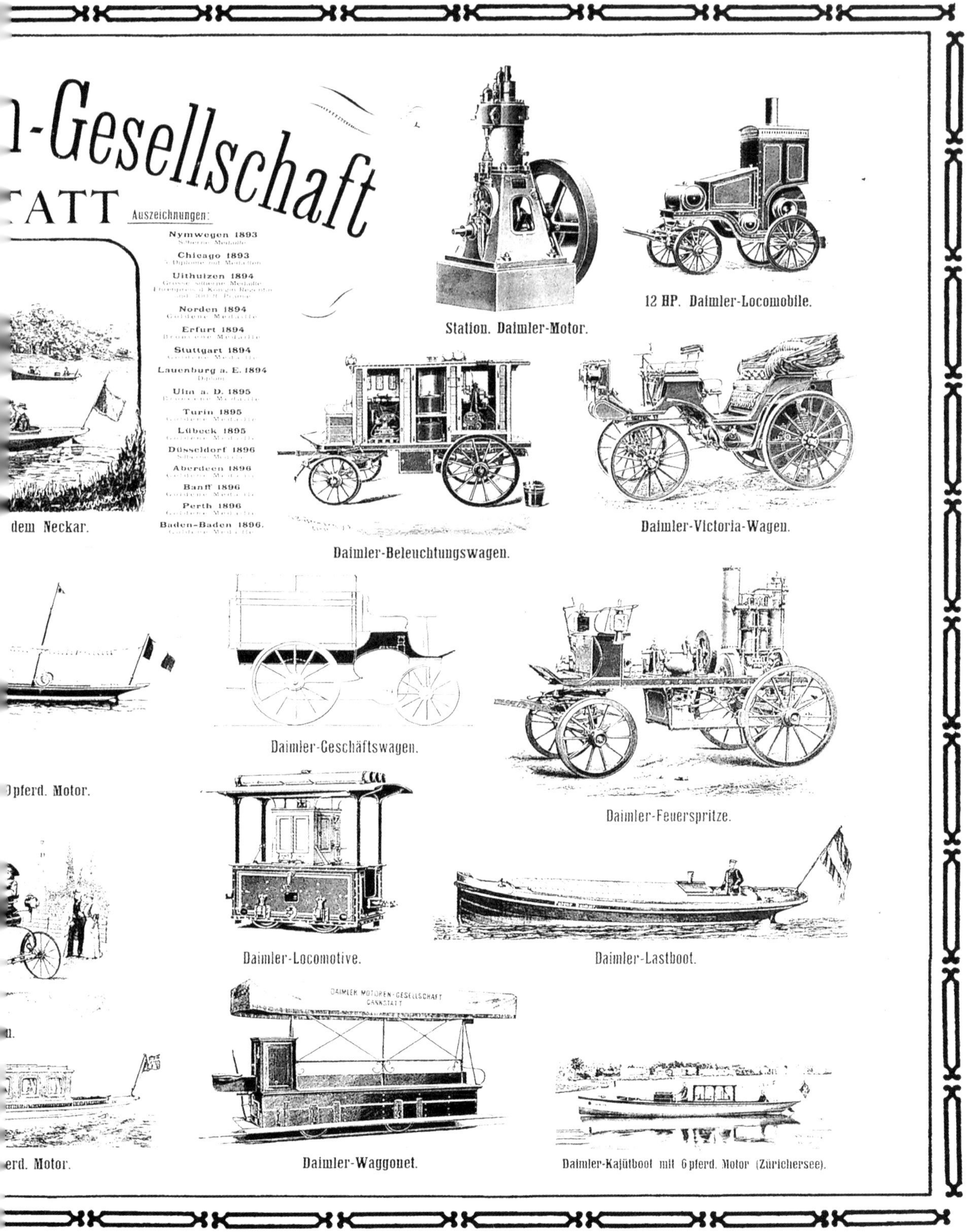
-Gesellschaft
ATT
Auszeichnungen:
Nymwegen 1893
Chicago 1893
Uithuizen 1894
Norden 1894
Erfurt 1894
Stuttgart 1894
Lauenburg a. E. 1894
Ulm a. D. 1895
Turin 1895
Lübeck 1895
Düsseldorf 1896
Aberdeen 1896
Banff 1896
Perth 1896
Baden-Baden 1896.
Station. Daimler-Motor.
12 HP. Daimler-Locomobile.
dem Neckar.
Daimler-Beleuchtungswagen.
Daimler-Victoria-Wagen.
Daimler-Geschäftswagen.
pferd. Motor.
Daimler-Feuerspritze.
Daimler-Locomotive.
Daimler-Lastboot.
DAIMLER MOTOREN-GESELLSCHAFT
CANNSTATT
erd. Motor.
Daimler-Waggonet.
Daimler-Kajütboot mit 6pferd. Motor (Zürichersee).

△ »Automobile«-Magazin, 1900

▽ Louis Kühne, 1896

▽ Motorenwerk Hoffmann & Co, 1904

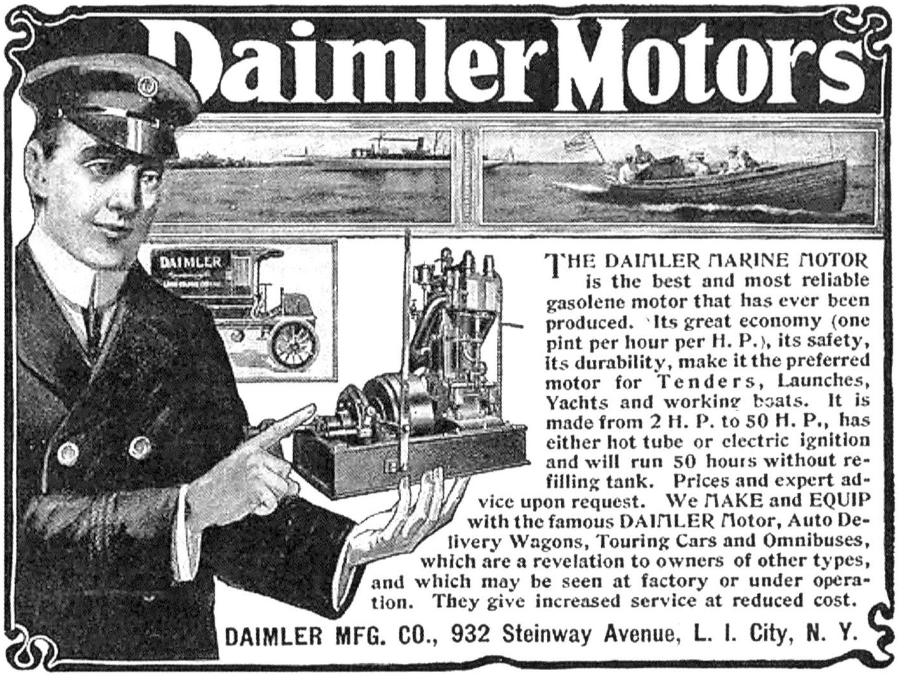

Daimler Manufacturing Co., 1902.
Der Klavierfabrikant William Steinway wurde bereits 1888 Lizenznehmer und Importeur von Daimler. Unter dem Namen Daimler Motor Company wurden Boots-und Stationärmotoren in Long Island City gefertigt (siehe Anzeige vorige Doppelseite).
Nach Steinways Tod 1896 gaben die Erben ihre Anteile an General Electric ab, die das Unternehmen umstrukturierten und den Motoren-Fertigungsbetrieb 1898 in Daimler Manufacturing Company umbenannten.
Die Werbung links stellt vor allem die Zuverlässigkeit und den günstigen Verbrauch von 0,47 Litern Benzin pro Stunde und PS heraus

Heinrich Remmers, 1904

Argus, 1904

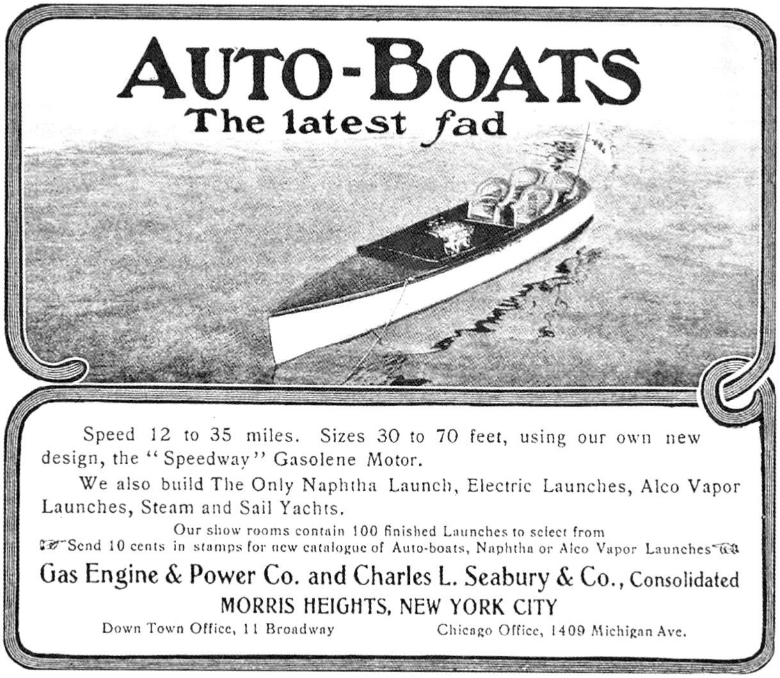

Gas Engine & Power Co., 1904

Smith & Mabley, 1905

Elco, 1905

A. H. Ueltzen, 1904

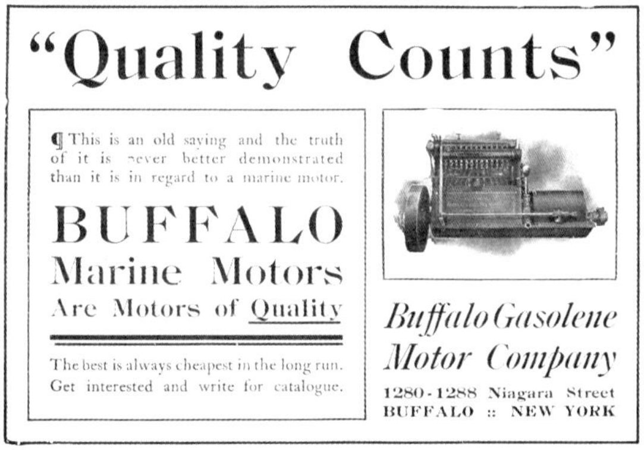

Buffalo Gasolene Motor Co., 1906

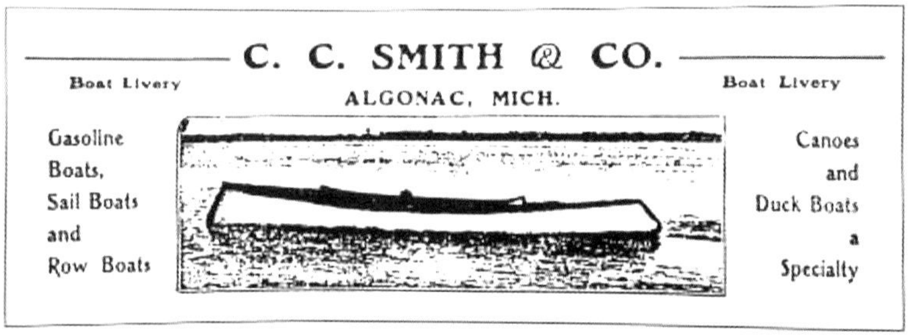

C. C. Smith & Co. (Chris-Craft), 1906

Hammer, 1905

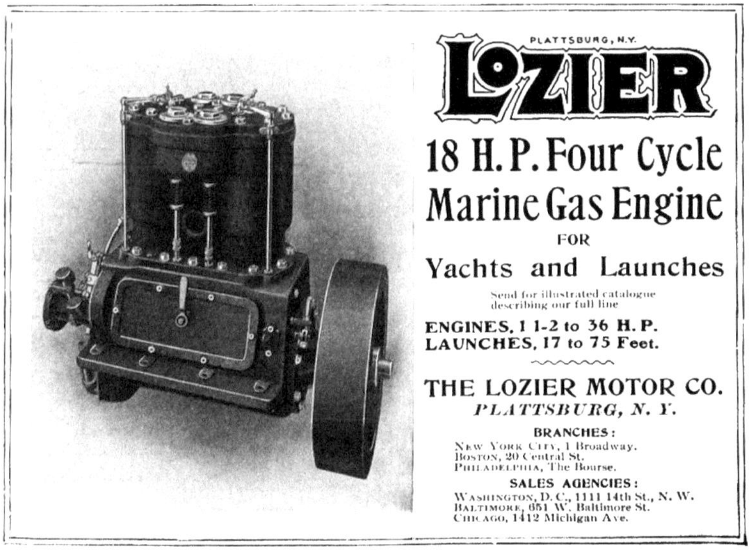

Lozier, 1903

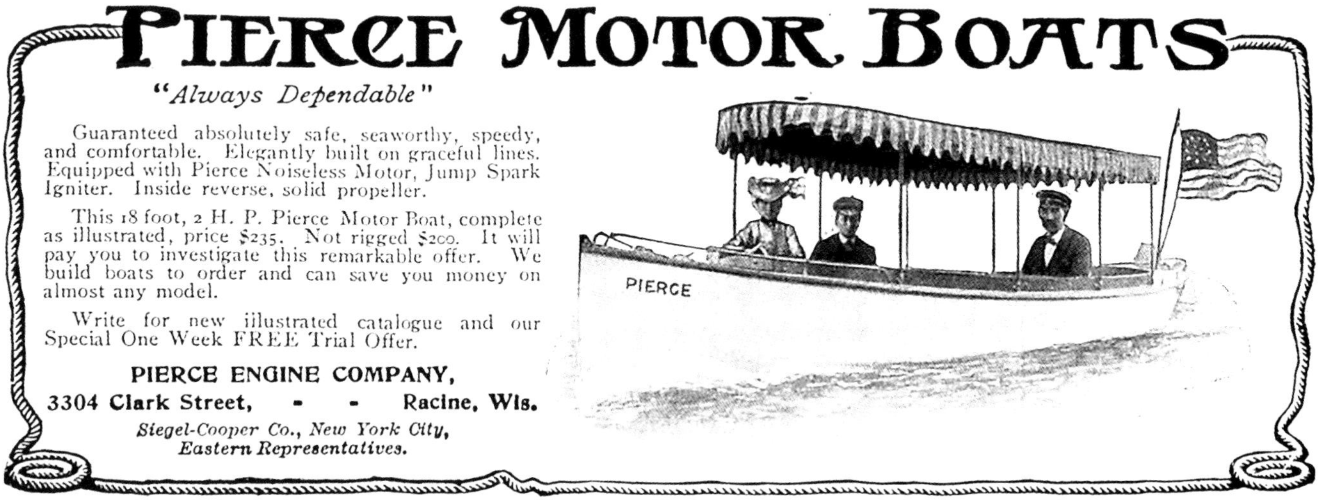

Pierce, 1905

Olds, 1906

Mullins, 1905

Clément-Bayard, 1906

Dixi, 1910

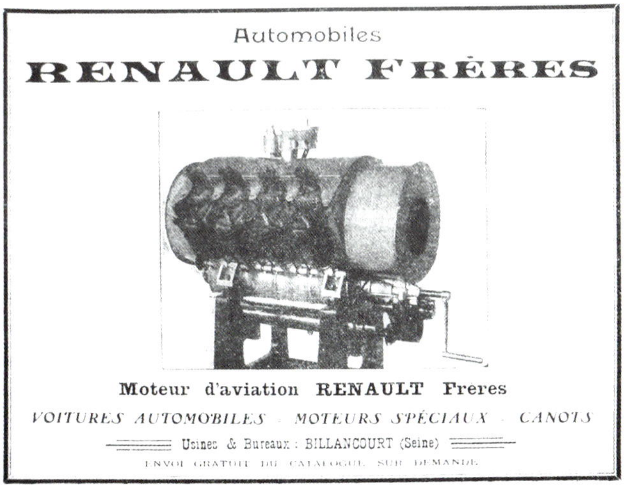

Renault, 1909

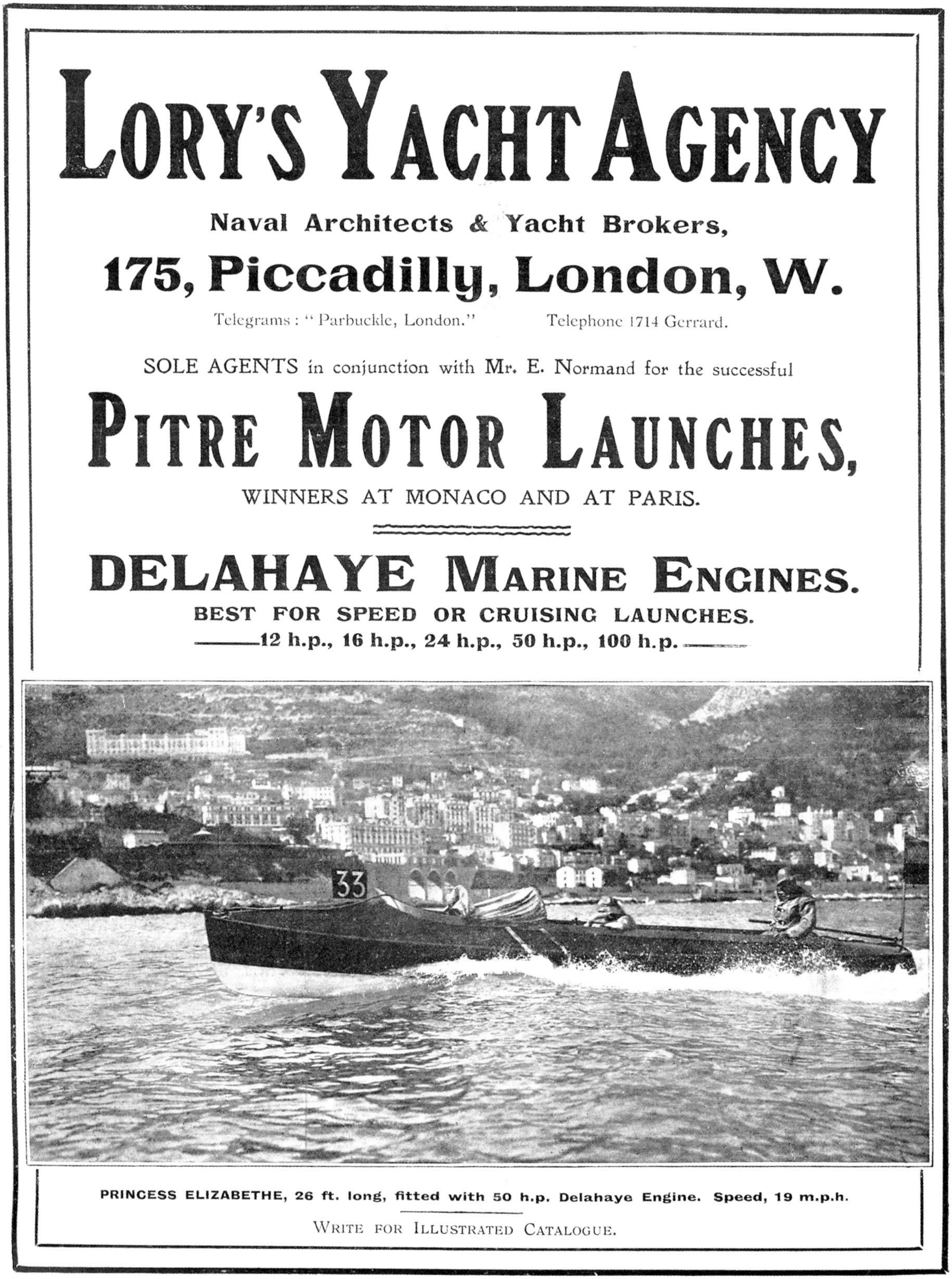

Lory's, 1904. Der Job des Yacht Brokers, zu deutsch Yachtmaklers, ähnelt dem eines Immobilienmaklers. Interessenten formulieren Ihre Ansprüche, der Broker legt Angebote vor – im Fall von Lory's bevorzugt französische Produkte. Bei erfolgreicher Vermittlung ist dann eine Provision vom Auftraggeber fällig

Thornycroft, 1904

Richard-Brasier, 1904. Die Zeitschrift »The Automobile« nennt es »den Grand Slam der Motorsportgeschichte«: Richard-Brasier gewinnt die beiden wichtigsten Automobil- und die beiden wichtigsten Motorbootrennen

Astilleros Burell, 1907. Spanische bzw. katalonische Werften blieben den Wettbewerben in Monaco fern. Dafür schickten die Iberer regelmäßig Ricardo Soriano

Schloßwerft Harburg, 1910

Fafnir, 1910

Ferro, 1914

Mercedes, 1910. Künstler Henri Rudaux lässt die Passagiere des Phaeton-Wagens ein Rennboot bewundern ▷

MERCEDES
HENRI RUDAUX

Mercédès-Palace Paris, 1905. Das abgebildete Boot ist die *Mercedes IV* von Charley

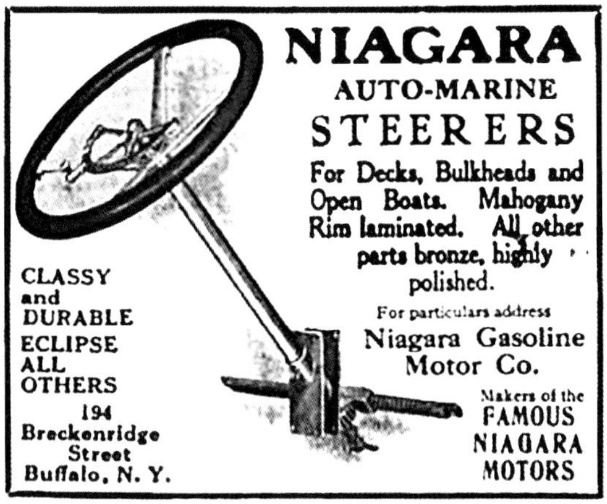

Niagara, 1912

NAG, 1910

Van Blerck, 1914

Loew-Victor Engines, 1914

Dürkopp, 1910

Lorraine-Dietrich, 1906. Die Marke feiert »zwei Erfolge in acht Tagen«: den Coupe de l'Auto auf dem Wasser und den Coupe Vanderbilt zu Lande

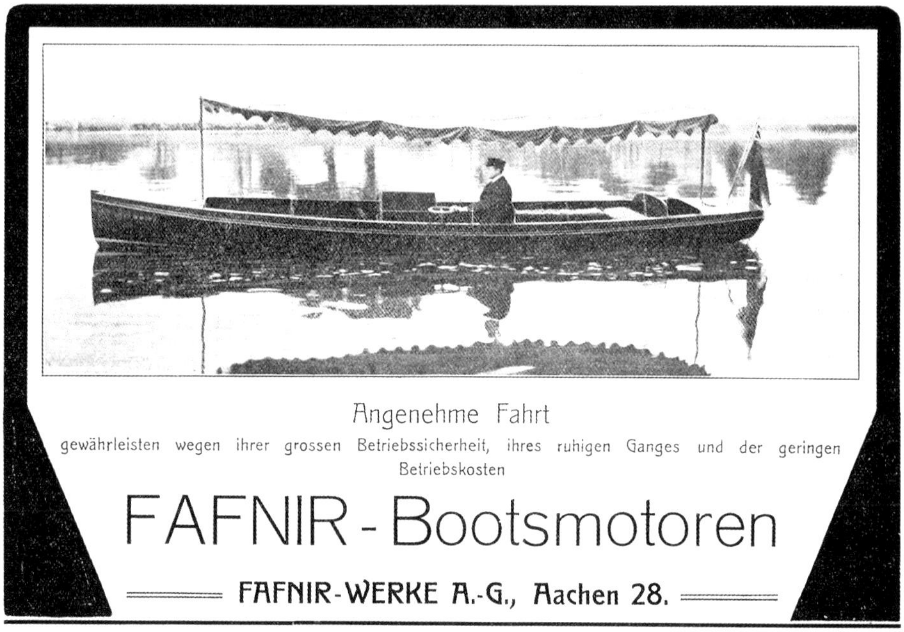

Fafnir, 1912

C. Engelbrecht, 1910

Lloyd, 1913

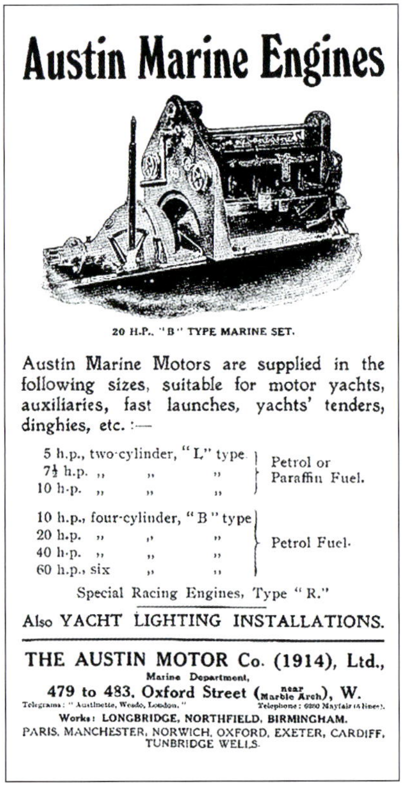

Austin, 1915

Bosch, 1911. Hinterm Steuer der belgische Rennfahrer Emile Jenatzy

Brasier, 1911

Argus, 1911

Geschäftseröffnung!

Am 1. Oktober d. J. eröffnen wir in Rummelsburg, Köpenicker Chaussee 63, eine

Yacht- und Bootswerft

für Holz- und Eisenbau nebst Winterstand. Indem wir um Ihre gütige Unterstützung bitten, versichern wir, nur gute Konstruktion und sauberste Arbeit bei soliden Preisen zu liefern, wie wir es während unserer 21 jährigen Tätigkeit als Meister bei der Firma C. Engelbrecht, Yachtwerft, Zeuthen, gewohnt waren.

Gebrüder Engelbrecht
Yacht- und Bootswerft

Gebrüder Engelbrecht, 1912

Siemens, 1910

N A G
AUTOMOBILE
mit Benzin- und elektrischem Antrieb
Stadtwagen
Tourenwagen
Lieferungswagen
Omnibusse
Kriegsbrauchbare Lastwagen mit Staatssubvention
Schiffsmotore
Motorboote
Luftschiffsmotore
Neue Automobil Gesellschaft m. b. H., Ober-Schöneweide bei Berlin

NAG, 1911

ANCIENS ÉTABents TELLIER ET VED
HENRI RUDAUX
CANOTS AUTOMOBILES, A VO

Deperdussin, 1911. Nachdem ihn der Seidenhandel vermögend gemacht hatte, widmete sich Armand Deperdussin der Fliegerei. Ab etwa 1910 engagierte er sich gemeinsam mit Gustave Pitre auch für kurze Zeit im Bootsbau. 1911 legte er sich die *La Quise* mit 1907er-Mercedes-Simplex-Motor zu

Cantieri Baglietto, 1906. Das Foto zeigt die *Le Dubonnet* vor Monaco, siehe Seite 108

Fiat, 1906. Die Turiner, die sich damals noch mit Punkten zwischen den Buchstaben schrieben, warben gleich mit zwei Rennbooten: der *Fiat XIII* von Taroni, die in Monaco den Pokal des Fürsten gewann, sowie der Baglietto-Konstruktion *Pampa*

Gardner, 1910

Cantieri Gallinari, 1908. Die Werft feierte in der Anzeige den zweiten Platz der *Jeannette* in Monaco

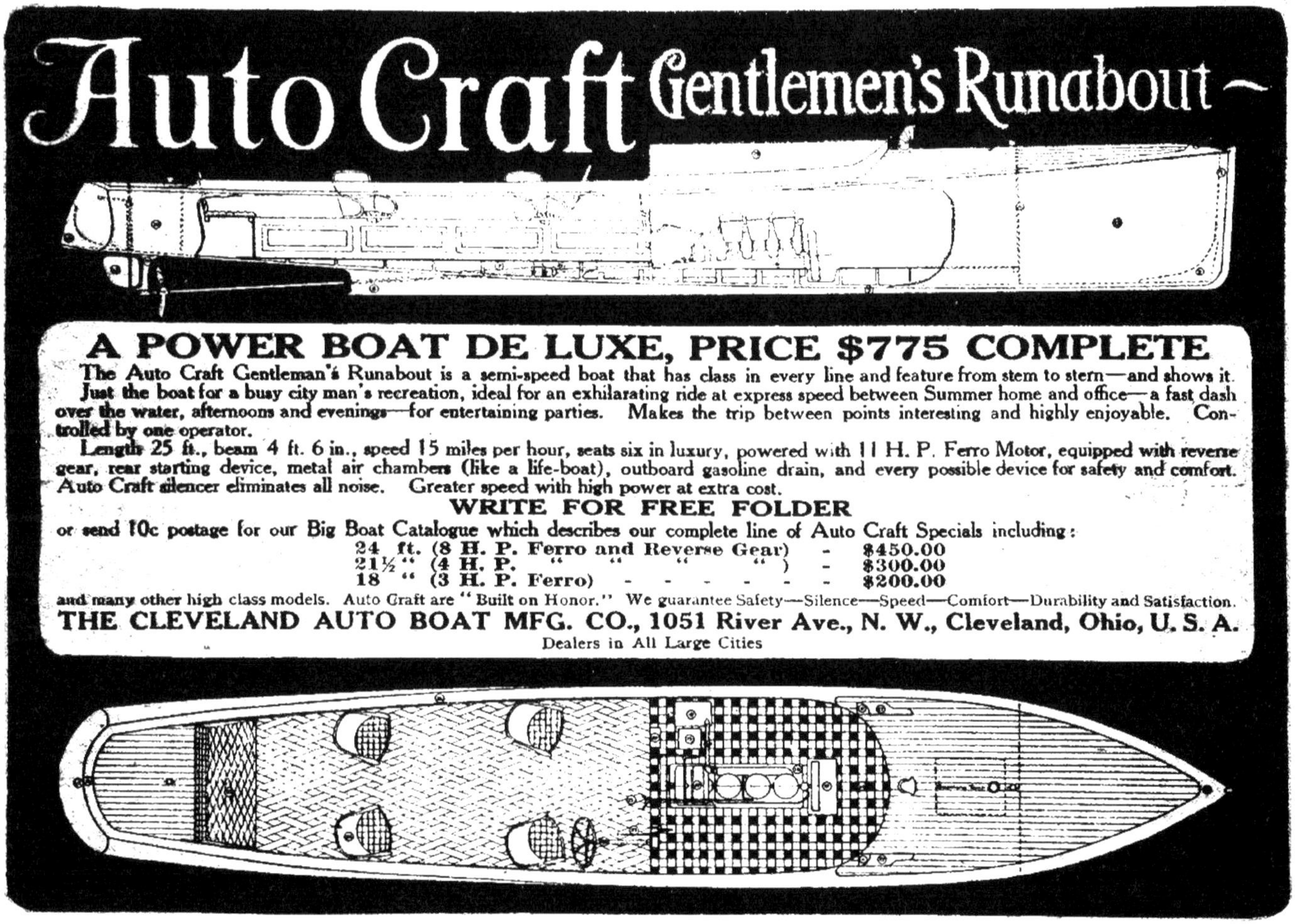

The Cleveland Auto Boat Mfg. Co., 1911

Gargoyle, 1910

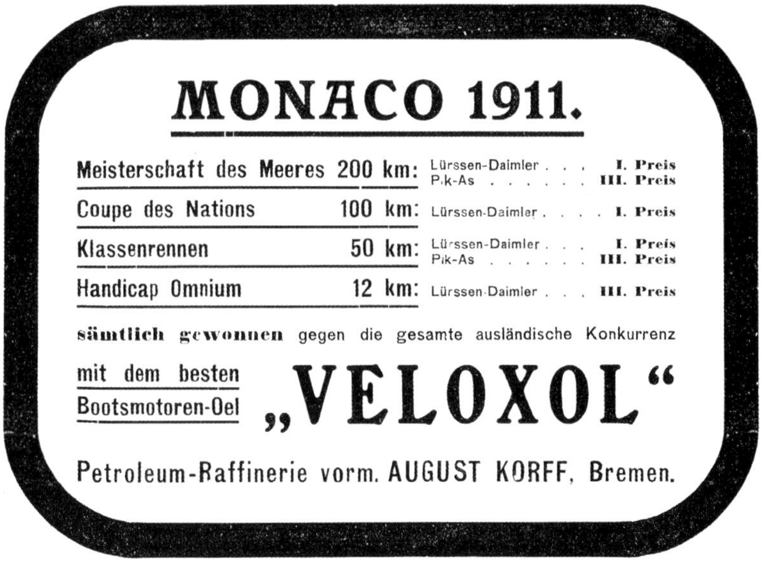

Veloxol, 1911

Maudsley, 1905

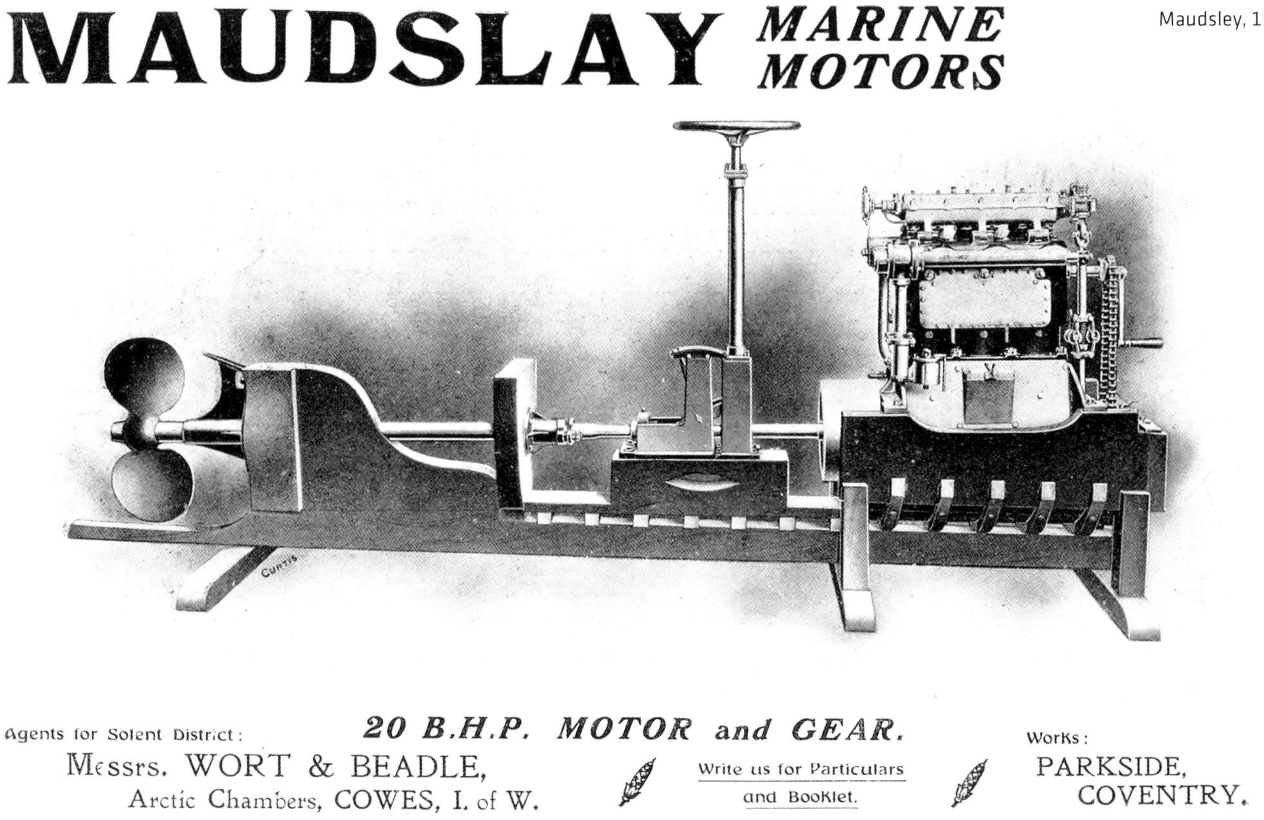

Benzin-Werke, 1912

Gebr. Körting, 1911

Daimler Motoren-Gesellschaft, 1911

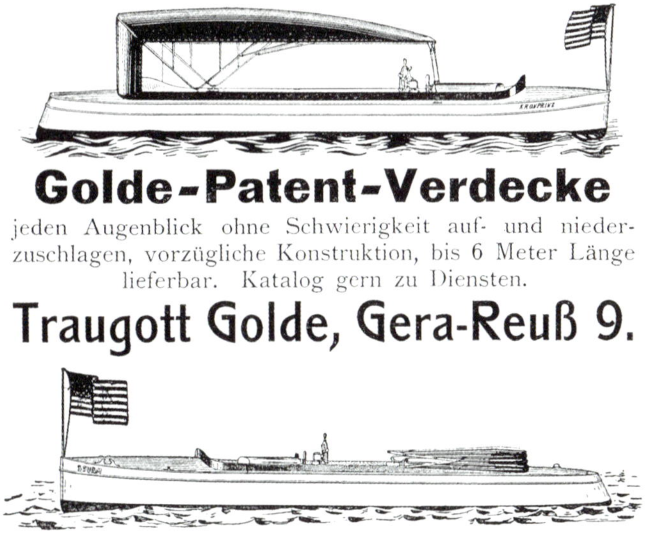

Golde, 1911

Lloyd, 1911

Fiat, 1916

Daimler
DAIMLER-MOTORBOOTE
befahren alle Gewässer
und passen für alle Zwecke
Beiboot (125 PS Spiritusmotor) zur Yacht „Standard" S. M. des Zaren
DAIMLER-MOTOREN
GESELLSCHAFT
Zweigniederlassung
Berlin-Marienfelde

Grégoire, um 1920

Dürkopp, 1910

Seite 5 einer Werbebroschüre von Hotchkiss, 1905.
Obwohl der Prospekt die Automobile des Konzerns bewirbt, begrüßt Vertriebschef Fournier die Leser mit einem Foto, dass ihn an Bord eines Bootes zeigt

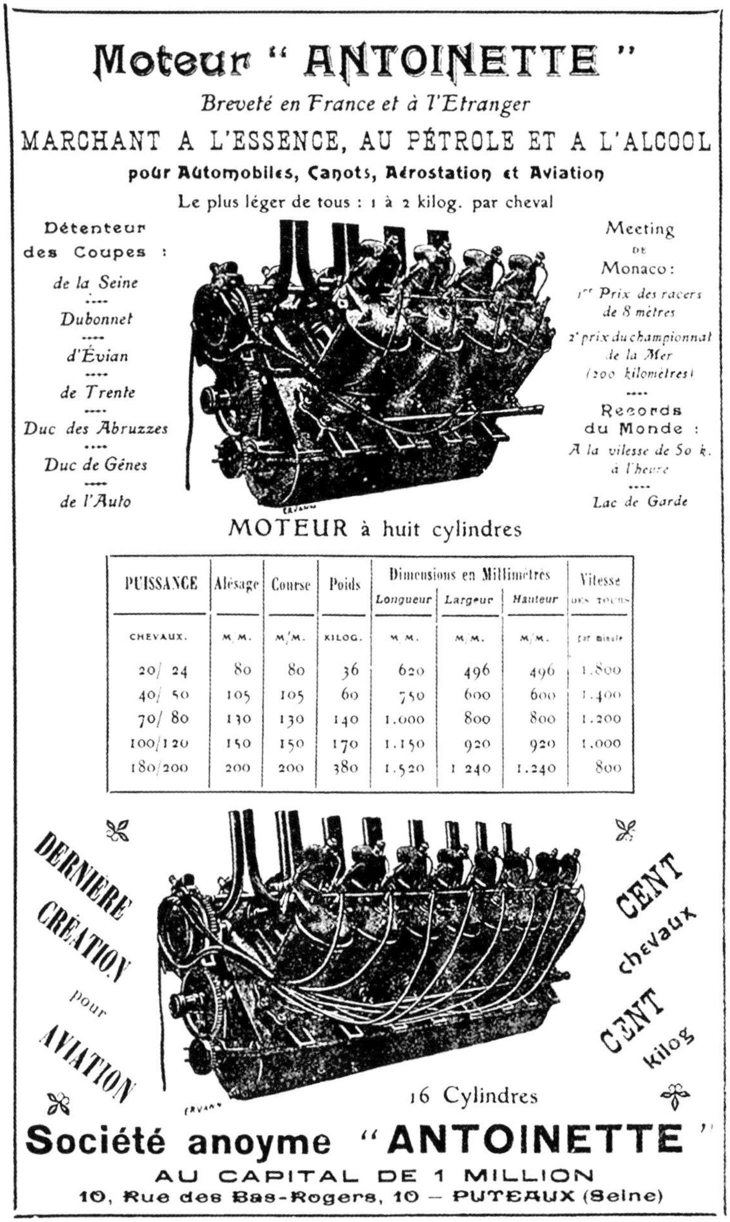

Antoinette, 1908

Pape, 1911

Rolandwerft, 1920

Elka-Werft, 1911

GLÄNZENDE RENN-ERFOLGE DER

SAURER

BOOTS-MOTOREN UND MOTOR-BOOTE

MOTORBOOT-REGATTEN IN MONACO

1. bis 16. April 1912

Bei einer Gesamt-Beteiligung von 173 Konkurrenten plaziert sich in den

Eliminatoires v. Omnium-Preis

Erster: SAURER-LUERSSEN

Dritter: SAURER I

Vierter: SAURER-DESPUJOLS

Fünfter: ANNETTE II SAURER

Im Preis de la Côte d'Azur

Erster: SAURER I

Dritter: SAURER-DESPUJOLS

Im Preis von Monte-Carlo

SAURER-LUERSSEN mit 130 PS. Motor als zweiter hinter Ursula mit 800 PS. als erste

SAURER I, ebenfalls mit 130 PS. Motor, dritter

In der **Coupe des Nations** legt

SAURER I die 150 km in 2 Std. 50 Min. als zweiter 10 Min. hinter Ursula als erste

Prix de Navigabilité

SAURER-DESPUJOLS zweiter hinter Ursula als erste

INTERNATIONALE MOTORBOOT-WETTFAHRTEN IN ABBAZIA

4. bis 12. Mai 1912

Klassen-Rennen für **Renn-Kreuzer**

Erster: Boot Annette II mit SAURER-MOTOR

Klassen-Rennen für **Renn-Boote**

Erster: Boot Annette II mit SAURER-MOTOR

GROSSER PREIS VON ABBAZIA

im Werte von 10 000 Kronen

ERSTER: Boot ANNETTE II mit SAURER-MOTOR

Zweites Klassen-Rennen für RENN-KREUZER: Boot ANNETTE II mit SAURER-MOTOR

ADOLPH SAURER

AUTOMOBIL-LASTWAGEN und MOTOREN

LINDAU i. B. ARBON BERLIN Kurfürstendamm 237

Saurer, 1912.
Die Werbeabteilung der Schweizer hielt nicht viel von Bildern und Schnickschnack. Die Anzeige hat den Charme einer Arzneimittel-Packungsbeilage der Neuzeit

Gebr. Engelbrecht, 1920

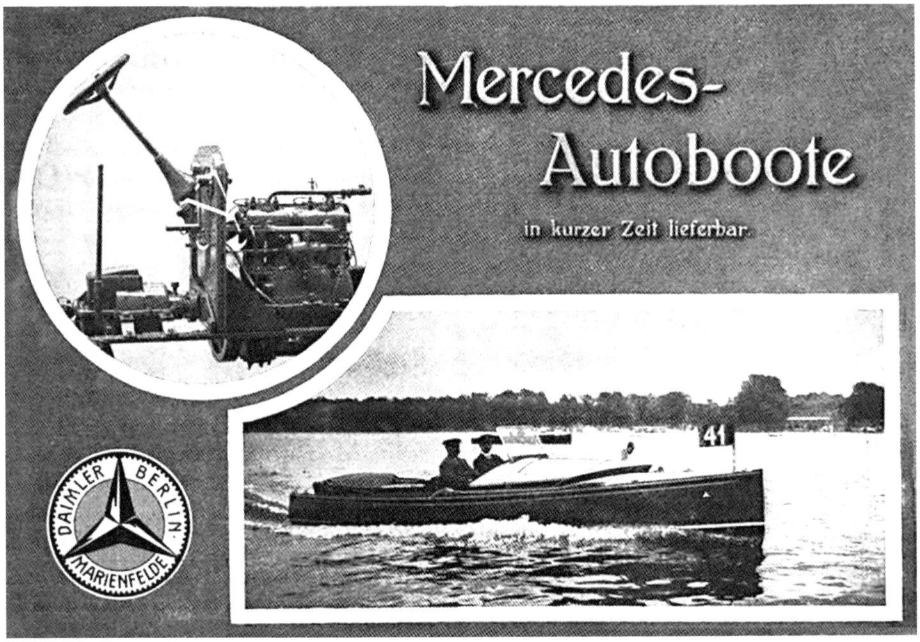

Daimler-Motoren-Gesellschaft, 1915

Yachtwerft Horgen-Zürich (Joh. Faul), 1915

Lloyd, 1912

Mullins, 1916

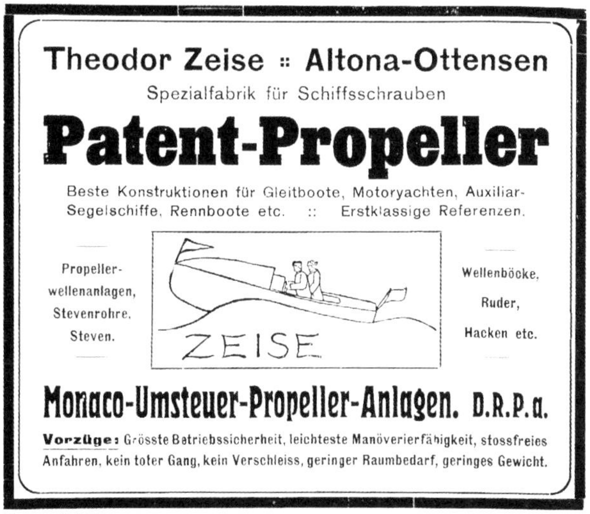

Zeise, 1911

Maybach, 1919

Gebr. Engelbrecht, 1921

Albatros-Werft, 1922

Yacht- und Bootswerft Erich Lahe

Saatwinkel bei Spandau (Siemensstadt) Fernruf: Tegel 212

Motor- und Segelyachten Spezialität: Stahlbootskörper

Erich Lahe, 1925

HANOMAG

LLOYD

SCHIFFS-MOTOREN

Vierzyl.
„Hanomag-Lloyd-Schiffsmotor"

Vorderseite

Der „Hanomag-Lloyd-Schiffsmotor"

ist das Ergebnis langjähriger praktischer Erfahrungen. Die durchaus erstklassige Bauart, sowie die gediegene bis in die kleinsten Einzelheiten durchgeführte Genauarbeit, unter Verwendung bester Baustoffe, bieten Gewähr für größte Zuverlässigkeit und Dauerhaftigkeit. Von den mannigfachen Vorzügen seien besonders hervorgehoben:

Einfachste Handhabung und Bedienung,
Leichte Zugänglichkeit sämtlicher Teile,
Vorzügliche Auswuchtung,
Unvergleichlich ruhiger und gleichmäßiger Gang,
Geschmackvolle, gefällige Form,
Einkapselung aller bewegten Teile,
Unübertroffen sparsamer Betrieb und Betriebssicherheit.

Der Hanomag-Lloyd-Motor ist seit Jahren in praktischen Betrieben im In- und Auslande auf das beste erprobt und bewährt. Seine vielfache Verwendung für Fährbetrieb gibt das beste Zeugnis für seine Zuverlässigkeit.

Hanomag-Lloyd, 1919

Isotta-Fraschini, 1920. Neugierige Blicke aus einem Tipo 8 – die Herren nach rechts, die Damen nach links

Lampo, 1916

Daimler-Motoren-Gesellschaft, Titelseite einer Broschüre, 1924

Hille-Werke, 1927

Apollo, 1918

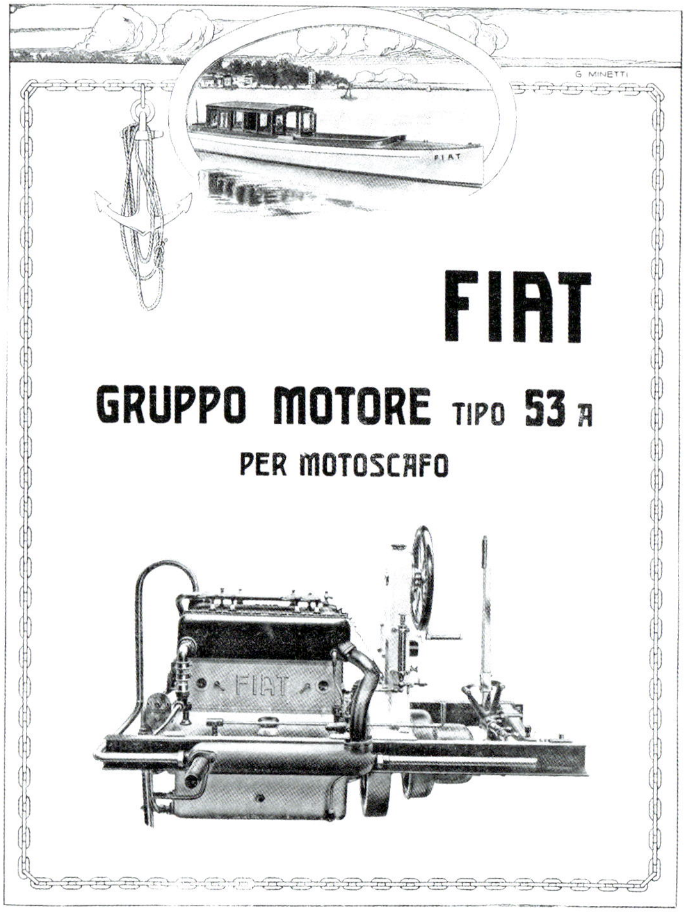

Fiat, 1920

Isotta-Fraschini, 1920

Daimler-Motoren-Gesellschaft, 1925

Deutz, 1925

CAPITAL **PYKE'S** $200,000.00

Class "A"—"Standardized" 30 footer, truly a "BOAT BEAUTIFUL" anyone would be proud of, anywhere.

Every detail of our "Standardized Boats" has been carefully worked out, and as fast, comfortable, family boats, leave nothing to be desired. They are the product of our 15 years' experience in the designing and building of the highest class small boats.

AMERICANS

Your money is worth 15% more here, and there is no LUXURY TAX of 10%, as in your country. That means a 25% SAVING. Also it is a well known fact that BOATS COST FROM 25% TO 50% LESS IN CANADA than in the United States.

The DUTY is ONLY 15% ON HULL, and NOTHING on engine, as we use only American made motors.

We positively can SAVE YOU at least 30%, and give you as fine a boat as you can buy anywhere, and several of our American customers have told us our boats are infinitely superior to similar boats built in the United States. This is due to several reasons, chief of which is that we use practically all FRENCH LABOR, and we all know there are no finer workmen in the world than the French.

Let us PROVE OUR CLAIMS, and quote on a boat delivered right where you want it, DUTY PAID. Just tell us size, type and speed. Also motor you prefer, if any.

A "STANDARDIZED" 35x7 6-CLASS "A" STERLING: GR6-225 H.P. SPEED 38 MILES.

5 FACTORIES

We have now 5 Factories, each turning out a "standardized" line, as follows:

FACTORY No. I
"V" runabouts, "Class A" .... 26 to 35 ft.

FACTORY No. II
"V" runabouts, "Class B" .... 18 to 36 ft.

FACTORY No. III
Displacement runabouts .... 18 to 35 ft.

FACTORY No. IV
"Standardized" Exp. Cruisers .... 36, 43, 46 ft.

FACTORY No. V
Sea-Going Cruisers .... Up to 90 ft.

MOTORS

We are exclusive distributors for most of the best known engine builders, and have in stock over 100 engines, new and rebuilt. Remember—there is no duty on these rebuilt engines going back to the U. S., and we pay you 15% exchange on your money. Let us quote you, and compare our prices with quotations you get in the U. S.

PLEASE NOTE

To save time please state fully and clearly what you are looking for. The more fully you state your requirements the better we can reply.

PYKE MOTOR & YACHT CO., Ltd., Montreal, Canada

BOATS BEAUTIFUL

Pyke, 1921.
Das Unternehmen aus Montreal warb um US-amerikanische Kunden mit der verlockenden Aussicht, in Kanada 30 Prozent günstiger produzieren zu können. Fünf standardisierte Bootsmodelle standen in jeweils mehreren Längen zur Wahl. In der Anzeige links ist die *Enavant* abgebildet, ein Typ »Class A«, welches in 26, 30, 32 und 35 Fuß erhältlich war. Als Antrieb fungierte ein Sterling-Sechszylinder mit 225 PS. Pyke beschäftigte in seinen fünf Fertigungsstätten nach eigener Aussage nur französische Bootsbauer und behauptete kühn, es sei allgemein bekannt, dass Franzosen die besten Handwerker der Welt seien!

FIAT
motori marini

Besondere Vorzüge des Bayern-Motors

gegenüber Bootsmotoren anderer Bauart.

Auffallend geringer Brennstoffverbrauch!

Wir garantieren

220 gr	pro PS und Stunde für	Benzol
230 gr	„ „ „ „ „	Handelsbenzin
270 gr	„ „ „ „ „	Petroleum
10 gr	„ „ „ „ „	Schmieröl

als Höchstverbrauch.

Vorbildliche Konstruktion und Anordnung

aller Organe, welche die unbedingte

Betriebssicherheit

einer Schiffsmaschine gewährleisten.

Zahlreiche Referenzen aus der Fahrpraxis.

== Große Leistung mit Kraftreserve bei geringem Maschinengewicht. ==

BMW, 1922. Seiten aus einem Verkaufsprospekt

MIT BAYERNMOTOR AUSGERÜSTETE MOTORBOOTE.

◁ Fiat, 1921

Duplex Marine Engine Oil, 1926

Lunkenheimer, 1920

Atos, 1925

Sasse-Werke, 1925

Brumm, 1925

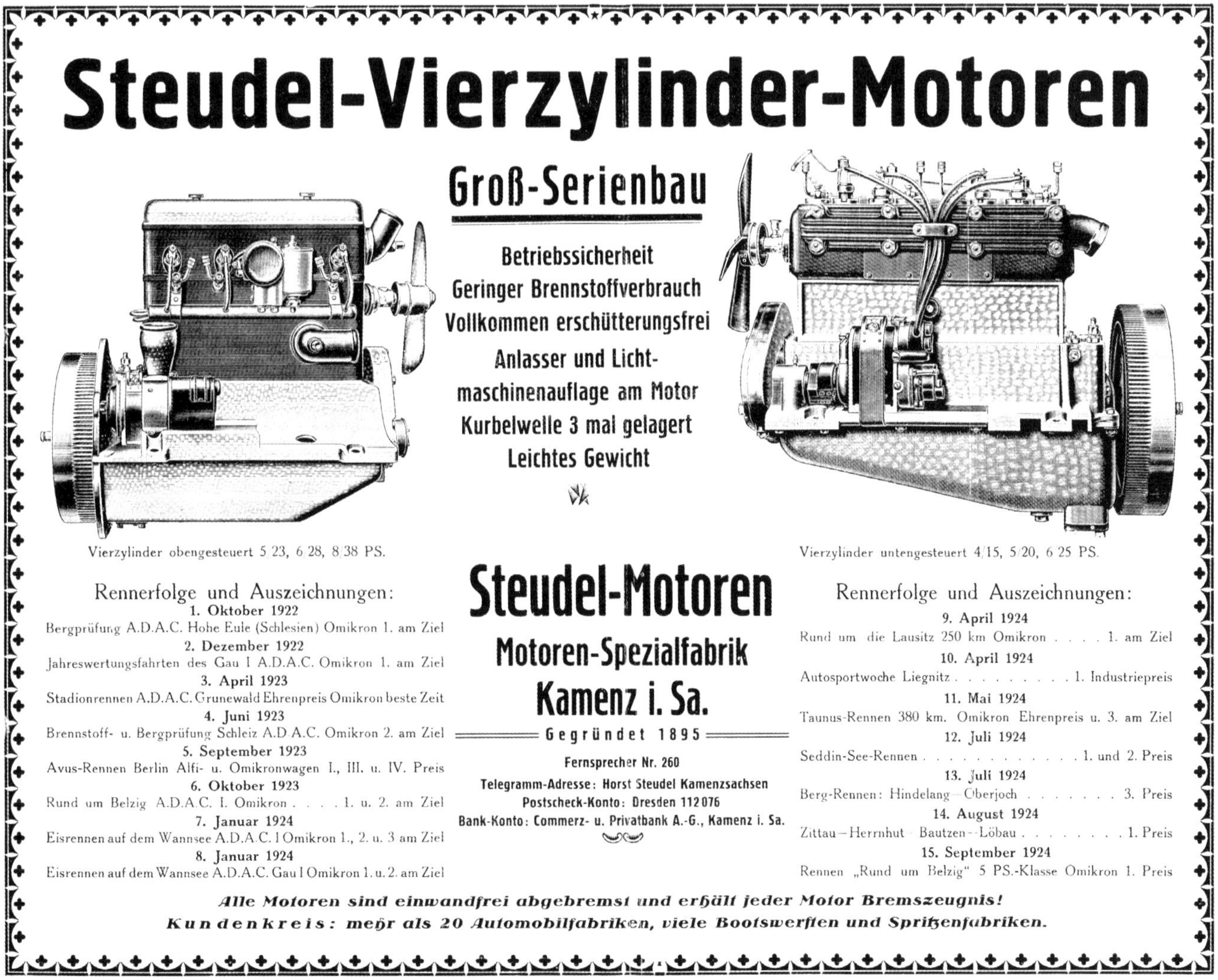

Steudel, 1924. Die Anzeige listet leider nur Erfolge bei Autorennen auf, obwohl Steudel-Motoren bei Wassersportlern sehr beliebt war

Buffalo, 1923. 1901/02 wurden in der Niagara Street auch eine Handvoll Automobile mit 7-PS-Vierzylinder gebaut – womit die Buffalo Gasolene Motor Company offiziell als Autohersteller gilt. Die Wagen waren nicht der Rede wert, die Marinemotoren dagegen genossen einen guten Ruf

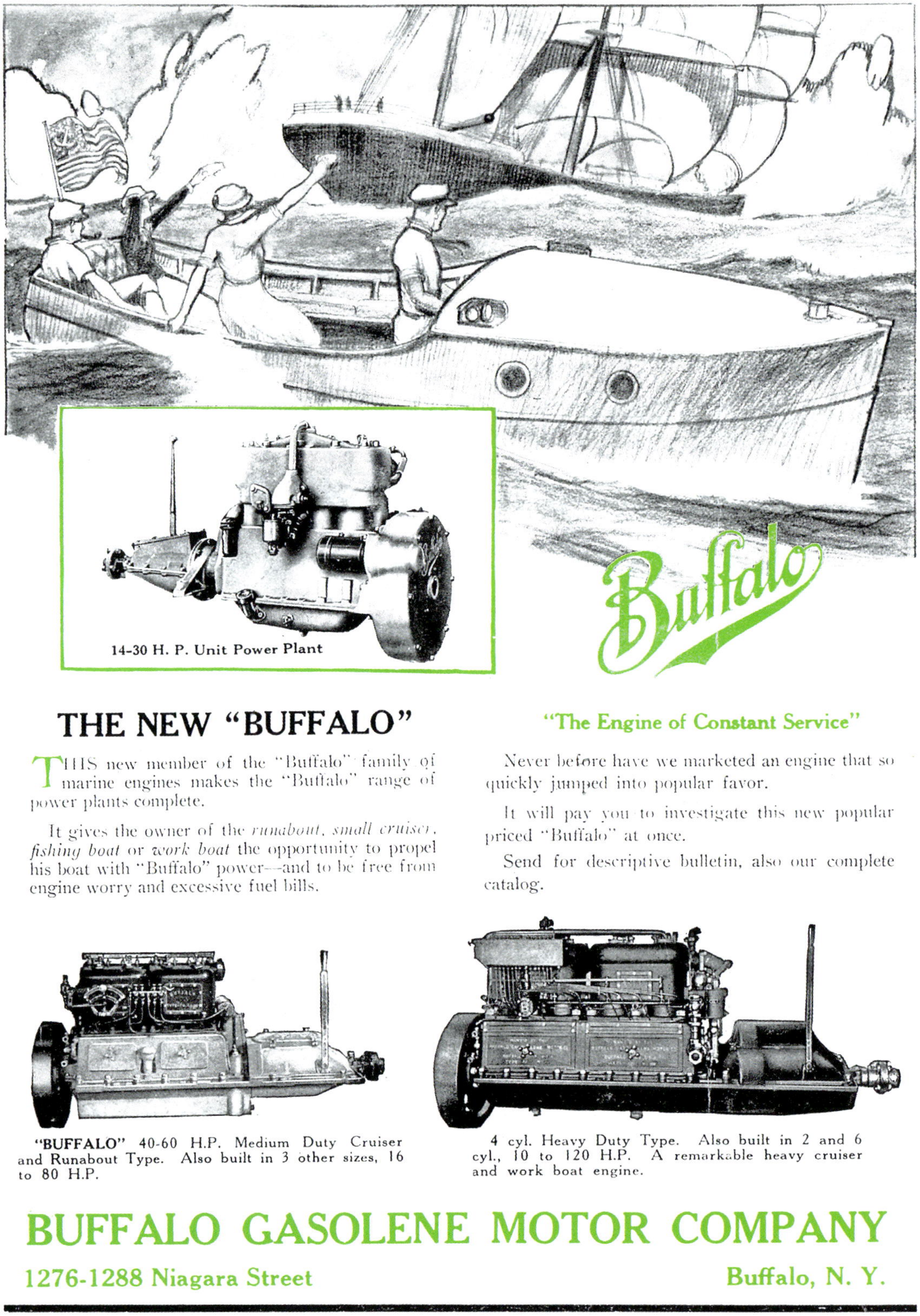

Belle Isle Boats, 1921.
Die Firma bewarb ihre Bearcats Anfang der 20er sehr intensiv

H. HEIDTMANN
GEGRÜNDET 1855
EINGETR. MARKE
YACHT- u. MOTORBOOTWERFT
HAMBURG 21
HOFWEG 62-65
FERNSPRECHER:
NORDSEE 5907, ALSTER 2512

PABST-WERFT
Motoryachten
Segelyachten
Gebrauchsfahrzeuge

DAIMLER
SCHIFFSMOTOREN

ARGUS-
Motoryachten und Boote
sowie -Motoren überall siegreich
im Inland u. Ausland erste Preise
ARGUS-MOTOREN G.m.b.H.
BERLIN-REINICKENDORF

Kieler Yacht- & Bootswerft
Jürdens & Feldmann
Kiel-Wellingdorf
Neubau
Verkauf ab Lager
von
Rennyachten
Kreuzeryachten
Motoryachten
Segeljollen
Autobooten / Ruder-
u. Motor-Beibooten
sowie Wasserfahrzeugen aller Art f. Binnen u. See
Lieferant der Reichsmarine
Repräsentant für das Verkaufslager und den Bezirk Berlin Schiffsmakler Max L. Krüger
BERLIN W 57, KURFÜRSTENSTRASSE 3
Telefon Nollendorf 348
»AWA«-Stand Nr. 47 u. 47a
Telefon Nollendorf 348

HANS SCHULTZ
BOOTS- UND YACHTBAU
HAMBURG, Alsterdamm 18
AUTOBOOTE EXPRESSKREUZER MOTORYACHTEN GEBRAUCHSFAHRZEUGE ALLER ART
Elite
Elite

GEBR. BURMESTER
Yacht- und Bootswerft / Bremen-Burg
Bahnstation: Burg-Lesum / Fernsprecher: Lesum 28
SPEZIALITÄT:
6- und 7-m-Burmester-Autoboote
SOFORT LIEFERBAR

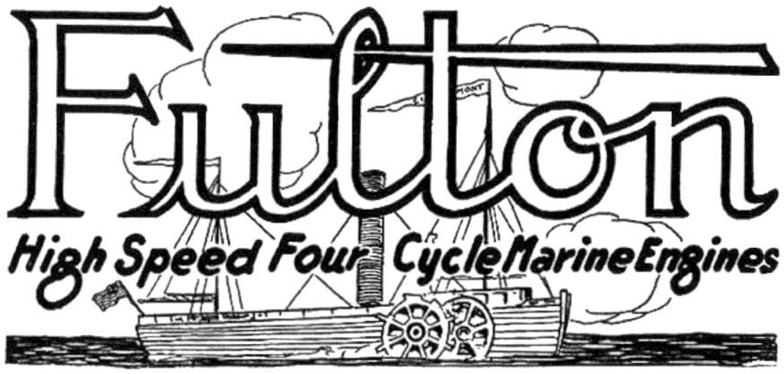
Fulton
High Speed Four Cycle Marine Engines

Seite 416 bis 421:
maritime Werbeanzeigen
der 10er und 20er-Jahre

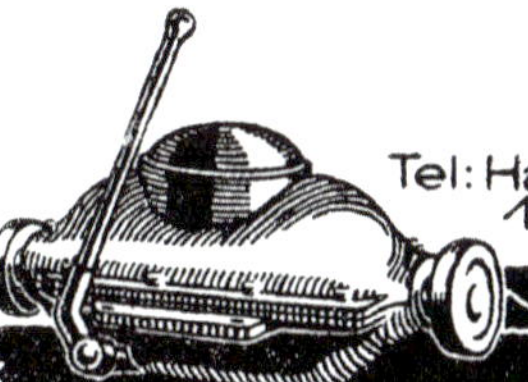

„NIXE“

Bootswendegetriebefabrik

NICKEL & KÜHNE Berlin, N. 65, Reinickendorferstr. 100.

Tel: Hansa 1431.

WANNOWSKY–WERFTBETRIEB / GRÜNAU

ELEGANTE BOOTE ALLER ART IN HOLZ ODER STAHL, SERIEN-AUTOBOOTE
VON 4,50 m BIS 8 m SPEZIALITÄT KURZFRISTIG LIEFERBAR

CÖPENICKER STRASSE 3/4 / TELEPHON: GRÜNAU 1154

Sensationelles Angebot!

Die

FUGGER-WERFT G.M.B.H.

BERLIN W 57, Elßholzstraße 15

gestattet sich anzubieten:

7½ m-Autoschnellboote aus Edelmahagoni, in vollendetster Formgestaltung, Motorenanlage: 4 Zyl. 11/30 PS., mit Licht und Starter, Tachometer, Scheinwerfer, versenkbaren Positionslaternen und allen Schikanen der Neuzeit

Preis komplett ....4950 Mark

Autoboote!!! Preis 2000 Mark, rassig, Länge 4,80 m, Breite 1,31 m, aus afrikanischem Mahagoni

Verkauf der bewährten „Iltis“-Außenbord- und Einbaumotoren

Besuchen Sie uns bitte auf der „Volkskraft-Ausstellung“, Landes-Ausstellungspark

E. WEIGAND

BERLIN SO. 16, Michaelkirchstraße 29

Telefon: Moritzplatz 6969

Fabrik für

MOTORBOOTS-ARTIKEL

Rheinische

Motorboot- u. Yacht-Werft

Inh.: Chr. Scharstein jun.

Schierstein a. Rhein b. Wiesbaden.

Spezialwerft für Motorboote, Segel-Yachten u. Wasserfahrzeuge aller Art in Holz- und Stahlbau.

Patent-Slip-Hebekrahn, 12000 kg Tragkraft.

Grösste Werft ihrer Branche am Rhein. Solide Preise.

MOTORBOOTWERKE
HOFFMANN & Co

Neue Königstr. 49 POTSDAM Telephon 334

Bootswerft und mechanische Werkstatt

Rennboote
Schnelle Tourenboote
Kreuzeryachten
Familienboote
Schlepper
Yachtbeiboote
Fähren
Lastboote

Spezielle Fahrzeuge für Kolonial- und Marinezwecke

mit Verbrennungs- und Elektromotoren.

Vertreten auf der ersten internationalen Motorboot-Ausstellung in Kiel, 16. bis 30. Juni 1907.

Kreuzeryachten
Jollenkreuzer
Jollen

Hamburg
Alter Teichweg 33-35
Telefon: Merkur Nr. 825 und Nordsee Nr. 7403

Lloyd-Werft
Hamburg-Berlin
Aktiengesellschaft

Motorkreuzer
Autoboote
Kajaks

Vertreter für Berlin und Provinz Brandenburg:
Walter Bähr
Berlin-Steglitz, Miquelstrasse 30

LEUX-WERKE A.G.
FRANKFURT A.M.
Motor & Segelyachten für Rennen & Reise - Ruderboote - Paddelboote
Verkaufsstellen: Berlin: Ecke Mohren- u. Friedrichstrasse — Hamburg: Glockengiesserwall 17

BRANDENBURGER
MOTORBOOT- & YACHTWERFT
EMIL LÜDICKE
BRANDENBURG (HAVEL)
5-m-Motorboot
4–6 Personen, Eiche Mahagoni, erstklassig verarbeitet, Preis einschliesslich Steuer Mark 2800
sofort lieferbar

SIEMENS
MAGNETAPPARATE UND ZÜNDKERZEN
SIEMENS & HALSKE A/G BLOCKWERK
SIEMENSSTADT BEI BERLIN

DAPOLIN
BESTER BETRIEBSSTOFF
DEUTSCH-AMERIKANISCHE
PETROLEUM-GESELLSCHAFT

Hanomag
Lloyd Schiffsmotoren
„Deurer & Kaufmann" Hamburg 1 Barkhof 3

Hamburger Yacht- u. Bootswerft
FRVND
C. Eduard Dingedahl, Hamburg, Arndstrasse Nr. 21
Fernspr.: Elbe 3842

Der altbekannte
Spezialmakler
für
Motor-Boote und Motor-Yachten
neu und gebraucht, ist
Ernst Bökelmann
Schiffsbautechn. Büro und Yachtmaklerei
BERLIN NW 87, Elberfelder Strasse 17
Fernsprecher: Hansa 29 52.

Vorderkajütboote
konkurrenzlos billig.

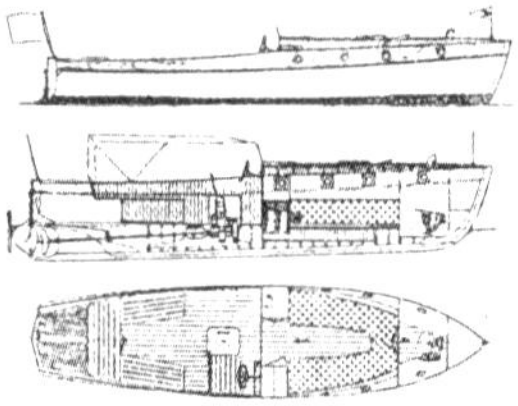

7,50 × 1,80 m, mit 4 Zyl.-10/12-PS.-Breuermotor, in Eiche u. Mahagoni, mit W.-C., elektr. Licht, Sonnenzelt, Plan, reichl. Zubehör, 3 Schlafpl., frei Berlin einschl. Luxussteuer **5400.– Mk.**

B. Hegge, Yachtwerft, Kiel
Dänische Str. 27-29
Vertreter für Berlin:
Rackow, Friedrichshagen
Wilhelmstr. 53 Telefon: 185

HANSA-WERFT
Berlin SO 33, Cuvrystraße 4/5
Fernsprecher: Amt Moritzplatz 8281 und 4960

HANSA-AUTOBOOTE UND MOTORYACHTEN

2000 Mark-Motorboote
nach dem Ausschreiben des Allgemeinen Deutschen Automobil-Clubs,
sofort lieferbar

*

Länge 4 m, Breite 1,40 m, 4 Sitzplätze, Motor 2 Zyl., BuB, $4^{1}/_{2}$ PS., ca. 12 km Geschwindigkeit, Preis 2000 Mark (exkl. Luxussteuer) ab Werft

Kauf' Bootslack nur bei Schöbel ein, Boxhagener Strasse Hundertneun!

PINSCHOWER-WERFT
Motor- und Segelyachten, Jollen, Autoboote
Unverbindl. Anfragen erbeten Fernspr.: Wilhelm 1395
Anschrift: Charlottenburg 5, Rönnestrasse 6
Werft: Stössenseebrücke, Heerstrasse
Instandsetzungen und Reparaturen

Die
KOLBEWERFT IN KIEL
Inhaber: Chr. Kolbe
baut
Motor- und Segelyachten
nach bewährter Spezial-Konstruktion
Fernruf: 4050/4051
Tel.-Adresse: Kolbewerft, Kiel

Fr. Lürssen
Yacht- und Bootswerft
Gegr. 1875 **Vegesack bei Bremen** Gegr. 1875
Vertreten auf der Allgemeinen Wassersport-Ausstellung Potsdam, Stand 38
Motorboote, Segelboote, Ruderboote, Gebrauchsfahrzeuge
Verkaufsbüro Berlin: Dr. Ing. E. H. Lachmann, Berlin, Culmstrasse 2

J. Schlichting
Yacht- und Bootswerft
Fernruf: Travemünde 34 **Travemünde b. Lübeck** Telegr.-Adresse: Schlichtingswerft

MURR
Bootswendegetriebe
von höchster Leistungsfähigkeit

STAHL-
MOTORBOOTE
von 3-12m Länge
baut in Serien und
verkauft ab Lager
zu festen Preisen
die
PLÖNER WERFT A.-G.
PLÖN (HOLSTEIN) 32

Zum guten Boot
hat man Vertrau'n.
Das baut in
Potsdam
BOOTSWERFT
BRAUN
TEL. 5318

KS
Aluminiumkolben
Alusilkolben
liefert roh und einbaufertig bearbeitet
Karl Schmidt G.m.b.H.
Neckarsulm

56
Feuer an Bord
erfordert schnelles, sachgemäßes Eingreifen mittels eines handlichen Feuerschutzes von größter Löschwirkung
MINIMAX
ist der geeignete Löscher, um bei Schiffsbränden erfolgreich einzugreifen. In der Praxis vielfach glänzend bewährt. Kein Verschmutzen von empfindlichen Maschinenteilen
Unverbindliche Auskunft erteilt:
MINIMAX A.-G.
BERLIN NW 6

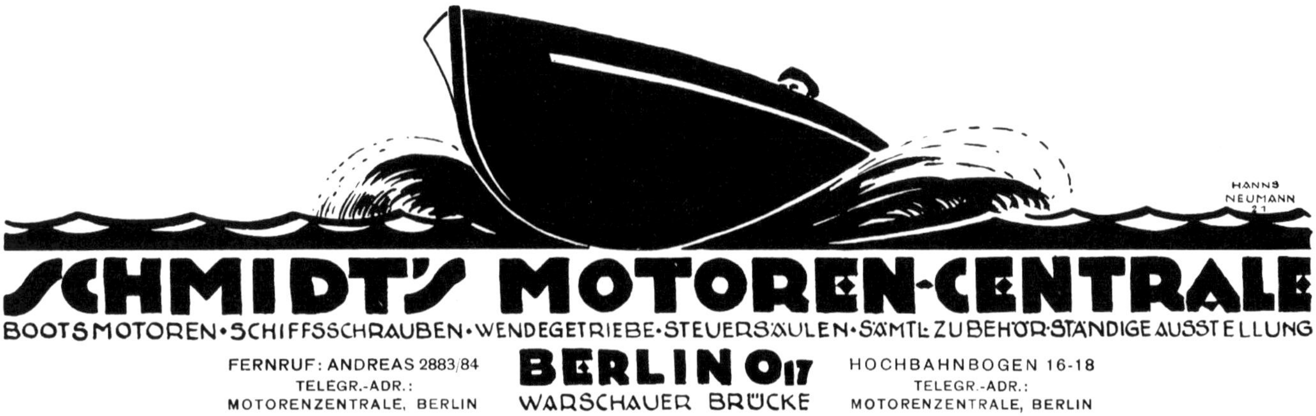
HANNS NEUMANN 21
SCHMIDT'S MOTOREN-CENTRALE
BOOTSMOTOREN · SCHIFFSSCHRAUBEN · WENDEGETRIEBE · STEUERSÄULEN · SÄMTL. ZUBEHÖR · STÄNDIGE AUSSTELLUNG
FERNRUF: ANDREAS 2883/84
TELEGR.-ADR.:
MOTORENZENTRALE, BERLIN
BERLIN O17
WARSCHAUER BRÜCKE
HOCHBAHNBOGEN 16-18
TELEGR.-ADR.:
MOTORENZENTRALE, BERLIN

Bootswerft am Werlsee
Paul Rüdiger
Bootsbaumeister
Bau von Motor-, Segel- und Ruderbooten jeder Art. Ausstattung ganzer Bootshäuser.
Ständiges Lager fertiger Boote.
Gegründet 1893

BOOTSWERFT ZEPPELINHAFEN G.M.B.H.
Tel.: Potsdam 3557/58
DURALUMIN
Schnellboote
POTSDAM WILDPARK
Unser Serientyp:
6m-Autoboot
für 6 Personen
M. 2200
Erleichterte Zahlungsbedingungen
Sommer- und Winterlager

SASSE-WERKE
SCHIFFSBAUWERFT UND MASCHINENFABRIK
BERLIN-CÖPENICK
Marienstraße
Fernsprecher:
Cöpenick Nr. 449 und 450
Motoryachten, Motorschiffe, Gebrauchsfahrzeuge
jeder Ausführung

BOOTSMOTOREN
45/60 PS.
für Luxus- und Verkehrsboote
Bayerische Motoren Werke A.-G., München

Heinrich Remmers
HAMBURG
Motorboote
Lloyd-
Bootsmotoren
Motoren-Oel Daimolin
Reserveteillager der
Bremer-Lloyd-Bootsmotoren

Grade, 1925. »Nur das Gute, das Altbewährte bricht sich Bahn!« Flugpionier Hans Grade baute nicht nur für kurze Zeit einen erfolgreichen Kleinwagen, sondern betätigte sich auch selbstbewusst im Bereich Bootsmotoren. Das Sortiment umfasste Ein-, Zwei-, Drei- und Vierzylinder von 5 bis 180 PS, alle für Rohölbetrieb ausgelegt

Bootswerft Luftschiffhafen, 1924

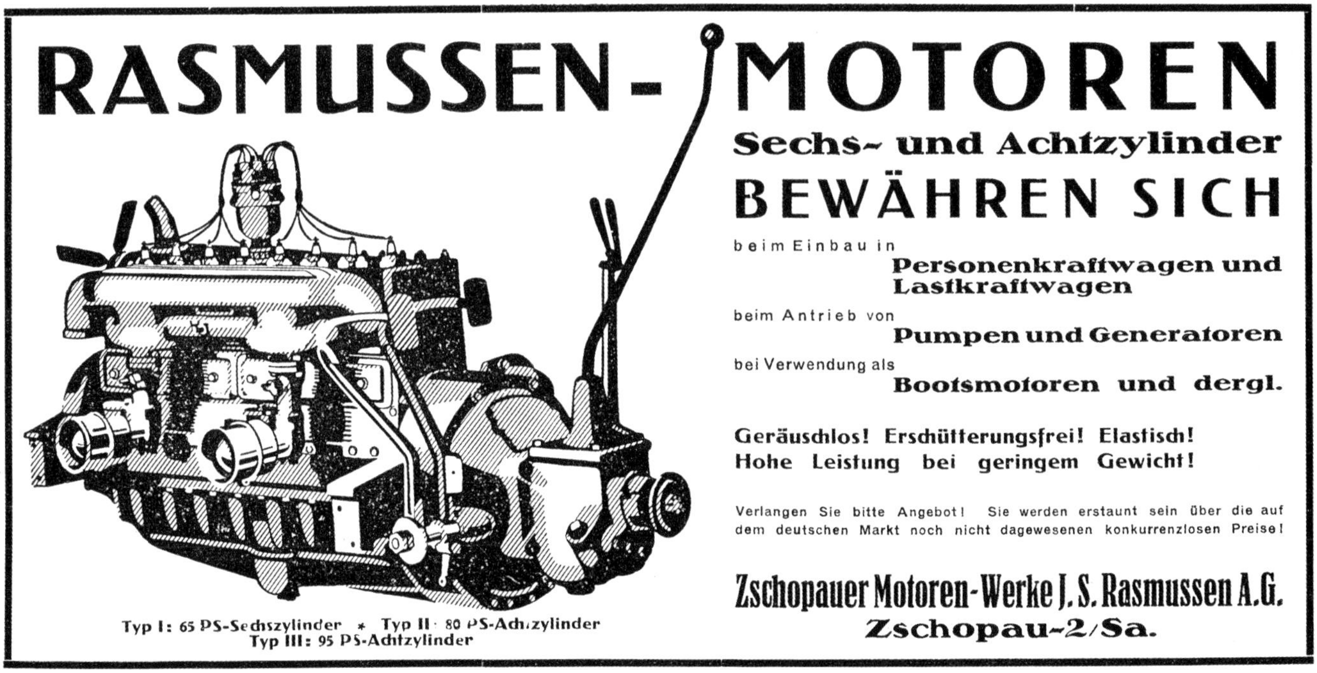

Zschopauer Motoren-Werke, 1929

Albatros, um 1925

Bub Bootsmotoren, 1926

Ditchburn Boats, 1927

The Sea Sled Co., 1921

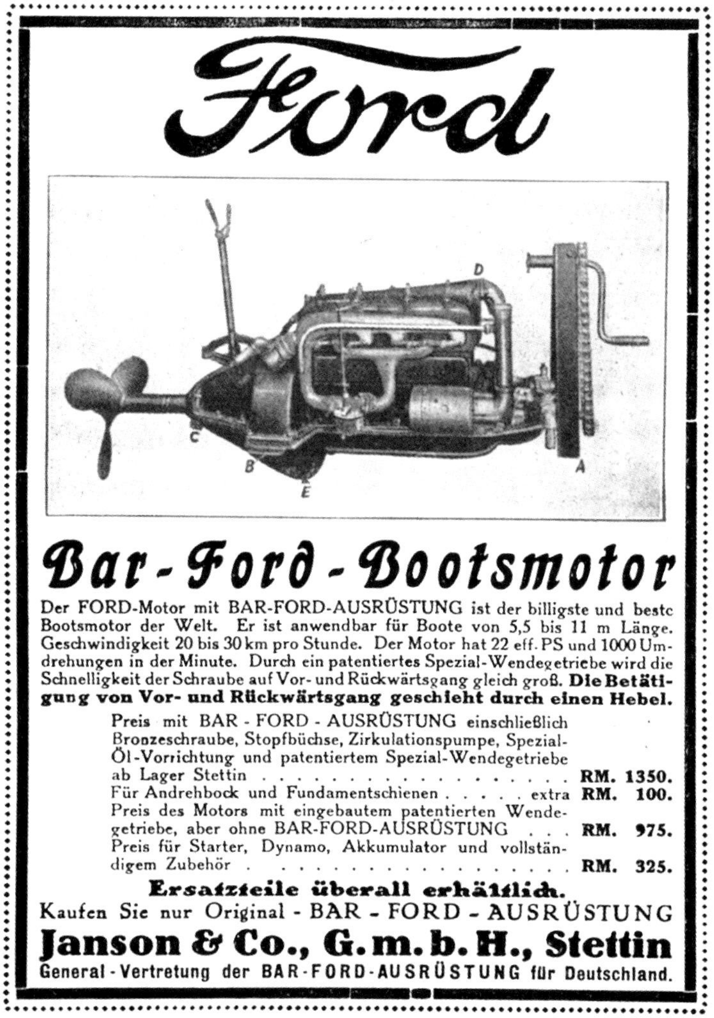

Janson & Co./Ford, 1926

Packard, 1925 ▷

PACKARD

SUPREME — AIR, LAND AND WATER

Packard motors drove the giant Navy dirigible Shenandoah on its record-breaking flight of 8100 miles.

Packard motors enabled the sea-plane PN-9 to nearly double the previous world's record for non-stop sea-plane flight by traveling 2230 miles in 28 hours, 35 minutes, 27 seconds—with a starting load of nearly ten tons.

A standard Packard marine motor drove Rainbow III 1064 miles in 24 hours, a distance greater by 276 miles than any boat of any kind or size ever covered in one day.

Packard's quarter century of experience in the design and manufacture of motors is available to all in the Packard Six and the Packard Eight.

Ask The Man Who Owns One

GUTE FAHRT
in allen Sphären mit
Shell
SHELL-VOLTOL
dem elektrisch veredelten Einheitsöl,- und
SHELL-STELLIN
dem bewährten Motorenbenzin
RHENANIA-OSSAG MINERALÖLWERKE A-G
DÜSSELDORF ✦ HAMBURG ✦ BERLIN ✦ LEIPZIG ✦ REGENSBURG ✦ LUDWIGSHAFEN A/RH.

Hispano-Suiza, 1927. Ein Faltblatt feiert Eugenio Etchégoïn und sein Weltrekordboot *Sadi VI*, das einen 180-PS-V8 unter der Haube hatte

Maybach, 1925

Hella, 1925

◁ Shell, 1926

Wolgaster Schiffswerft, 1925

Siemens, 20er-Jahre

L'HUILE DES RECORDS DU MONDE
Autos
Records du monde_Toutes catégories
6 Nov. 1925 500 Kms Moyenne 172 Kms. 500
1000 Kms " 171 Kms. 600
3 Heures Distance 517 Kms. 834
6 Heures " 1 032 Kms. 280
13 Avril 1927 100 Kms Moyenne 205 Kms. 268
100 Milles " 206 Kms. 885
27 Mai 1927 Dans l'heure Distance 206 Kms. 558
12 Juil 1927 500 Kms Moyenne 188 Kms. 903
1000 Kms " 186 Kms. 980
500 Milles " 189 Kms. 459
3 Heures Distance 568 Kms. 758
6 Heures " 1 120 Kms. 569
26 Sept 1927 1000 Milles Moyenne 180 Kms. 785
2000 Kms " 180 Kms. 746
3000 Kms " 181 Kms. 870
2000 Milles " 181 Kms. 651
4000 Kms " 181 Kms. 969
3000 Milles " 182 Kms. 073
5000 Kms " 181 Kms. 744
12 Heures Distance 2 178 Kms. 576
24 Heures " 4 383 Kms
Records internationaux _ Classe C
22 Fév. 1926 50 Kms Moyenne 188 Kms. 235
50 Milles " 190 Kms. 013
Canots automobiles
Record du monde_Série 12 litres
10 Sept. 1926 à l'heure: 92 Kms.
Records du monde_Toutes catégories
30 Sept. 1926 à l'heure: 101 Kms. 954
24 Sept. 1927 " 106 Kms. 160
Avions
15 Fév. 1923 Vitesse sur la base de 1 Km. à l'heure: 375 Kms
YACCO
JACK
AFFICHES KOSSUTH_PARIS

Yacco, 1927

Gebr. Engelbrecht, 1928. Im Bild die *Käthi*

Faul, um 1930

Leux-Werke, 1929

Szawe, um 1922. Die Illustration stammt von Werbegrafiker, Autodesigner und Erfinder Ernst Neumann-Neander. Die Szawe-Karosseriewerke traten Anfang der 20er als Stifter von Regattapreisen im Raum Berlin auf. Ob das spektakuläre V12-Rennboot jemals realisiert wurde, darf bezweifelt werden

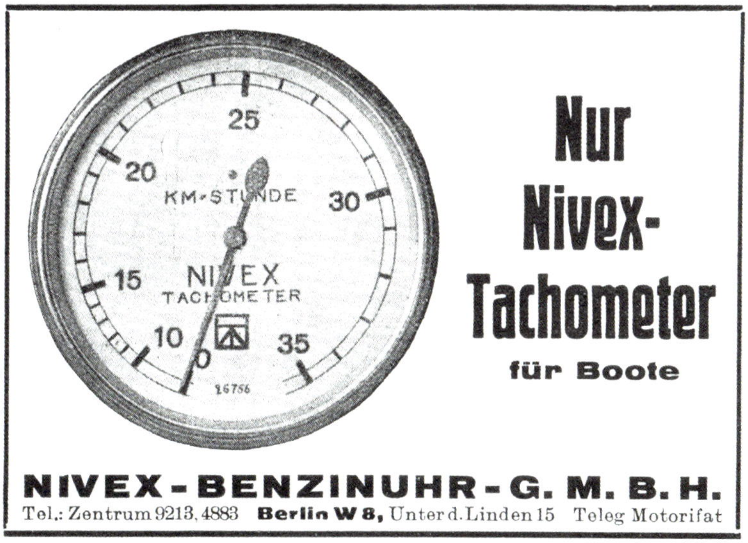

◁ Baco, 1936

Nivex, 1925

Caspar-Werke, 1926

Siemens, 1927

Rolandwerft, 1923 ▷

Peugeot, 1927.
Die Ausstattung der beiden Bootstypen wurde wie folgt beschrieben: Karweel-Mahagoni-Außenhaut, abnehmbares Klappverdeck, umlegbare Frontscheibe, geräumige Plicht, Bordelektrik, Vierzylindermotor mit Wendegetriebe, Werkzeug und Ersatzteile werden mitgeliefert. Der Kaufpreis wird als »modéré« bezeichnet – »moderat«

Duesenberg, um 1921. Die Werbung ist noch stark von militärischen Einflüssen geprägt. Das Duesenberg Model A parkt nicht neben einem schnittigen Rennboot, sondern steht im Schatten der Marine

▽ Mobiloil, um 1934

△ Universal, 1930

Dodge Boats, 1929

Chrysler, 20er-Jahre

Ota, 1928

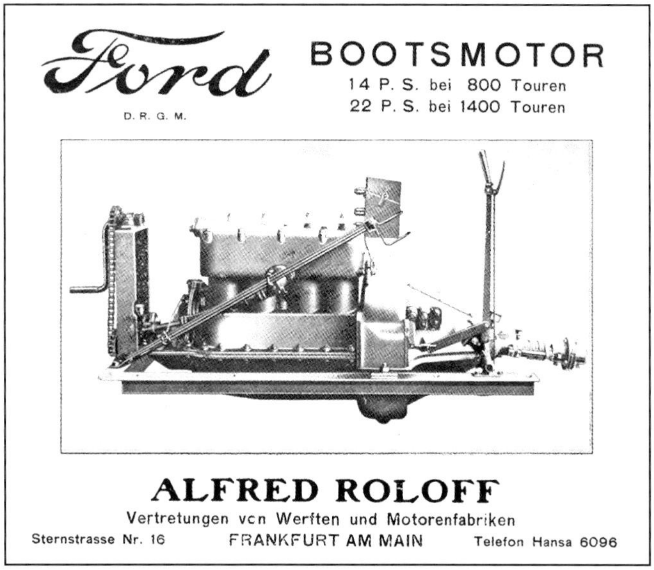

Ford, um 1928

Kölner Holzbau-Werke, 1925

Deutscher Lloyd, 1938

Deutsch-Amerikanische Petroleum-Gesellschaft, 1931 ▷

DAPOLIN BENZIN

Der schönste Ausflug...

kann vorzeitig ein übles Ende nehmen, wenn der Motor streikt! Sie wissen, daß unbekannte Betriebsstoffe häufig Urheber dieser unliebsamen Störung sind. Tanken Sie deshalb stets

DAPOLIN

und schmieren Sie mit

STANDARD MOTOR OIL

dann fahren Sie zuverlässig und wirtschaftlich.

STANDARD

Peugeot, um 1927. Nach Ende der Bootspartie im Canot Automobile werden die Damen vornehm im sechszylindrigen Type 174 am Steg abgeholt

Cantiere Celli, 1934

Agip, 1935

Kermath, 1936

Champion, 1929

Basse & Selve, 1929

Seite 442 bis 443: diverse Anzeigen aus Mitte der 30er-Jahre

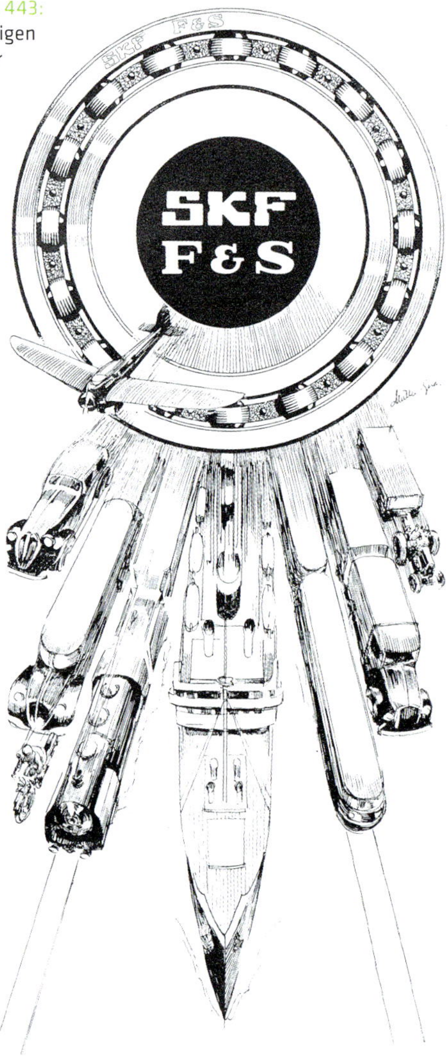

Das „S"-BOOT
Schneider-Werft • Berlin-Rahnsdorf
Fernspr.: F 4 Poseidon 9107 (Blumeslake)

Yachtwerft Kriegermann
G. m. b. H.
Am Pichelsee 24-25 Berlin-Pichelsdorf Tel.: Spandau 3530 2857
Autbord-Rennboote
Holzbau Stahlbau
Serienbau
Autoboote / Beiboote
sofort ab Lager
Bau von Segelfahrzeugen aller Art

Yacht- und Bootswerft
ROBERT FRANZ
Niederlehme / Königswusterhausen

8-m-Autoboot Standard, elegant, schnell, betriebssicher, werftneu, mit fabrikneuem 4-Cylinder, garantiert 28 km . . . . RM 4750.-

BOOTS-BAUHÖLZER
TABASCO-SAPELI-MAHAGONI
GRAND-BASSAM-MAHAGONI
CEDER, GABUN, EICHE
ESCHE, SPRUCE, OREGON-PINE
WHITE-PINE, ASTR. TANNE
HANS GÜRRLICH
Berlin-Lichtenberg, Möllendorf-Straße 118
Fernsprecher: E 5 Lichtenberg 3351

ABEKING & RASMUSSEN
YACHT & BOOTSWERFT
LEMWERDER / BREMEN

Hansa-Werft, 1934 und Chris-Craft, 1931. 37 Standardtypen aus Algonac stehen zehn Hansa-Modelle gegenüber. Freizeitboote mit Frontmotor waren in Deutschland viel länger verkäuflich als in den USA. Chris-Craft bot seit der Neugründung 1922 gar keine mehr an. Auch der Begriff Autoboot verschwand in Amerika bereits in den 10er-Jahren

37 CHRIS-CRAFT

MODELS FOR 1931

RUNABOUTS—SEDANS—COMMUTERS—CRUISERS—YACHTS—TENDERS

The Greatest Fleet in Boating History

17-FT. TO 48-FT. — 12 TO 45 M. P. H. — $1,295 TO $35,000

f. o. b. Algonac, Michigan, U. S. A.

Model No.		Price
	CRUISERS	
	Standard Models	
250	—31′ Single Cabin Cruiser; 12 passenger; 70 H. P.; Direct Drive; speed up to 14 M. P. H.	$3975
251	—31′ Double Cabin Cruiser; 12 passenger; 70 H. P.; Direct Drive; speed up to 12 M. P. H.	$4595
252	—31′ Single Cabin Cruiser; 12 passenger; 70 H. P.; Reduction Gear; speed up to 18 M. P. H.	$4550
253	—31′ Double Cabin Cruiser; 12 passenger; 70 H. P.; R. G.; speed up to 17 M. P. H.	$5170
	DeLuxe Models	
254	—31′ Single Cabin Cruiser; 12 passenger; 70 H. P.; R. G.; speed up to 18 M. P. H.	$5450
255	—31′ Double Cabin Cruiser; 12 passenger; 70 H. P.; R. G.; speed up to 17 M. P. H.	$6070
256	—36′ Single Cabin Cruiser; 16 passenger; 70 H. P.; R. G.; speed up to 17 M. P. H.	$6645
257	—36′ Double Cabin Cruiser, Open Bridge; 16 passenger; 70 H. P.; R. G.; speed up to 15 M. P. H.	$7500
258	—36′ Double Cabin Enclosed Bridge Cruiser; 16 passenger; 70 H. P.; R. G.; speed up to 15 M. P. H.	$8500
259	—36′ Single Cabin Cruiser; 16 passenger; 106 H. P.; R. G.; speed up to 20 M. P. H.	$6995
260	—36′ Double Cabin Open Bridge Cruiser; 16 passenger; 106 H. P.; R. G.; speed up to 18 M. P. H.	$7850
261	—36′ Double Cabin Enclosed Bridge Cruiser; 16 passenger; 106 H. P.; R. G.; speed up to 18 M. P. H.	$8850
	Custom Models	
262	—36′ Single Cabin Cruiser; 16 passenger; 250 H. P. Chris-Craft Motor, Direct Drive; speed up to 33 M. P. H.	$10,500
275	—34′ Custom Commuter; 14 passenger; two 200-225 H. P. Motors; speed up to 40 M. P. H.	$15,000
276	—38′ Commuting Cruiser; 20 passenger; Chris-Craft 250 H. P. Motor; speed up to 30 M. P. H.	$15,000
277	—48′ Custom Yacht; 30 passenger; two 250 H. P. Chris-Craft Motors; speed up to 30 M. P. H.	$35,000
	RUNABOUTS	
	Standard Models	
199	—17′ Runabout; 6 passenger; 41 H. P.; speed up to 25 M. P. H.	$1295
200	—20′ Runabout; 8 passenger; 75 H. P.; speed up to 31 M. P. H.	$1895
201	—22′ Runabout; 9 passenger; 75 H. P.; speed up to 30 M. P. H.	$2195
202	—22′ Runabout; 9 passenger; 125 H. P.; speed up to 36 M. P. H.	$2595
203	—24′ Runabout; 10 passenger; 125 H. P.; speed up to 35 M. P. H.	$2850
204	—24′ De Luxe Sedan; 10 passenger; 125 H. P.; speed up to 34 M. P. H.	$3400
205	—24′ Runabout; 10 passenger; 150 H. P.; speed up to 40 M. P. H.	$3155
206	—26′ Runabout; 11 passenger; 125 H. P.; speed up to 32 M. P. H.	$3195
207	—26′ Runabout; 11 passenger; 150 H. P.; speed up to 37 M. P. H.	$3500
208	—26′ Runabout; 11 passenger; 200-225 H. P.; speed up to 42 M. P. H.	$4150
209	—26′ Convertible Sedan; 11 passenger; 200-225 H. P.; speed up to 40 M. P. H.	$5100
	Custom Models	
210	—26′ Runabout; 11 passenger; 200-225 H. P.; speed up to 42 M. P. H.	$4450
211	—26′ Convertible Sedan; 11 passenger; 200-225 H. P.; speed up to 40 M. P. H.	$5400
212	—26′ Runabout; 11 passenger; Chris-Craft 250 H. P. Motor; speed up to 45 M. P. H.	$4795
213	—26′ Convertible Sedan; 11 passenger; Chris-Craft 250 H. P. Motor; speed up to 43 M. P. H.	$5745
214	—28′ Runabout; 11 passenger; 200-225 H. P.; speed up to 40 M. P. H.	$4995
215	—28′ Convertible Sedan; 11 passenger; 200-225 H. P.; speed up to 38 M. P. H.	$5970
216	—28′ Runabout; 11 passenger; Chris-Craft 250 H. P. Motor; speed up to 42 M. P. H.	$5395
217	—28′ Convertible Sedan; 11 passenger; Chris-Craft 250 H. P. Motor; speed up to 40 M. P. H.	$6370
218	—28′ All-Wood Sedan; 11 passenger; Chris-Craft 250 H. P. Motor; speed up to 40 M. P. H.	$6500
219	—30′ Runabout	Details and prices on application

Yacht Tenders—Prices on application

Prices subject to change without notice

Chris-Craft

CHRIS-CRAFT CORPORATION—1901 DETROIT ROAD, ALGONAC, MICHIGAN

NEW YORK DIRECT FACTORY BRANCH—1 WEST 52ND STREET, AT 5TH AVENUE

Hansa-Autoboote

aus Stahl

5 m-Autoboot
für 4 Personen mit 6 PS-Motor u. Wendegetriebe
fahrbereit **M. 1400.–**

7 m-Autoboot
für 4–6 Pers., mit 4 Zyl.-Motor, Licht und Starter
fahrbereit **M. 2800.–**

9 m-Autoboot
für 4–8 Pers., mit 6 Zyl.-Motor, Licht und Starter
fahrbereit **M. 3900.–**

6 m-Schnellboot
für 2–4 Personen u. Geschwindigkeiten bis 45 km
fahrbereit **M. 3900.–**

8 m-Schnellboot
für höchste Geschwindigkeiten
Preis auf Anfrage

Hansa-Motorkreuzer

aus Stahl

7 m-Motorkreuzer
mit Vorderkajüte, Küche, WC, 2 Schlafplätzen
fahrbereit **M. 3900.–**

8 m-Motorkreuzer
für 15–25 km Geschw., mit Küche, WC, 2 Schlafpl.
fahrbereit **M. 4900.**

10 m-Motorkreuzer
m. Vorder- u. Achterkajüte, 4 festen Schlafplätzen, Küche, WC
fahrbereit **M. 7500.–**

12 m-Motorkreuzer
mit Steuerhaus, Vorder- und Achterkajüte, 5–6 Schlafplätzen
fahrbereit **M. 12500.**

11 m-Limousine
mit Küche und WC, 2 festen Schlafplätzen
fahrbereit **M. 9500.–**

Bitte besichtigen Sie unverbindlich die Boote auf unserer Werft. Sie finden dort eine große Auswahl an neuen und gebrauchten Motorbooten.

HANSA-WERFT / GEBR. GEPPERT
BERLIN-STRALAU
Tunnelstraße 41-42 · Tel.: E 5 Lichtenberg 3300

SPEZIAL FABRIK
FÜR MOTORBOOTS ARMATUREN
ARMATUREN APPARATE FABRIK
PRERAUER & SCHOLZ NACHF.
BERLIN NEUKÖLLN KIRCHHOFSTR.45 T. F2 NEUK. 4837

Klapp-Verdecke
und wasserdichte Plane für Motorboote
Qualitäts- und Luxusarbeit
Köppen, Berlin S14,
Dresdener Str. 88-89
Tel.: F 7, Jannowitz 4961

JUNKERS
MOTORTYP: „1 SHK 65"
Leistung: 10 PSe
Drehzahl: 1200 Umdr./Min.
Länge über Alles 1250 mm
(bis Wellenkupplung des Wendegetriebes)
Breite: 540 mm
Motor-Höhe: 970 mm
Gew. (einschl. Wendegetriebe) ca. 450 kg
JUNKERS
BOOTS-DIESEL-MOTOR
MIT WENDEGETRIEBE
GESELLSCHAFT FÜR JUNKERS-DIESELKRAFTMASCHINEN M.B.H.
CHEMNITZ
ANSCHRIFT: DESSAU.

Zum Einbau in Boote generalüberholte
Automotoren
20 PS — 40 PS — 50 PS
Mit 6 Monaten Garantie
Carl Dietlein · Zylinderschleiferei
Magdeburg-N

TEROSON
ERZEUGNISSE
Zum Abdichten
von Motorgehäusen, Zylindern, Getrieben, Verschraubungen usw.
hat sic
TEROSON-FLUID
bewährt
Es ist ja auch ein TEROSON-Erzeugnis!

POWERED BY LYCOMING
SKIFFS
CRUISERS
COMMUTERS
RUNABOUTS
WORK BOATS
AUXILIARIES
RACING HYDROPLANES
CUSTOM BUILT YACHTS
LYCOMING MANUFACTURING COMPANY
WILLIAMSPORT, PENNSYLVANIA

Yachtwerft Kriegermann
Motor- und Segelboote ◆ Berlin-Pichelsdorf, Telefon 373530

VIEL VERGNÜGEN...
ESSO
STANDARD
STANDARD
... sichern Sie sich beim Motorbootfahren, wenn Sie nur STANDARD BENZIN oder ESSO tanken und ausschließlich STANDARD MOTOR OIL verwenden. Diese hochwertigen Marken Betriebstoffe gewährleisten stete Bereitschaft und Zuverlässigkeit, beste Motorleistung und sparsamsten Betrieb.
Auch Ihr Motor läuft besser und sparsamer
mit STANDARD
BENZIN · ESSO · MOTOR OIL
... die Marke, zu der die ganze Welt Vertrauen hat.

Penta Motor, 1934.
Die Autoren verneigen sich vor dem Verfasser des Textes!

PENTA MOTOR

Es ist kein Luxus . . .

Motorbootsbesitzer zu sein, denn der Wassersport, der nicht an überfüllte staubige Landstrassen gebunden ist, macht Sie zu frohen und gesunden Menschen.

Es gibt für die angestrengt arbeitenden Menschen der Gegenwart keine bessere Entspannung und keine grössere Erholung als das Leben auf dem Wasser.

Geist und Körper werden gestählt und erfrischt, wenn das Boot durch die glitzernden Fluten schneidet und Wind und Sonne den Körper umspülen.

Schöpfen auch Sie neue Lebensfreude und gesteigerte Schaffenslust aus dem Wassersport.

Bitte, unterbreiten Sie uns Ihre Pläne, denn wir sind in der Lage Ihnen gute Ratschläge bei der Wahl eines Bootes, Motors oder Propellers zu geben, um die Neuanschaffungs- und Betriebskosten in Ihrem eigenen Interesse so niedrig wie möglich zu halten.

PENTA

JUNKERS
JUNKERS

Steudel, 1936

△ Speedoil, 1932

Esso, um 1935 ▽

◁ Junkers, 1935. Abgebildet ein Gegenkolbenmotor Typ 1HK65

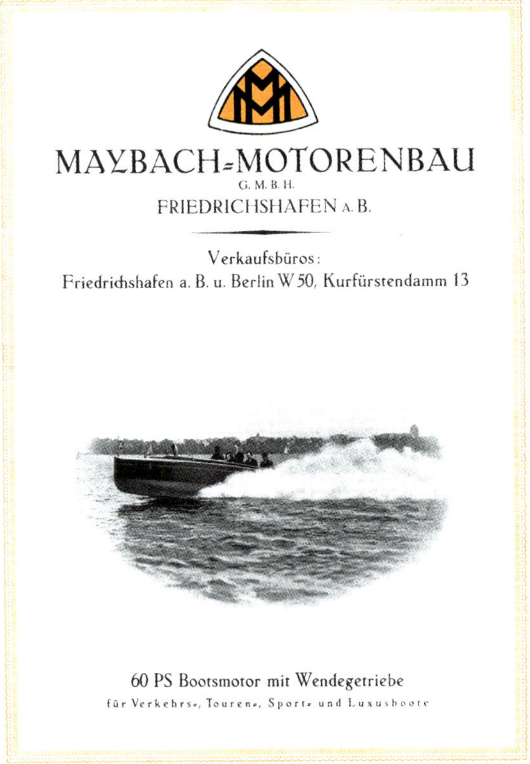

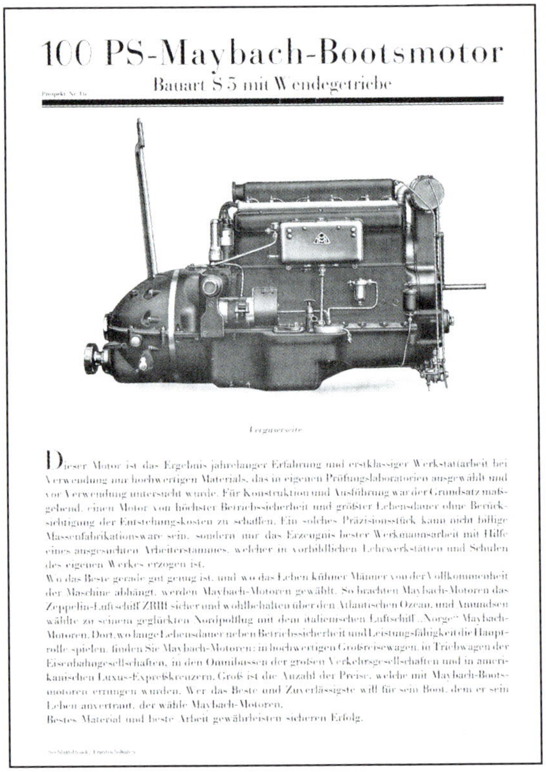
100 PS-Maybach-Bootsmotor
Bauart S 5 mit Wendegetriebe

Vergaserseite

Dieser Motor ist das Ergebnis jahrelanger Erfahrung und erstklassiger Werkstattarbeit bei Verwendung nur hochwertigen Materials, das in eigenen Prüfungslaboratorien ausgewählt und vor Verwendung untersucht wurde. Für Konstruktion und Ausführung war der Grundsatz maßgebend, einen Motor von höchster Betriebssicherheit und größter Lebensdauer ohne Berücksichtigung der Entstehungskosten zu schaffen. Ein solches Präzisionsstück kann nicht billige Massenfabrikationsware sein, sondern nur das Erzeugnis bester Werkmannsarbeit mit Hilfe eines ausgesuchten Arbeiterstammes, welcher in vorbildlichen Lehrwerkstätten und Schulen des eigenen Werkes erzogen ist.
Wo das Beste gerade gut genug ist, und wo das Leben kühner Männer von der Vollkommenheit der Maschine abhängt, werden Maybach-Motoren gewählt. So brachten Maybach-Motoren das Zeppelin-Luftschiff ZRIII sicher und wohlbehalten über den Atlantischen Ozean, und Amundsen wählte zu seinem geglückten Nordpolflug mit dem italienischen Luftschiff „Norge" Maybach-Motoren. Dort, wo lange Lebensdauer neben Betriebssicherheit und Leistungsfähigkeit die Hauptrolle spielen, finden Sie Maybach-Motoren: in hochwertigen Großreisewagen, in Triebwagen der Eisenbahngesellschaften, in den Omnibussen der großen Verkehrsgesellschaften und in amerikanischen Luxus-Expreßkreuzern. Groß ist die Anzahl der Preise, welche mit Maybach-Bootsmotoren errungen wurden. Wer das Beste und Zuverlässigste will für sein Boot, dem er sein Leben anvertraut, der wähle Maybach-Motoren.
Bestes Material und beste Arbeit gewährleisten sicheren Erfolg.

Maybach-Prospektcover im Wandel der Zeit: oben 1924 und 1927, unten 1932 und 1933, rechte Seite ca. 1932

Vollgas für die Werbung: hinten die *Seewal*, vorn die *Donnerwetter*. Karl Maybach, der gemeinsam mit Graf Zeppelin die Maybach-Motorenbau GmbH gegründet hatte, legte Wert darauf, potenziellen Kunden und Gästen die Leistungsfähigkeit ihrer Motoren und Getriebe vorführen zu können. Das Bild war allerdings eine Fotomontage

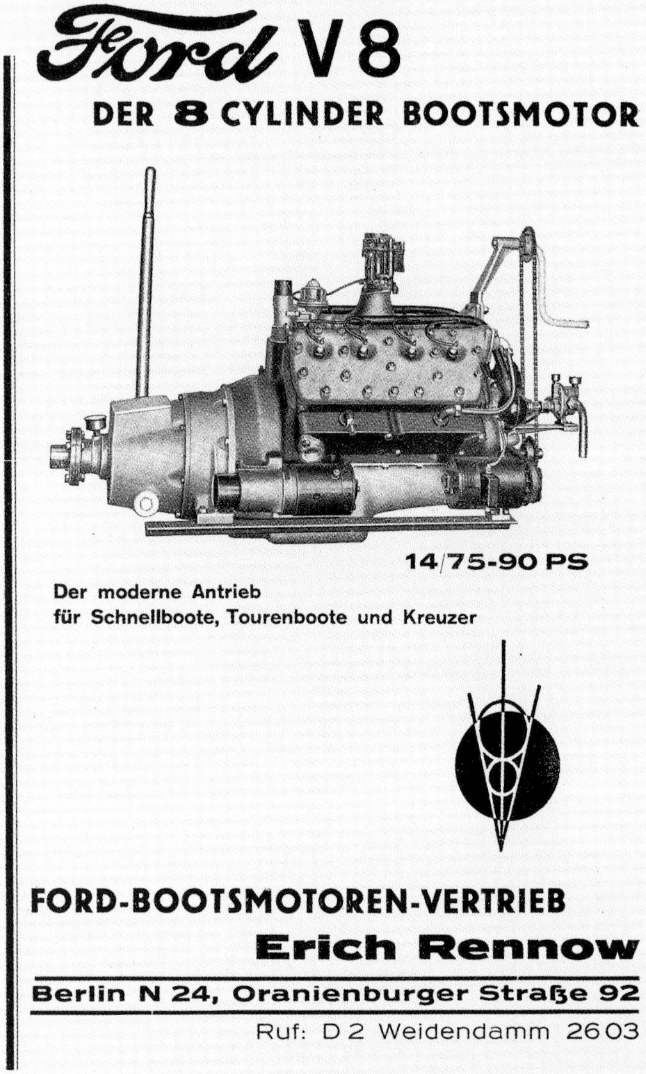

Ford, um 1936. Das nationalsozialistische »Gesetz für wirtschaftliche Maßnahmen« von 1934 förderte den Export und erschwerte den Import von Gütern, di

ein deutsches Erzeugnis!

Der neue Ford V8

ist die genialste Konstruktion in Vergasermotoren überhaupt, es ist der Motor, der seiner Zeit voraus ist, es gibt nichts besseres in Zuverlässigkeit, Einfachheit und Leistungsfähigkeit. Die praktisch vollkommen ausgeglichene Arbeitsweise des 8 Cylinder-Motors erübrigt es, weitere Ausführungen über diesen Motor zu machen. Hingewiesen soll nur noch auf die geniale Durchlüftung werden, wodurch eine einzigartige Oelkühlung der Maschine erreicht wird.

Preise.

Motor komplett einbaufertig mit Getriebe, Andrehvorrichtung, Kühlwasser-Pumpe, Berohrung, wassergekühlten Auspuffsammelrohren, Lichtmaschine, Starter, Batterie, Kabel, Schaltkasten, Oeldruckmanometer, Ampèremeter usw., fertig auf Schienen montiert **RM. 2500,—.**
Der Motor kann auf Wunsch auch, gegen Aufpreis mit Rohölvergaser oder mit Holzgasgenerator geliefert werden. Die Leistungen vermindern sich dann um ca. 15 %.

Komplette Wellenanlagen

einschl. Stevenrohr, Stopf- und Sternbuchsen, Propeller in Bronce, Kardangelenke, Drucklager usw. auf Anfrage.
Tourenzähler komplett am Motor angebaut von RM. 45,— an.

Zahlung.

$\frac{1}{2}$ bei Bestellung, Rest bei Lieferung ohne Skonto. Es gelten meine Lieferbedingungen.

Zur besonderen Beachtung.

Fabrikneue Motoren dürfen in den ersten 20 Betriebsstunden nicht über 600 bis 800 Touren belastet werden. Erst nach dieser Zeit kann auf Vollgas gegangen werden. **Man verwende für den Bordbetrieb nur unsere ausgesprochenen Bootsmotoren und nicht Wagen- oder Industriemotoren!**

Besondere Vorteile.

Billige Ersatzteile überall erhältlich. Fachmännische Beratung, Kundendienst.

▪ Aufbauteile ▪ Umbauten ▪ Getriebe usw.

Leistungsdaten des V8.

n	1000	1250	1500	1750	2000	2250	2500	3000	3500
14/92	28	35	42	50	57	65	72	85	92

Einbaumaße des V8.

Ganze Länge bis Wellenflansch	1340
Länge ohne Getriebe	900
Breite des Motors	580
Breite zwischen Motorlagerwinkel	340
Motorlagerwinkel (Auflageflächen) liegen 125 mm unter Kurbelwellenmitte.	
Tiefe unter Motorlagerwinkel	80
Höchste Motorenhöhe über Motorlagerwinkel	550

Maße und Gewichte unverbindlich, Konstruktionsänderungen vorbehalten!

Wer Ford fährt, spart Geld!

keine Rohstoffe waren. Neben dem allgemeinen nationalen Zeitgeist ein Grund mehr für Ford, die deutsche Herkunft seiner Kölner Produkte zu unterstreichen

Esso/Società Italo Americana pel Petrolio, 1936

Bootswerft Max Schönherr, später 30er-Jahre

Elliot Gardner, 1936

Century Boat Co., 1936

Thornycroft, 30er-Jahre

Bootswerft Kurt Schneider, 1938

Varta, 1932.
Die Gesellschaft, dessen Name aus den Wörtern »Vertrieb, Aufladung, Reparatur transportabler Akkumulatoren« entstand, stellte ab Mitte der 20er im Werk Berlin-Oberschöneweide Starterbatterien für Autos und Sportboote her

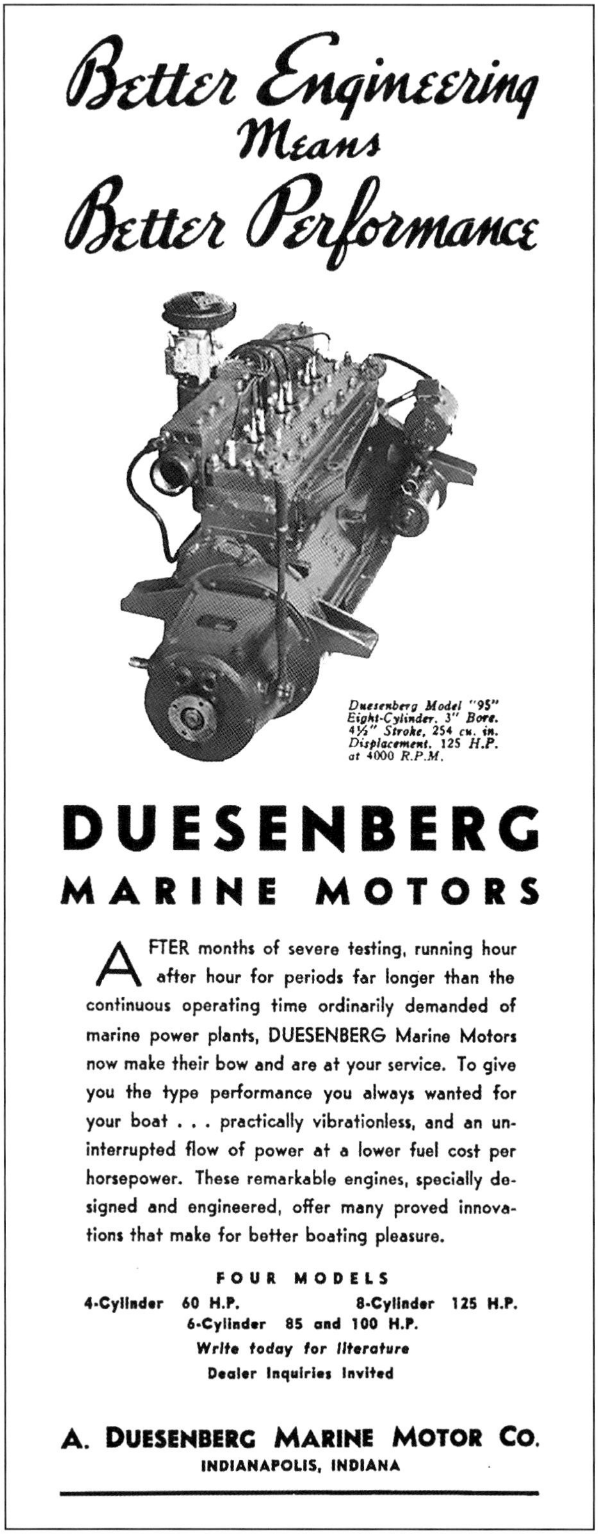

Duesenberg, 1939

Morris, um 1935

Austin, 1938

Shell, 1932 ▷

Cava
SHELL

Reintjes, 1935
Ford, um 1938

Ford

Bootsmotoren

Ford

Bootsmotoren-Vertrieb in Deutschland

Erich Rennow

Berlin C2, Hackescher Markt 4

(Bahnhof Börse) Ruf: 42 26 03

SPITZENLEISTUNGEN
ERREI- CHEN SIE MIT DEM NEUEN
REINTJES-DRUCKLAGER

Selve, 1938

Mercedes-Benz, 1935

ZF, 1928

Fries
Das sind
Zahnräder
wie sie sein müssen!
ZF
ZAHNRADFABRIK A.G. FRIEDRICHSHAFEN a.B.

Ilo, um 1935

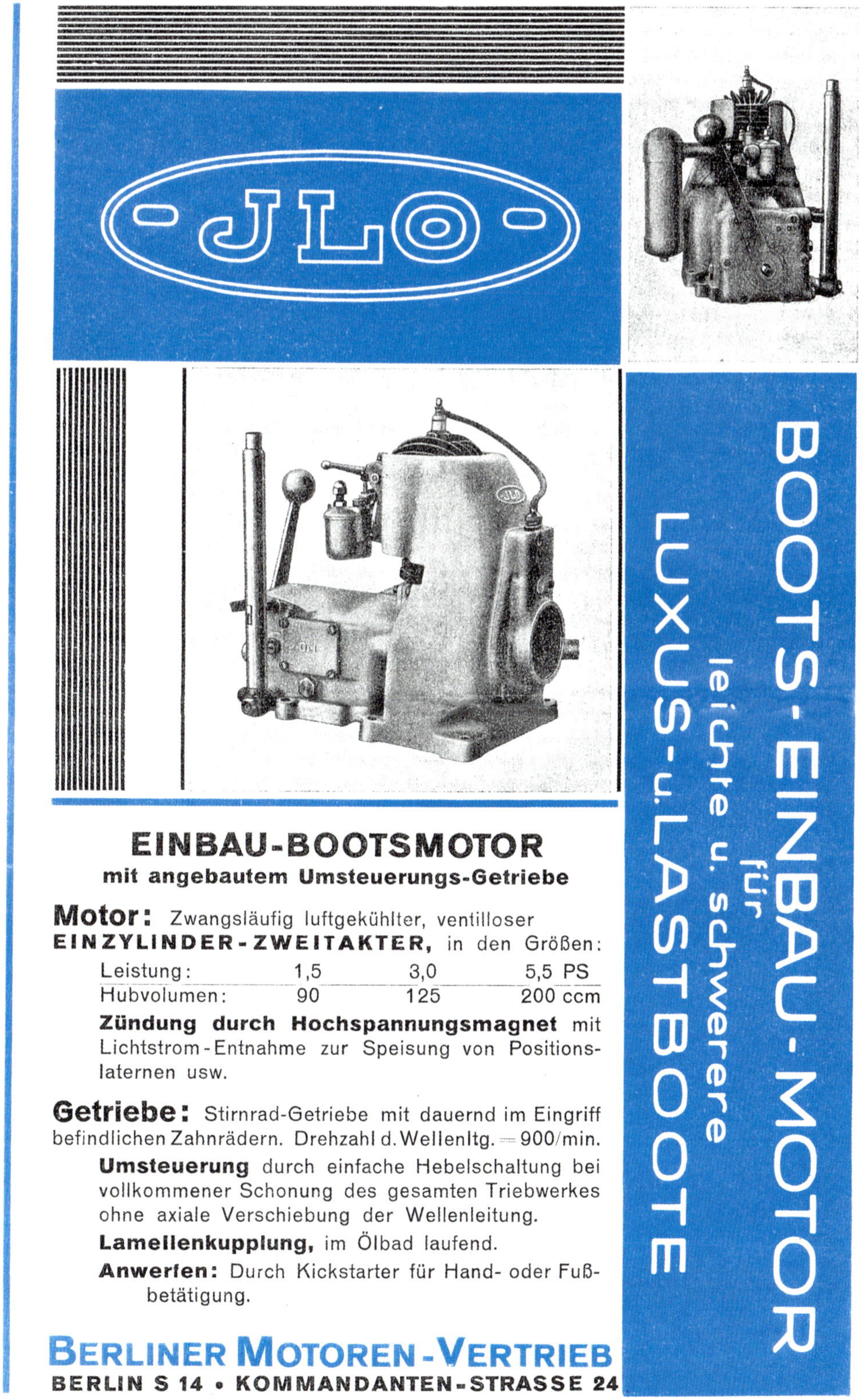
JLO
EINBAU-BOOTSMOTOR
mit angebautem Umsteuerungs-Getriebe
Motor: Zwangsläufig luftgekühlter, ventilloser EINZYLINDER-ZWEITAKTER, in den Größen:
Leistung: 1,5 3,0 5,5 PS
Hubvolumen: 90 125 200 ccm
Zündung durch Hochspannungsmagnet mit Lichtstrom-Entnahme zur Speisung von Positionslaternen usw.
Getriebe: Stirnrad-Getriebe mit dauernd im Eingriff befindlichen Zahnrädern. Drehzahl d. Wellenltg. = 900/min.
Umsteuerung durch einfache Hebelschaltung bei vollkommener Schonung des gesamten Triebwerkes ohne axiale Verschiebung der Wellenleitung.
Lamellenkupplung, im Ölbad laufend.
Anwerfen: Durch Kickstarter für Hand- oder Fußbetätigung.
BERLINER MOTOREN-VERTRIEB
BERLIN S 14 • KOMMANDANTEN-STRASSE 24
BOOTS-EINBAU-MOTOR
für
leichte u. schwerere
LUXUS-u. LASTBOOTE

AUTOMOBILE — WASSERFAHRZEUGE
JOHN FAUL
HORGEN
SwissCraft
MOTORBOOTE
SEGELBOOTE
RUDERBOOTE

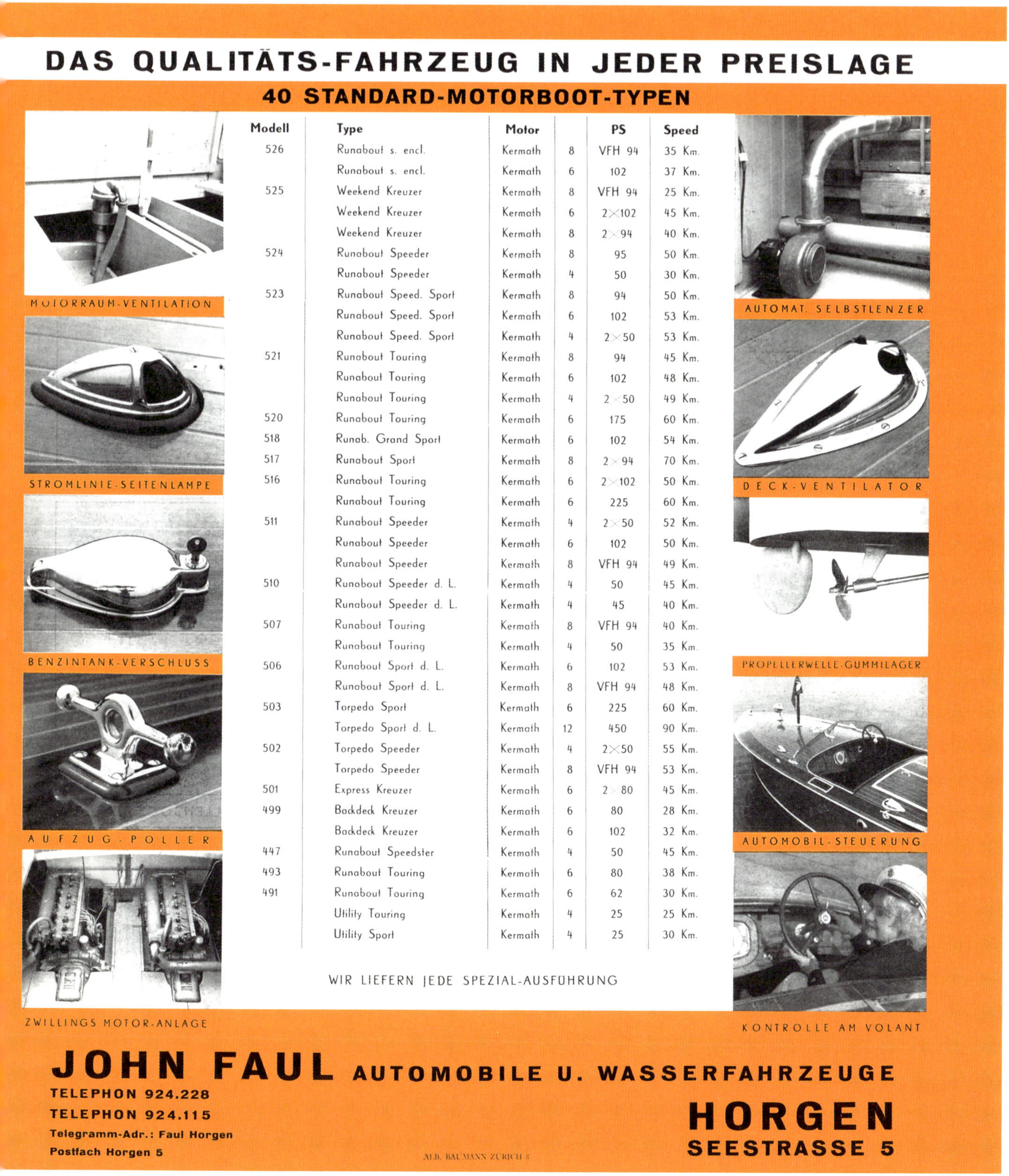

DAS QUALITÄTS-FAHRZEUG IN JEDER PREISLAGE

40 STANDARD-MOTORBOOT-TYPEN

MOTORRAUM-VENTILATION

STROMLINIE-SEITENLAMPE

BENZINTANK-VERSCHLUSS

AUFZUG-POLLER

ZWILLINGS MOTOR-ANLAGE

Modell	Type	Motor		PS	Speed
526	Runabout s. encl.	Kermath	8	VFH 94	35 Km.
	Runabout s. encl.	Kermath	6	102	37 Km.
525	Weekend Kreuzer	Kermath	8	VFH 94	25 Km.
	Weekend Kreuzer	Kermath	6	2×102	45 Km.
	Weekend Kreuzer	Kermath	8	2×94	40 Km.
524	Runabout Speeder	Kermath	8	95	50 Km.
	Runabout Speeder	Kermath	4	50	30 Km.
523	Runabout Speed. Sport	Kermath	8	94	50 Km.
	Runabout Speed. Sport	Kermath	6	102	53 Km.
	Runabout Speed. Sport	Kermath	4	2×50	53 Km.
521	Runabout Touring	Kermath	8	94	45 Km.
	Runabout Touring	Kermath	6	102	48 Km.
	Runabout Touring	Kermath	4	2×50	49 Km.
520	Runabout Touring	Kermath	6	175	60 Km.
518	Runab. Grand Sport	Kermath	6	102	54 Km.
517	Runabout Sport	Kermath	8	2×94	70 Km.
516	Runabout Touring	Kermath	6	2×102	50 Km.
	Runabout Touring	Kermath	6	225	60 Km.
511	Runabout Speeder	Kermath	4	2×50	52 Km.
	Runabout Speeder	Kermath	6	102	50 Km.
	Runabout Speeder	Kermath	8	VFH 94	49 Km.
510	Runabout Speeder d. L.	Kermath	4	50	45 Km.
	Runabout Speeder d. L.	Kermath	4	45	40 Km.
507	Runabout Touring	Kermath	8	VFH 94	40 Km.
	Runabout Touring	Kermath	4	50	35 Km.
506	Runabout Sport d. L.	Kermath	6	102	53 Km.
	Runabout Sport d. L.	Kermath	8	VFH 94	48 Km.
503	Torpedo Sport	Kermath	6	225	60 Km.
	Torpedo Sport d. L.	Kermath	12	450	90 Km.
502	Torpedo Speeder	Kermath	4	2×50	55 Km.
	Torpedo Speeder	Kermath	8	VFH 94	53 Km.
501	Express Kreuzer	Kermath	6	2×80	45 Km.
499	Backdeck Kreuzer	Kermath	6	80	28 Km.
	Backdeck Kreuzer	Kermath	6	102	32 Km.
447	Runabout Speedster	Kermath	4	50	45 Km.
493	Runabout Touring	Kermath	6	80	38 Km.
491	Runabout Touring	Kermath	6	62	30 Km.
	Utility Touring	Kermath	4	25	25 Km.
	Utility Sport	Kermath	4	25	30 Km.

WIR LIEFERN JEDE SPEZIAL-AUSFÜHRUNG

AUTOMAT. SELBSTLENZER

DECK-VENTILATOR

PROPELLERWELLE-GUMMILAGER

AUTOMOBIL-STEUERUNG

KONTROLLE AM VOLANT

JOHN FAUL AUTOMOBILE U. WASSERFAHRZEUGE

TELEPHON 924.228
TELEPHON 924.115
Telegramm-Adr.: Faul Horgen
Postfach Horgen 5

HORGEN
SEESTRASSE 5

ALB. BAUMANN ZÜRICH 8

Faul, Prospektseiten von 1937. Der Gestalter vertauschte rechts die oberen beiden Bilder

DEPENDABLE
Power
for the
RUNABOUT
of your choice
SCRIPPS marine power plants, 15 to 400 h.p.—for high speed and medium speed, in direct drive, provide adequate power for boats 15 to 90 feet, and may be had from all boat builders. Always insist on a SCRIPPS.
SCRIPPS
• THE MOTOR THAT CROSSED THE ATLANTIC •

Gray, 1934
Lycoming, 1937
Universal, 1930er
Alfa Romeo, 1939.
Gegenüber-liegende Seite: Scripps, 1934. Gründer Will Scripps war der Onkel von James Scripps, der die Automarke Scripps-Booth (1912–22) aus der Taufe hob. Auf technischer Seite hatten beide Unternehmen nichts miteinander zu tun

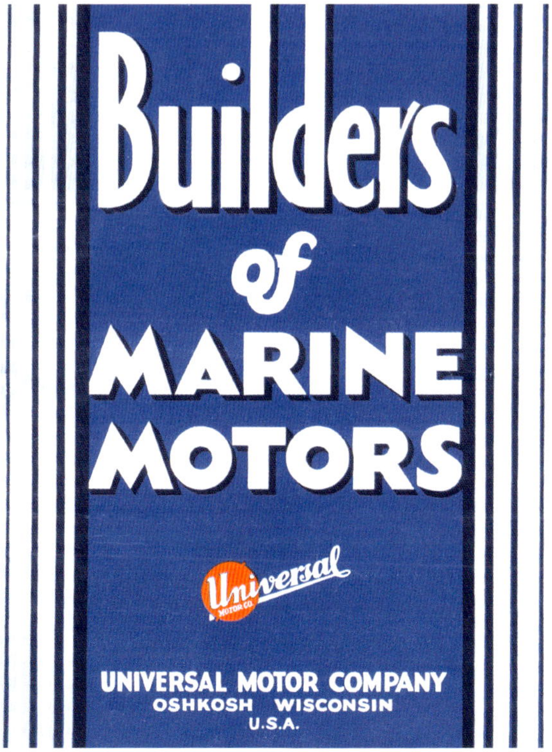

Alfa warb mit dem 400-kg-Rennboot *Arno I* von Cantieri Picchiotti, das einen Tipo 158-Reihen-Achtzylinder mit 1500 cm^3 und Kompressor unter der Haube hatte

Pedrazzini, 40er-Jahre. Der Hersteller aus Bäch am Zürichsee besteht seit mehr als 100 Jahren. In den Dreißigern entwarf Firmengründer Augusto Pedrazzini eine Reihe Runabout-Typen aus Mahagoni, die den Namen »Swiss Mobil« erhielten. Die Werbeanzeige zeigt das Modell »Speeder de Luxe 14«

Faul, 40er-Jahre. Das Motiv zeigt den Bau der *Meggenhorn*, siehe auch Seite 249

Riva, 1940
Century Boats, 1941.
Letzte Anzeigen,
bevor der hässliche
Krieg begann

Alfa Romeo, um 1939. Der beworbene Motor war in erster Linie für die Marine vorgesehen

Ventnor, 1939 und Chris-Craft, 1941. Mit zwei amerikanischen Motiven aus dem Zweiten Weltkrieg ist unsere Bildergalerie fast beendet. Propaganda und Hass, Angst und Galgenhumor dominierten die Kommunikation sechs Jahre lang. Verzicht beschäftigte die Meschen, Maschinen dienten der Zerstörung und dem Tod

Liberators Courageous . .

Brave men . . . massed in landing boats, eager for action, attacking to liberate the oppressed peoples of the world.

Now America strikes with all its might and fury . . . fine fighting forces under capable, courageous officers, with superb equipment.

To make the task easier, to get it done more quickly, American industry must produce more and more . . . all Americans must buy more of the War Bonds that back our fighting forces.

Building the boats shown above in greater quantities than ever before is but a part of the war-time, full-time job of Chris-Craft . . . it's one of our contributions to the cause of Liberty.

ARMY E NAVY

For production "Well Done" we proudly fly the Army-Navy "E" at all three Chris-Craft Factories.

★ ★ ★ **CHRIS-CRAFT** ★ ★ ★

CHRIS-CRAFT CORPORATION • 4611 DETROIT ROAD, ALGONAC, MICHIGAN

WORLD'S LARGEST BUILDERS OF MOTOR BOATS

Bugatti/ Chantiers Navals de Maisons-Laffitte, 1946. Alles, was nach dem Krieg von Bugatti kam, war ziemlich erfolglos und hatte nicht mehr die Klasse der 20er- und 30-Jahre. Auch das kleine »You-You« führte den berühmten Namen ohne Glanz, nach kurzer Zeit wurde die Produktion wieder aufgegeben

Unter 100% Bugatti stellte man sich damals wie heute anderes vor. Für Luxus war im verwüsteten Europa so früh nach Kriegsende aber noch kein Platz

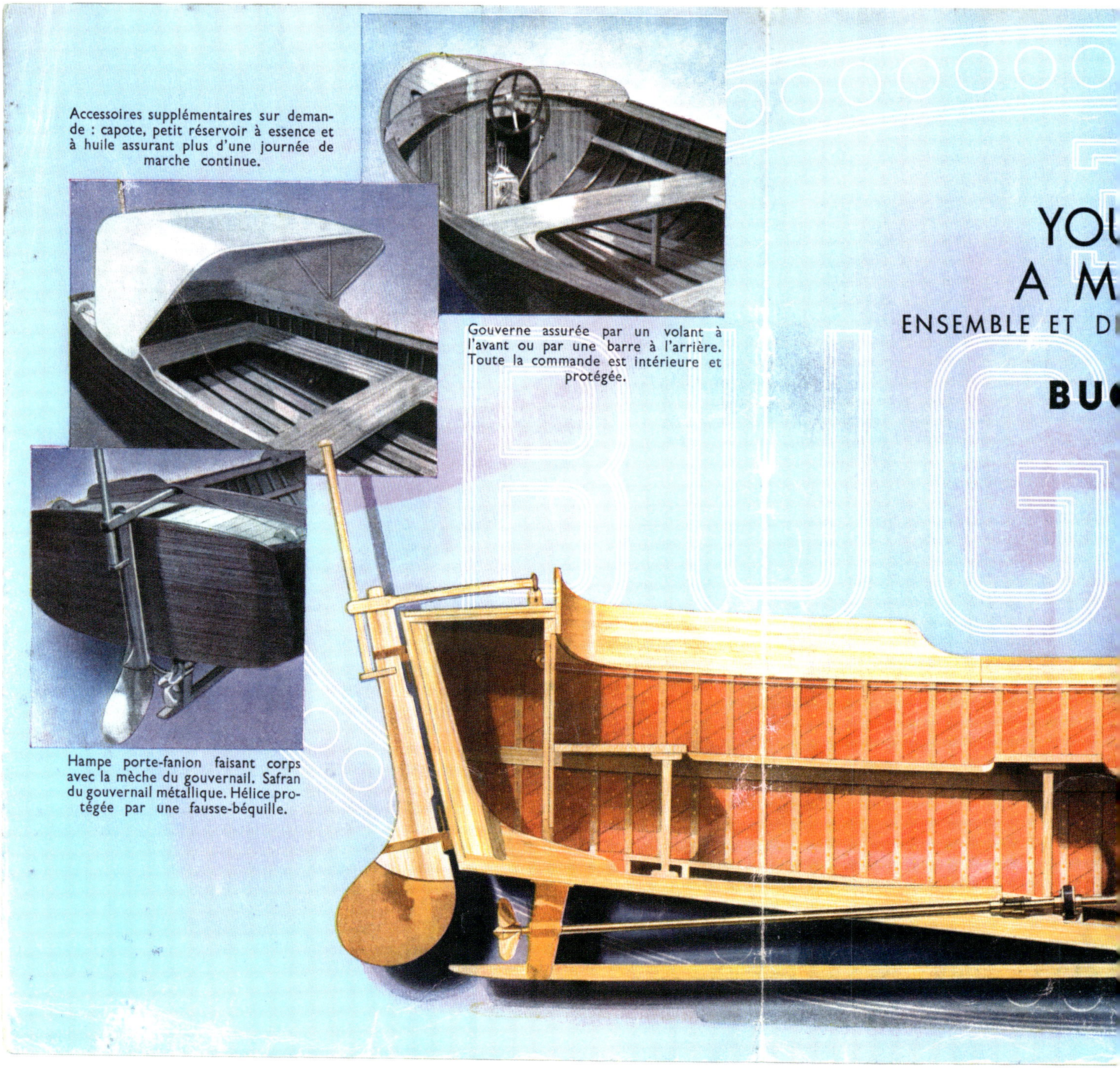

Details zum schwächsten Bugatti der Welt: You-You (umgangssprachlich für »kleines Boot«) gab es in drei Größen: 2,80, 3,30 und 4,00 Meter. Der Vier-

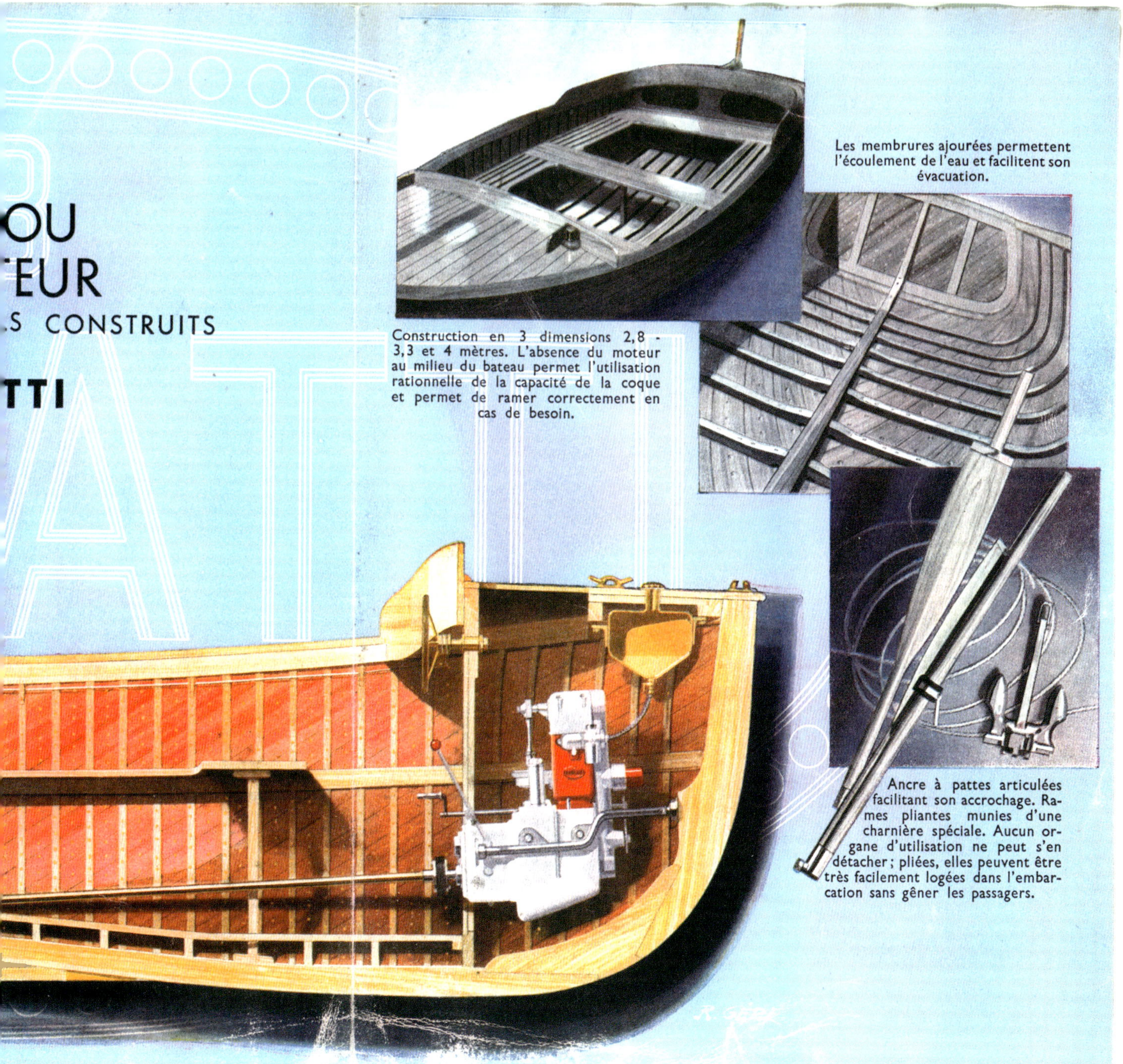

takter leistete zwei oder fünf PS. Sein Zylinder war feuerrot lackiert, mittig prangte groß das ovale Bugatti-Logo

Chrysler, 1947. Der Zweite Weltkrieg ist vorbei. Auch wenn nicht überall die Sonne scheint: Für Freizeitkapitäne heißt es wieder volle Kraft voraus

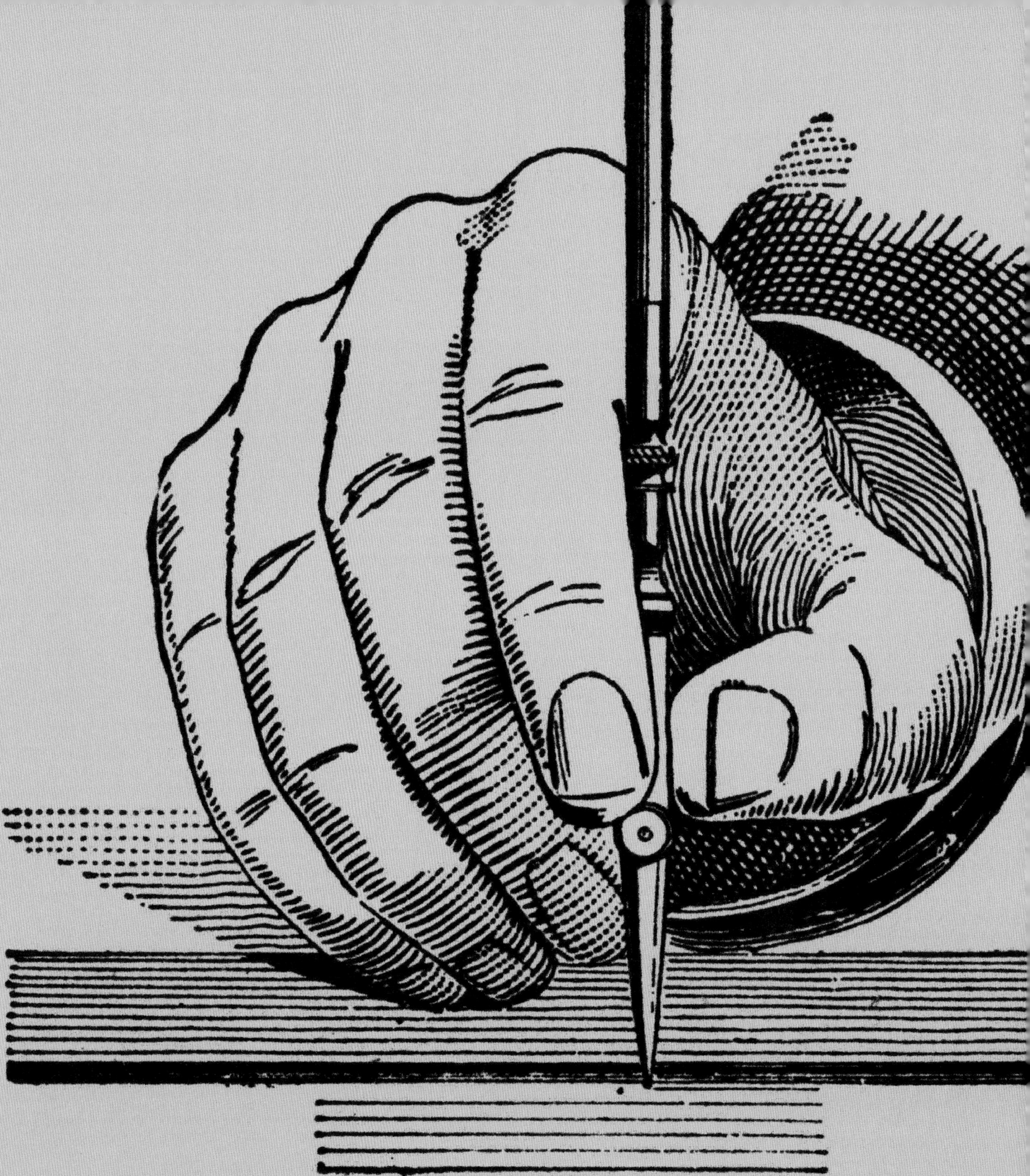

Kapitel 12 | Kurz vor Schluss

Fachbegriffe und Linienschiffe

Ausgewählte Risse aus fünf Jahrzehnten.
Dazu ein kleines Lexikon

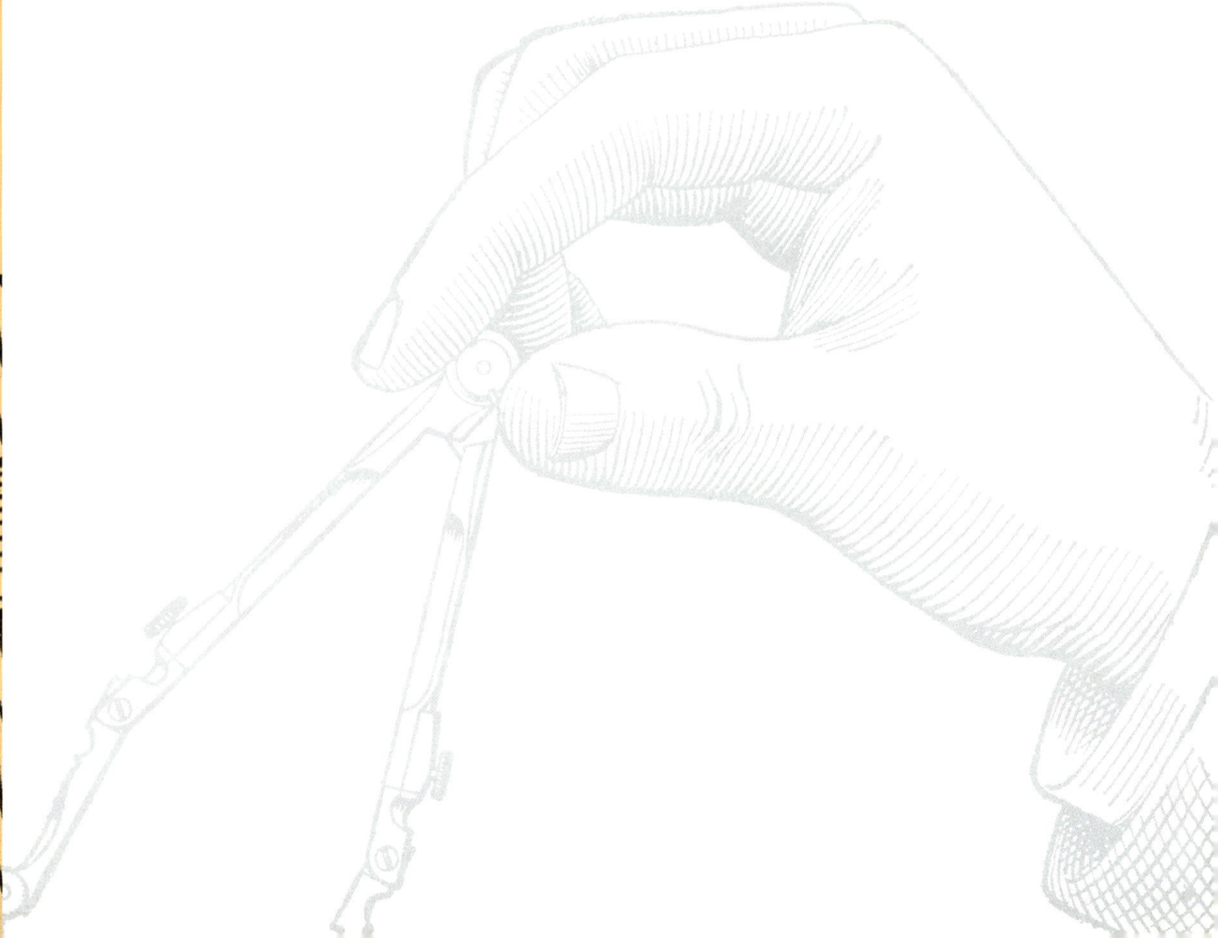

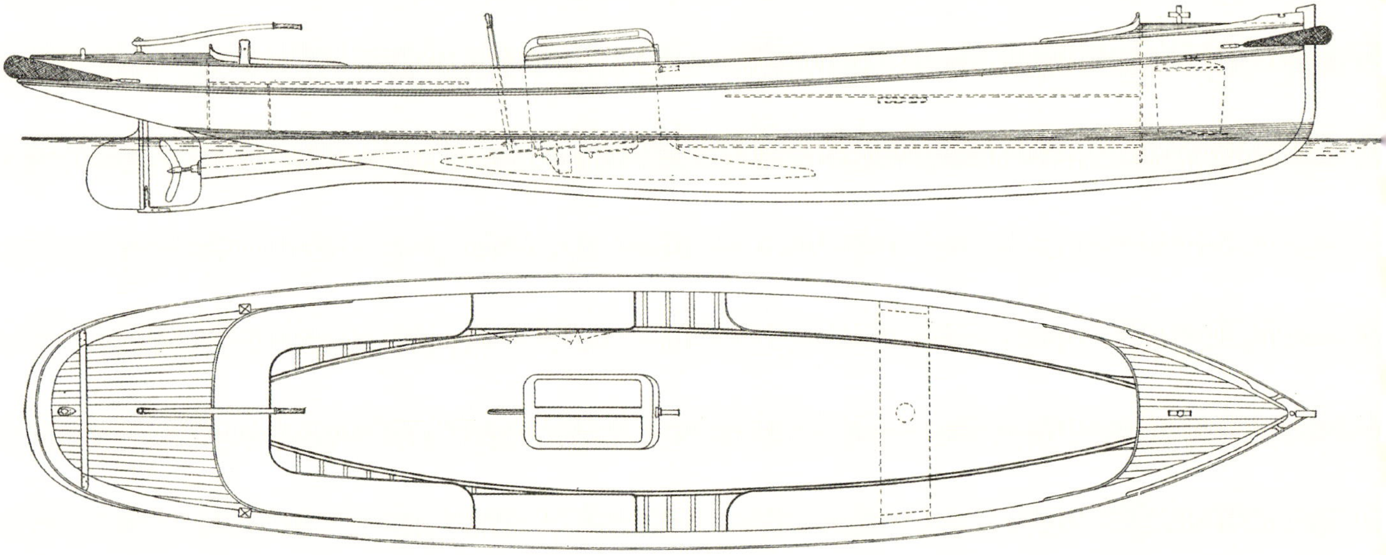

Offenes Motorboot mit Löffelheck der Werft H. Heidtmann aus Hamburg, um 1900. Die zweizylindrige Maschine ist in einem Motorkasten untergebracht, zum Lenken wurde die Pinne benutzt. Länge: 11,00 Meter, Breite: 2,28 Meter, Tiefgang: 62 cm. Kunde war eine Behörde

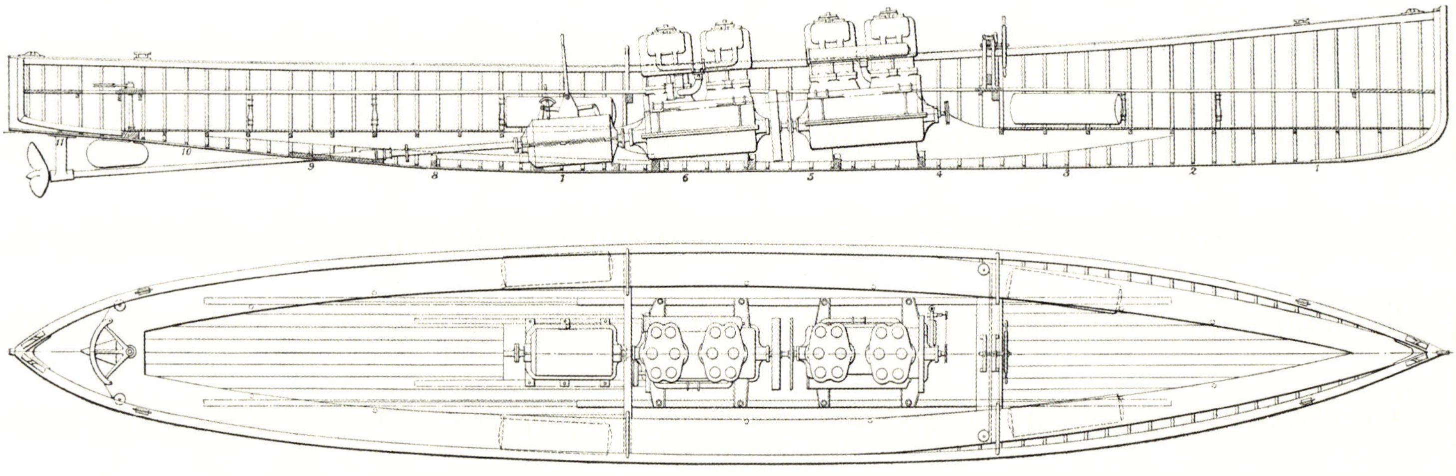

Experimentalfahrzeug von Thornycroft in Chiswick. Es wurde Ende 1904 für Versuche mit Antriebsmaschinen auf der Themse genutzt. Unter anderem wurden zwei 14,8-Liter-Vierzylinder gekoppelt. Der Karweel-Holzrumpf mit Spitzheck wog eine Tonne, der Antriebsstrang zwei. In der abgebildeten Konfiguration notierten Thornycroft-Mitarbeiter eine Höchstgeschwindigkeit von 35 km/h. Länge: 12,19 Meter, Breite: 1,83 Meter, Tiefgang: 68 cm. Nicht optimal gelöst erscheint die Position des Steuerrads

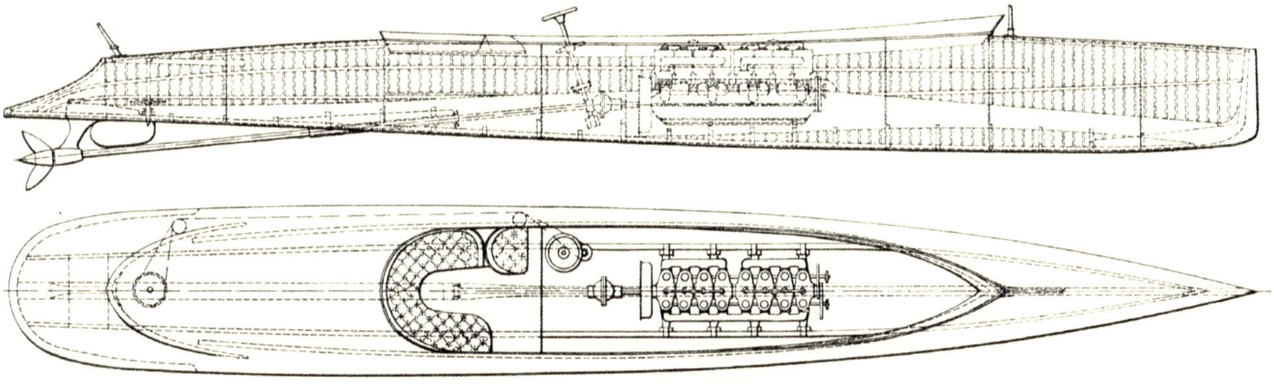

Das Rennboot *C. G. V.* wurde vom gleichnamigen Autohersteller in der Saison 1905 genutzt, unter anderem in Monaco. Die Marke wurde 1901 von Fernand Charron, Léonce Girardot und Carl Voigt gegründet, die alle auf eine aktive Rennfahrerkarriere zurückblicken konnten. Das Boot trat in der Klasse bis zwölf Meter an und war ein englischer Entwurf. Gebaut wurde es bei Dossunet in Frankreich. Der 80-PS-Reihen-Achtzylinder war natürlich eine Entwicklung ihrer Namensgeber

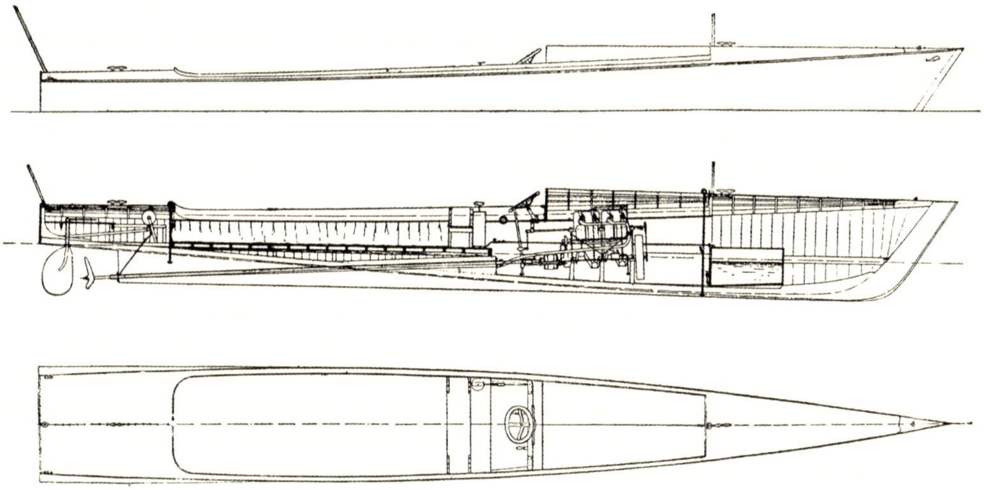

Die *Dolphin II* debütierte 1904 auf der New York Motor Boat Show im Madison Square Garden. Ihre Form war für viele Rennboot-Neubauten 1904 typisch: Der spitze Bug ging mittschiffs in ein flaches Hinterteil über. Der geneigte Steven war sehr fortschrittlich, viele Konkurrenten setzten auf einen senkrechten. Der Vierzylinder der Marke Standard hatte 25 PS. Länge: 7,62 Meter, Breite: 1,27 Meter. Das Gesamtgewicht betrug 900 kg

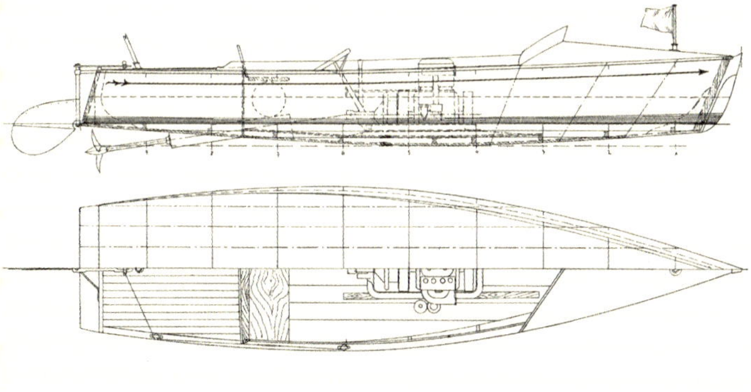

Das als stufenloser Gleiter konstruierte »Trainerboot« erhob sich bei voller Fahrt bis zum zweiten Spant aus dem Wasser. Als Motor kam ein 8-PS-Zweizylinder zum Einsatz. Länge: 5,00 Meter, Breite: 1,22 Meter. Der Entwurf von Ingenieur Heymann aus Leipzig war 1912 für einen Wiener Ruderclub bestimmt. Motorboote stellten für die Trainer im Ruder-Leistungssport einen enormen Fortschritt dar: Jetzt konnten sie ihre Schützlinge im Training unmittelbar begleiten und mit ihnen kommunizieren

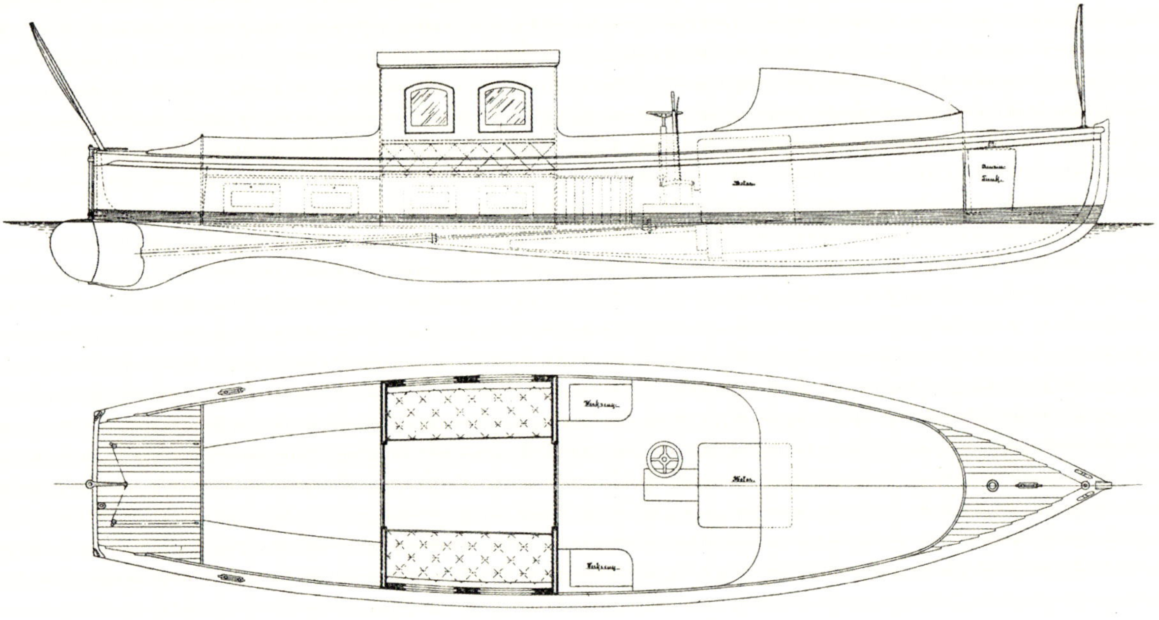

Diese Limousine lief 1912 bei Abeking & Rasmussen vom Stapel. Von der hinteren Plicht und vom Steuerstand führten Schiebetüren in den kleinen Salon. Im Vorschiff waren Motor und Tank untergebracht. Länge: 8,50 Meter, Breite: 2,00 Meter, Tiefgang: 55 cm

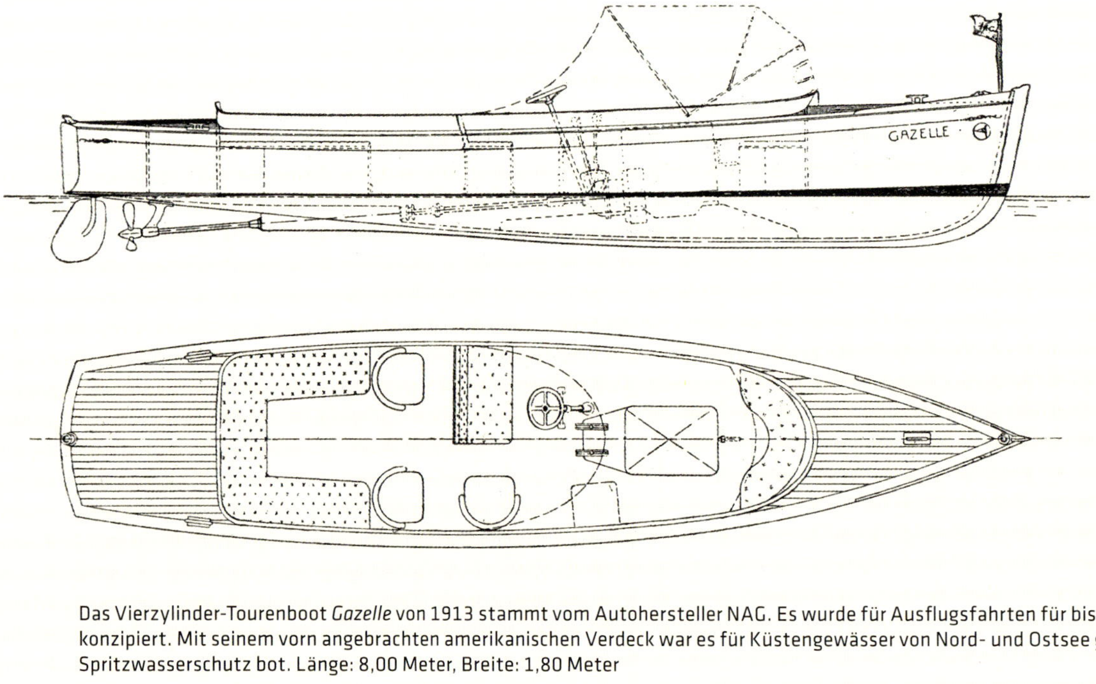

Das Vierzylinder-Tourenboot *Gazelle* von 1913 stammt vom Autohersteller NAG. Es wurde für Ausflugsfahrten für bis zu neun Personen konzipiert. Mit seinem vorn angebrachten amerikanischen Verdeck war es für Küstengewässer von Nord- und Ostsee gut geeignet, da es Spritzwasserschutz bot. Länge: 8,00 Meter, Breite: 1,80 Meter

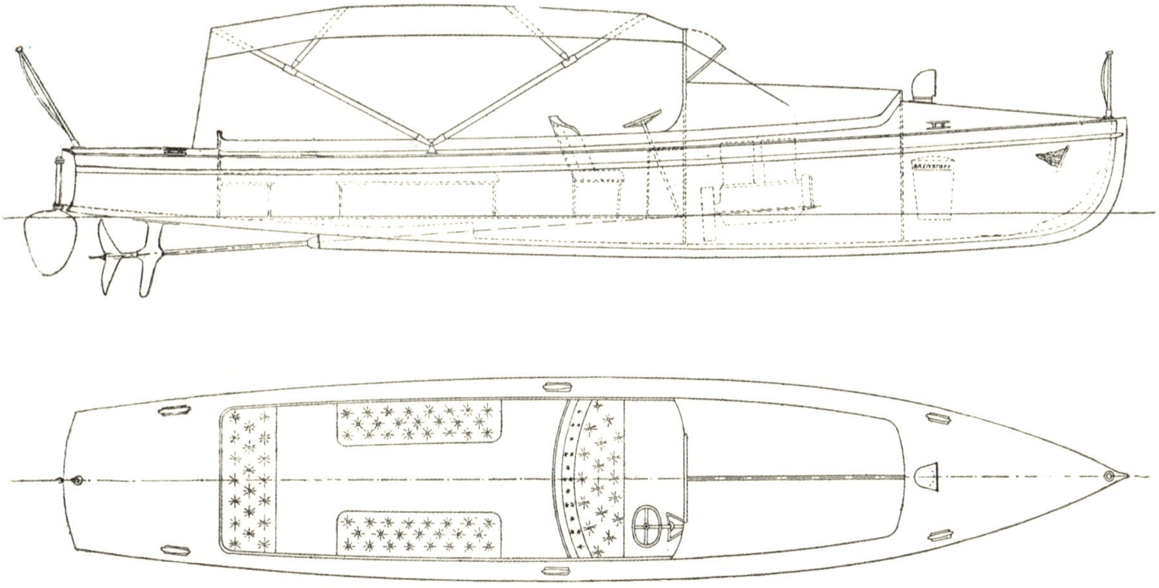

Der Lürssen-Typ Racker von 1919 ist ein typisches frühes Autoboot. Das Vordeck wurde ein paar Jahre später deutlich eleganter gestaltet, der deckelartige Aufbau kam schnell aus der Mode. Die Ausstattung auf dieser Zeichnung ist eine gehobene: So kurz nach dem Ersten Weltkrieg waren Vierzylindermotor und gepolsterte Sitzbänke nicht selbstverständlich. Viele nahmen in Körbstühlen Platz und vernahmen dabei das Schnattern von Zweizylindern. Länge: 9,00 Meter, Breite: 1,62 Meter, Tiefgang: 75 cm

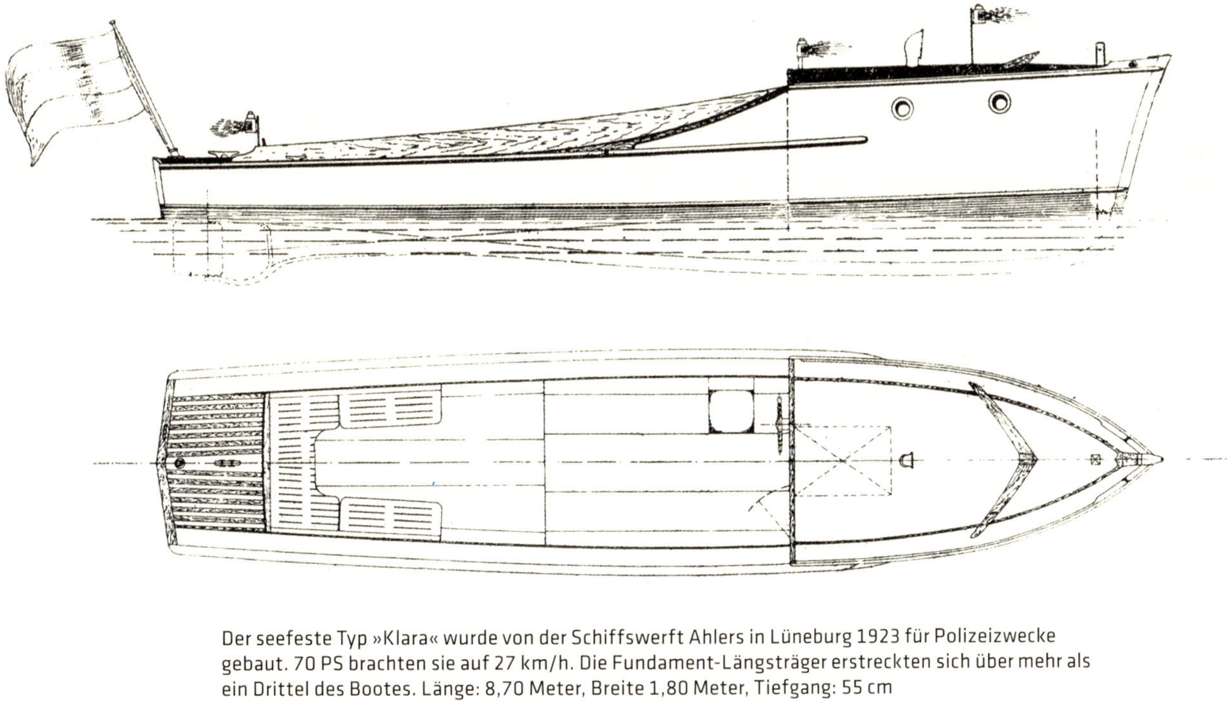

Der seefeste Typ »Klara« wurde von der Schiffswerft Ahlers in Lüneburg 1923 für Polizeizwecke gebaut. 70 PS brachten sie auf 27 km/h. Die Fundament-Längsträger erstreckten sich über mehr als ein Drittel des Bootes. Länge: 8,70 Meter, Breite 1,80 Meter, Tiefgang: 55 cm

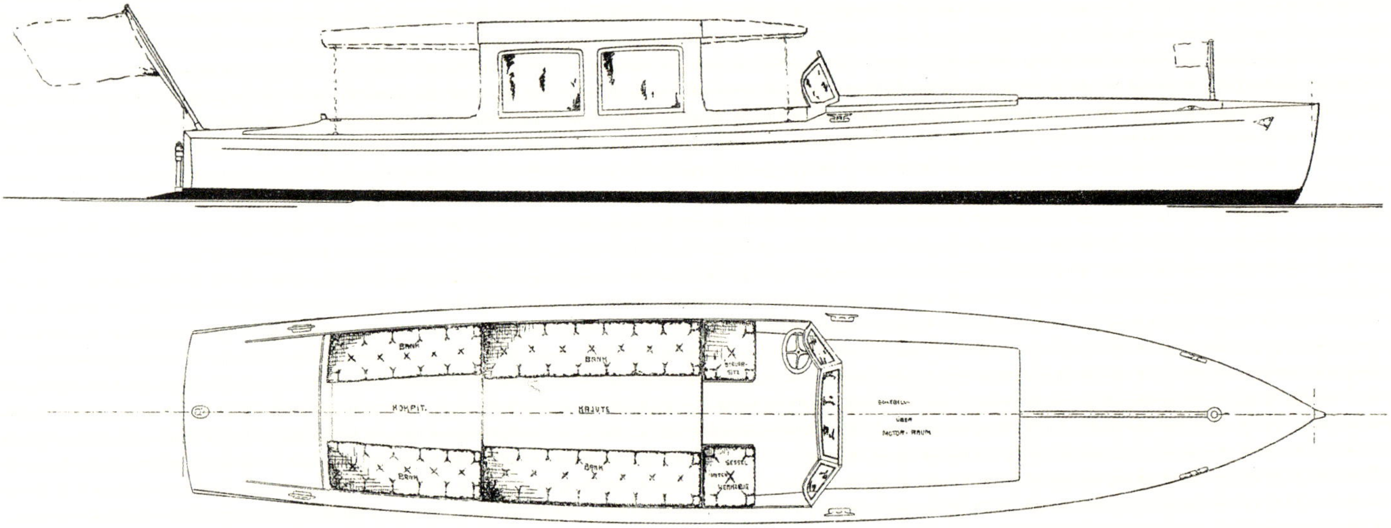

Den Typ U bezeichnete die Rolandwerft in Hemelingen 1925 als »Autoboot für ca. 8 Personen mit Kajüte«. Der Entwurf stammte von Karl Vertens, der bis 1911 bei Lürssen als Chefkonstrukteur tätig war und danach die Rolandwerft leitete. Drei verschiedene Motoren von 18 bis 45 PS wurden den Kunden empfohlen. Mit der stärksten Variante kam der Typ U auf 25 km/h. Länge: 9,50 Meter, Breite: 1,80 Meter, Tiefgang: 70 cm

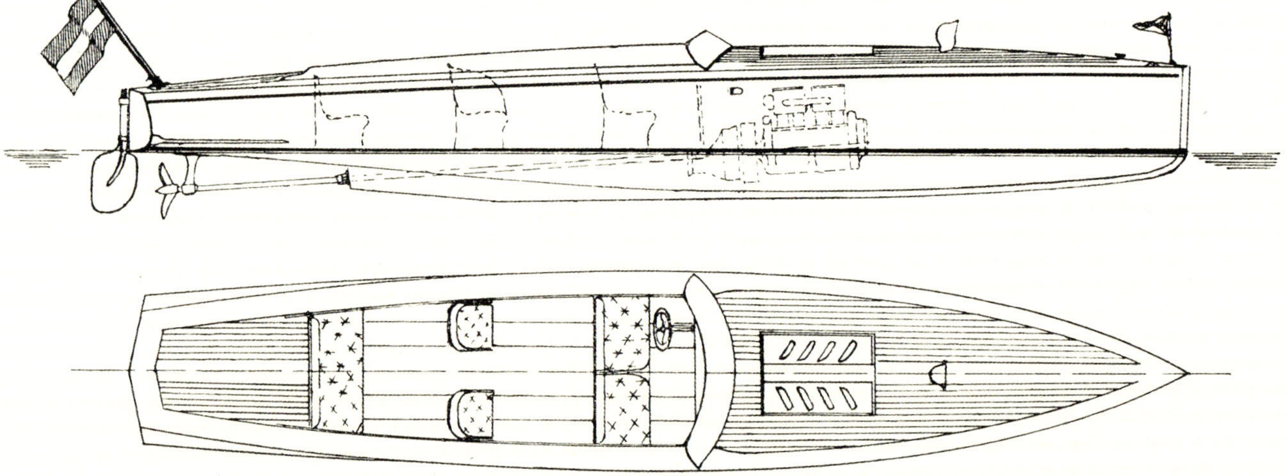

Offenes Autoboot für sechs Personen der Dekumag, 1926. Als Motor offerierte die Werft einen 22-PS-Daimler. Dazu der Prospekt: »Der Motor gibt dem Boot eine Geschwindigkeit von ca. 12 Knoten in der Stunde«, was knapp 23 km/h entspricht. Länge: 9,00 Meter, Breite: 1,60 Meter, Tiefgang: 40 cm

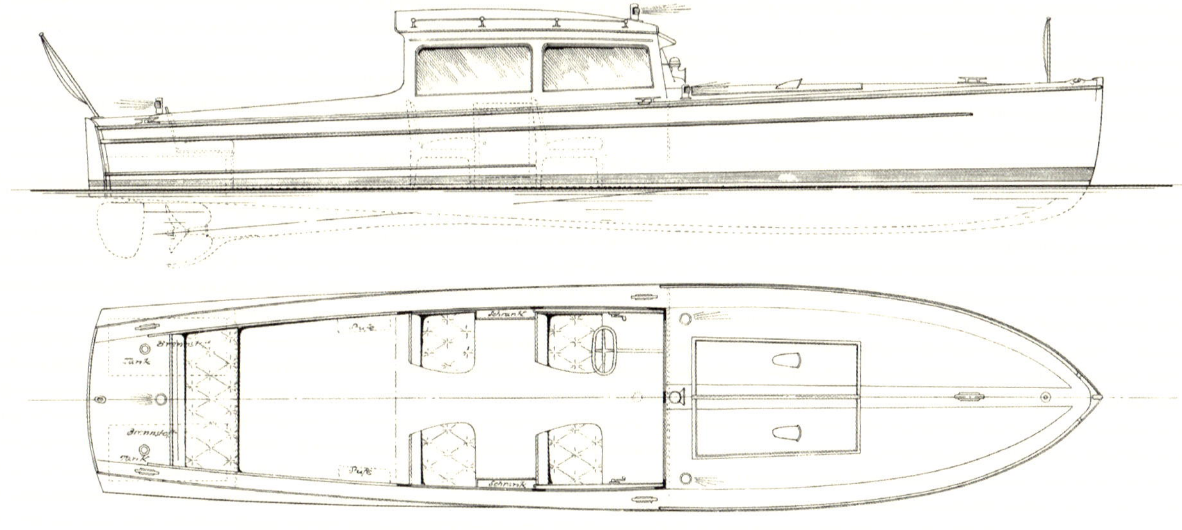

Schlichte, aber schöne Innensteuer-Limousine der Krögerwerft in Warnemünde, frühe 30er-Jahre.
Der Einsatz als Behördenboot oder Tender ist denkbar. Länge: 8,50, Breite: 1,94 Meter, Tiefgang: 66 cm

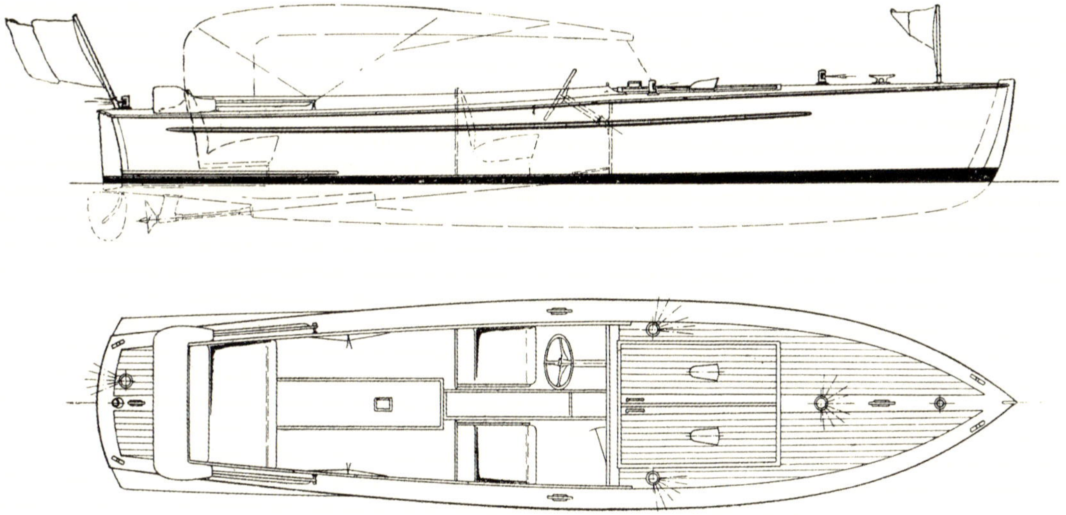

Klassisches 7,50-Meter-Autoboot von Engelbrecht. Eine Frontscheibe fehlt,
dafür ist ein amerikanisches Verdeck vorgesehen. Der Entwurf stammt aus dem Jahr 1932

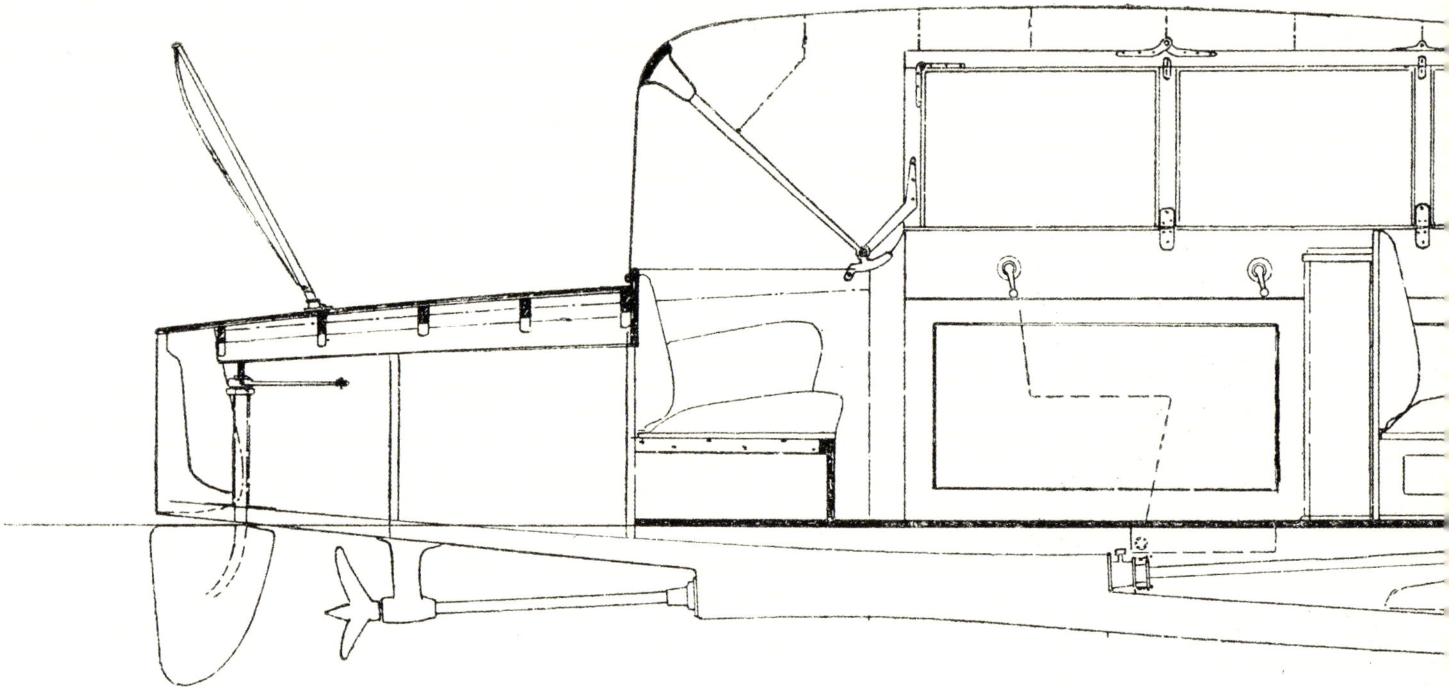

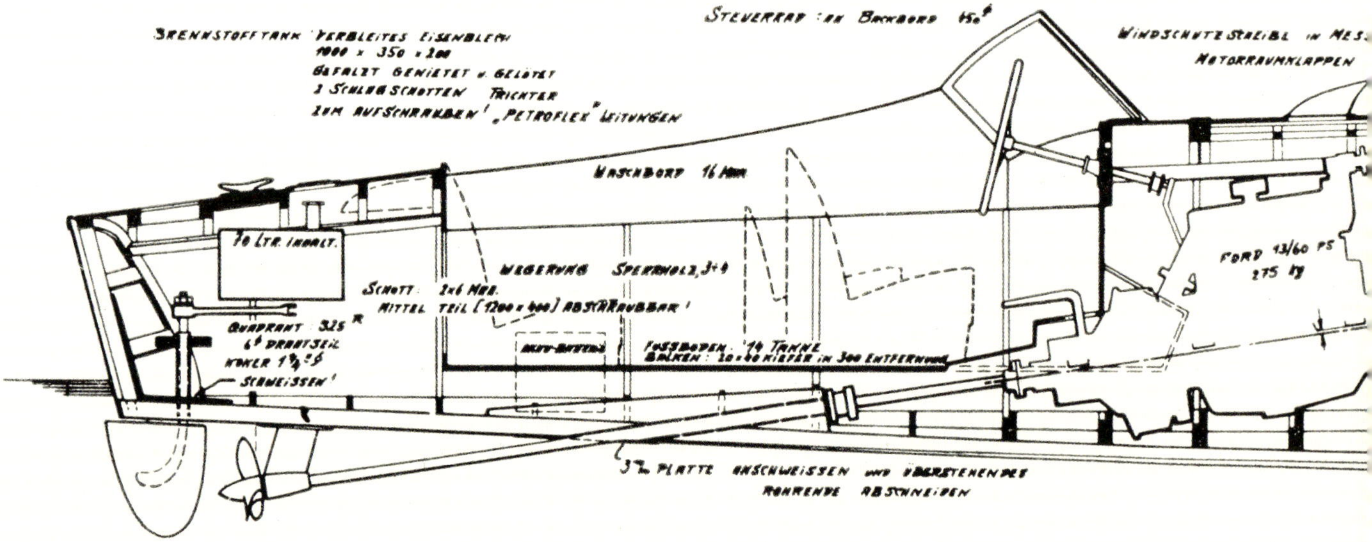

BRENNSTOFFTANK VERBLEITES EISENBLECH
1000 x 350 x 200
GEFALZT GENIETET u. GELÖTET
2 SCHLAGSCHOTTEN TRICHTER
ZUM AUFSCHRAUBEN! „PETROFLEX" LEITUNGEN
STEUERRAD : AN BACKBORD 450
WINDSCHUTZSCHEIBE IN MES.
MOTORRAUMKLAPPEN
WASCHBORD 16 MM
70 LTR. INHALT.
WEGERUNG SPERRHOLZ, 3+4
SCHOTT: 2x6 MM.
MITTEL TEIL [1200 x 400] ABSCHRAUBBAR!
QUADRANT 325 R
6 DRAHTSEIL
KOKER 1 3/4 = 6
SCHWEISSEN!
FUSSBODEN: 14 TANNE
BALKEN: 20 x 40 KIEFER IN 300 ENTFERNUNG
FORD 13/60 PS
275 kg
3 mm PLATTE ANSCHWEISSEN UND ÜBERSTEHENDES
ROHRENDE ABSCHNEIDEN

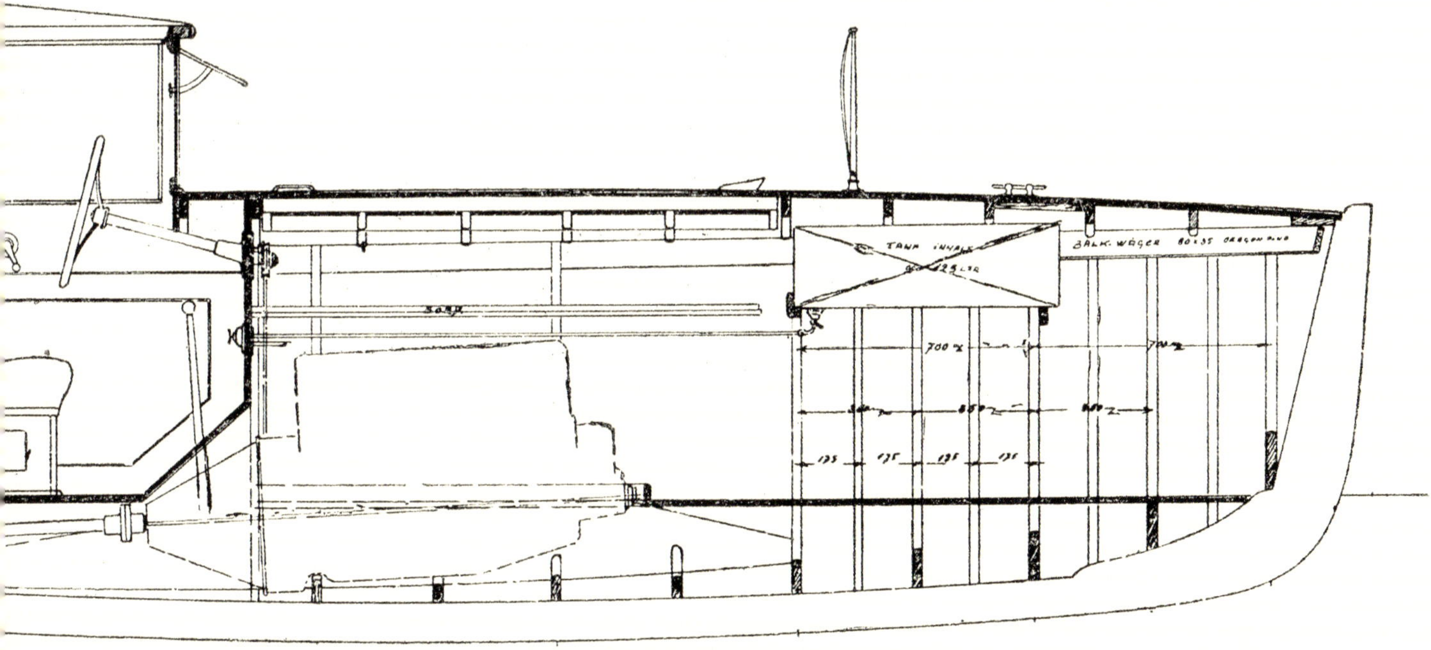

Zwei Generationen Autoboote: Oben ein um 1926 von Hellmuth Fugmann gezeichnetes »Yachtcabriolet« in gediegener Ausführung. Es wurde von Brumm in Berlin-Oberschöneweide angeboten, »um der Nachfrage und den hohen Ansprüchen des wassersporttreibenden Publikums gerecht zu werden«, wie die Zeitschrift »Wind und Wasser« zu berichten wusste. Der Rumpf war aus Stahl, im Innenraum konnten zwei Schlafgelegenheiten hergerichtet werden. Die Ausstattung umfasste ferner ein gefüttertes Sonnenland-Verdeck, Kurbelfenster und einen 40-PS-Sechszylinder von Selve. Länge: 8,00 Meter, Breite: 1,85 Meter, Tiefgang: 45 cm.
Unten ein modernes »schnelles Autoboot für fünf Personen«, 1936 entworfen von Harold Tapken. Länge: 7,20 m, Breite: 1,89 m, Tiefgang: 52 cm. Der Einbau von Motoren von 40 bis 100 PS war möglich, die maximale Höchstgeschwindigkeit betrug 50 km/h

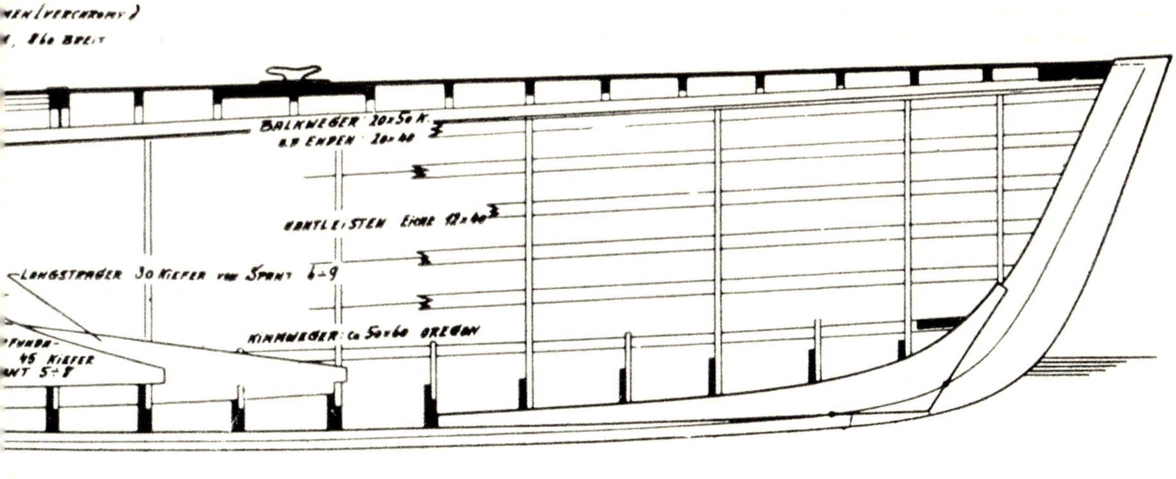

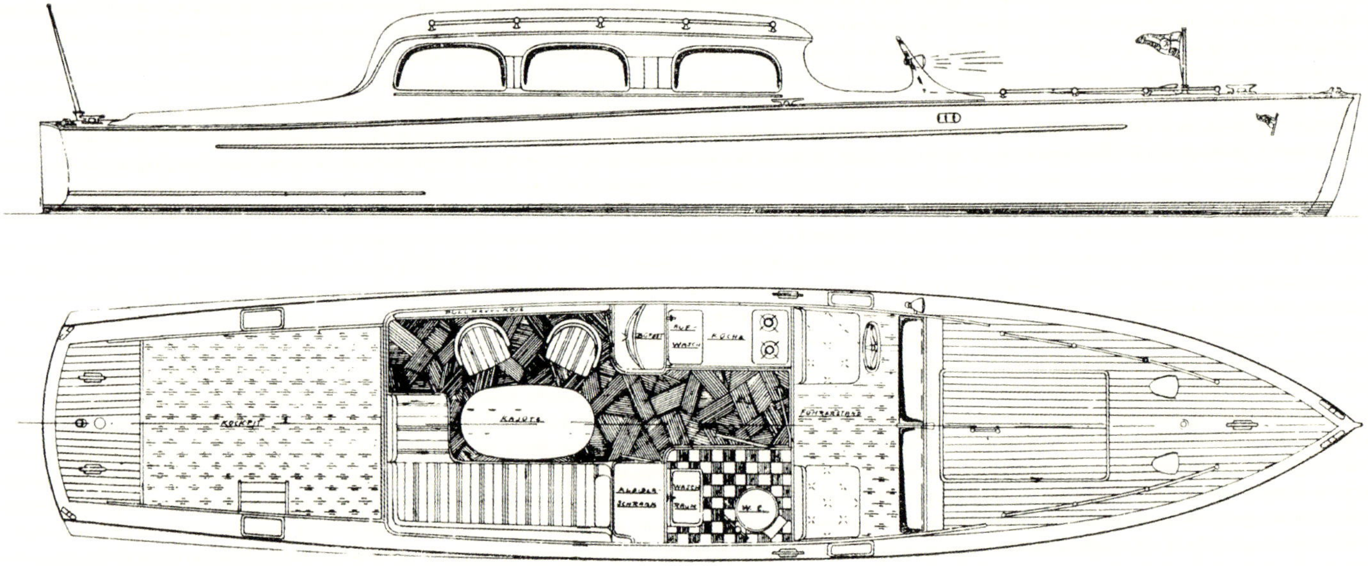

Die Limousine *Ingeborg* der Werft Robert Franz aus Niederlehme hatte WC, Waschbecken, Küche und Kleiderschrank an Bord. Der Salon hatte Stehhöhe, die Sitzecke ließ sich nachts zu einem Doppelbett umwandeln. Der Chauffeur saß unter freiem Himmel, aber er konnte sich immerhin an den 60 PS eines Maybach-S5-Sechszylinders erfreuen. Länge: 11,50 Meter, Breite: 2,30 Meter, Tiefgang: 60 cm. Baujahr: 1936

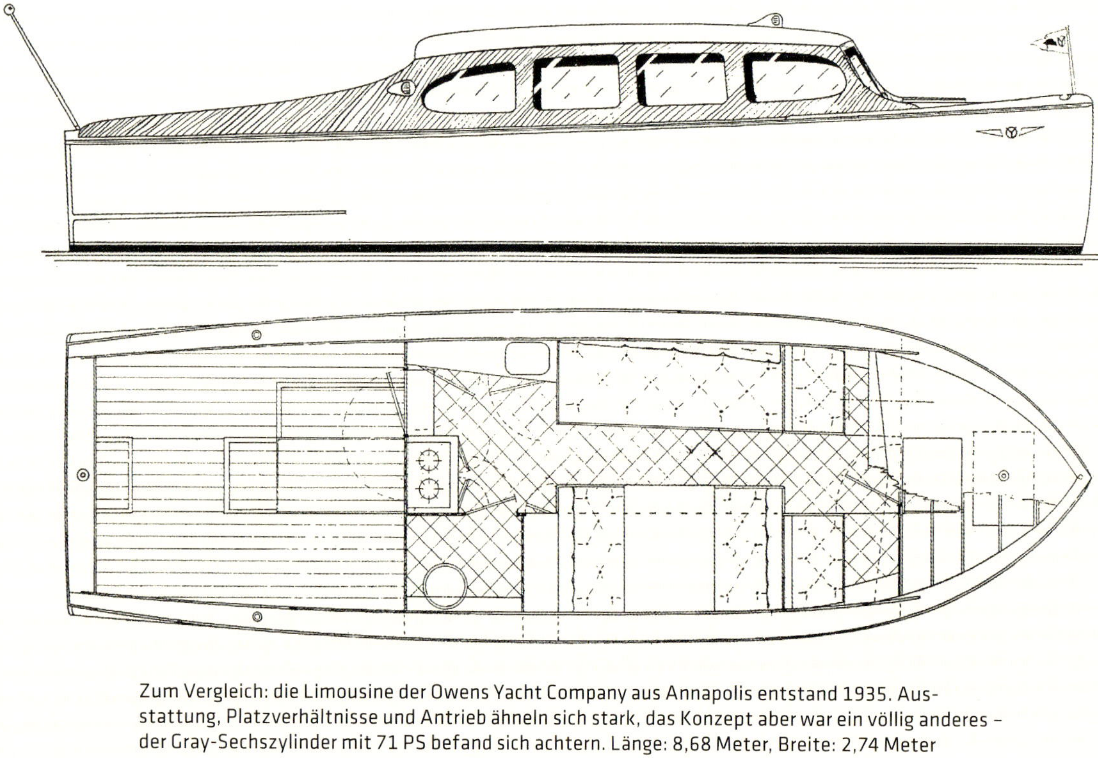

Zum Vergleich: die Limousine der Owens Yacht Company aus Annapolis entstand 1935. Ausstattung, Platzverhältnisse und Antrieb ähneln sich stark, das Konzept aber war ein völlig anderes – der Gray-Sechszylinder mit 71 PS befand sich achtern. Länge: 8,68 Meter, Breite: 2,74 Meter

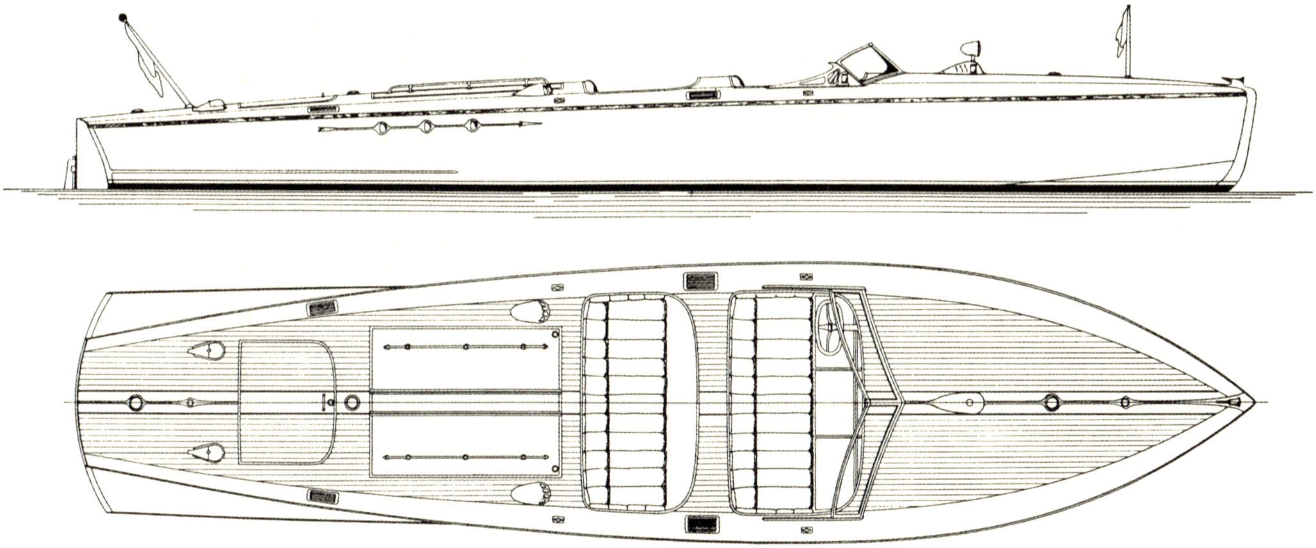

10-Meter-Runabout *Langley IV* mit drei Cockpits der kanadischen Werft Greavette aus Gravenhurst, 1933. Das Design stammt von John Hacker. Technische Daten: Kermath V12 Typ »Sea Rider«, 23,1 l Hubraum, 450 PS bei 2100/min. Höchstgeschwindigkeit 55 mph (88,5 km/h). Der Bootskörper war aus Eiche und Mahagoni gefertigt, der Preis betrug 7500 kanadische Dollar. Die *Langley IV* war Mitte der 30er das schnellste Boot in Kanada. Das Cockpit achtern war – ähnlich den »Schwiegermüttersitzen« bei Autos – aufklappbar

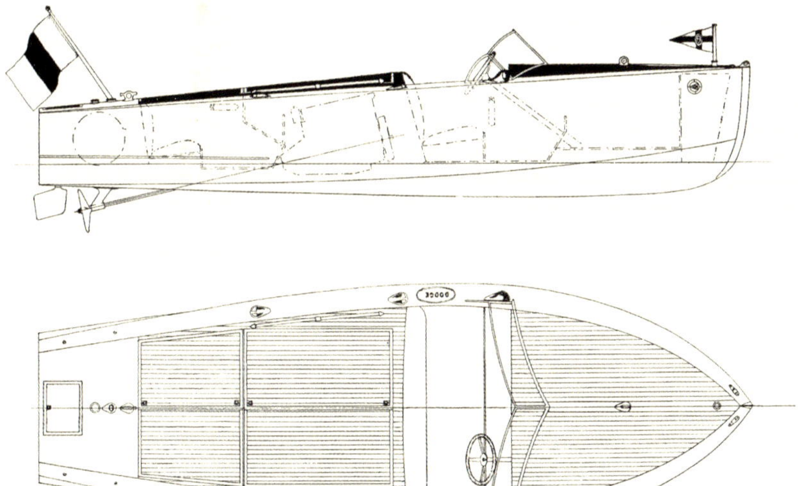

Horace E. Dodge entwarf 1936 dieses Motorboot im Rahmen eines Wettbewerbs des Motor Yacht Club Côte d'Azur. Auch Chris-Craft, Gar Wood und Hacker reichten Entwürfe ein. Das Dodge-Boot sah als Antrieb den Motor aus dem Dodge-Pkw D4 De Luxe vor. Dessen 3,6-Liter-Reihensechsylinder leistete 87 PS bei 3600/min. Länge: 5,91 Meter, Breite: 1,97 Meter, Tiefgang: 55 cm. Auch hier war das achtere Cockpit mit einer Klappe versehen

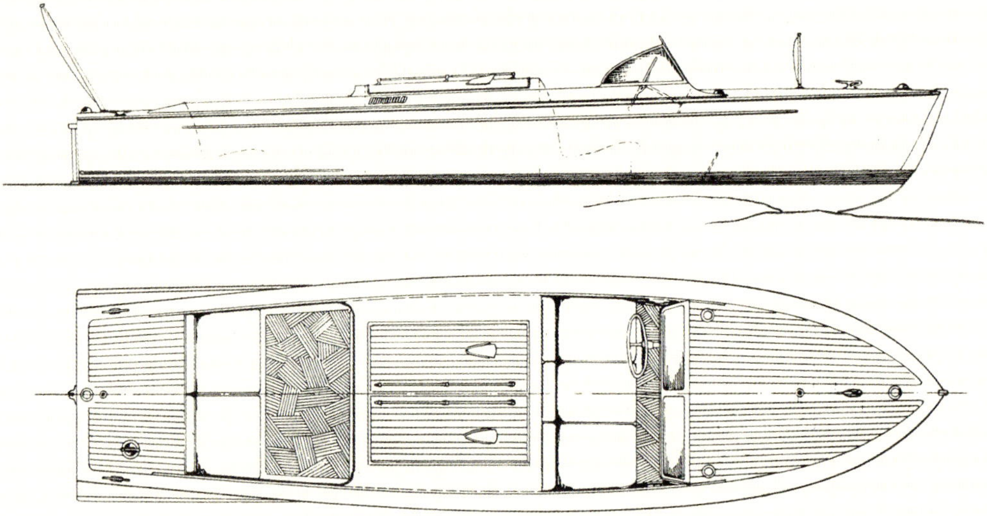

1934 brachte Engelbrecht auch ein Forward-Cockpit-Runabout heraus – das Modell Claus Craft. Je nach Motor versprach der Prospekt 50 bis 60 km/h. Länge: 7,20, Breite: 1,96

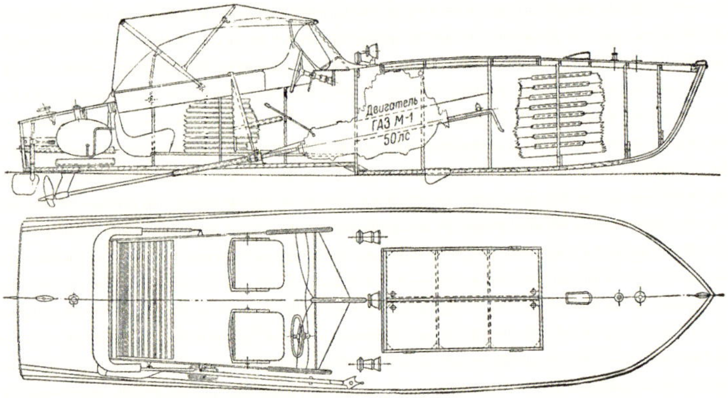

Auch in der Sowjetunion waren Autoboote beliebt. Besonders gelungen war das Modell NKL-17, genannt »Wasser-Ford« (oben). Die ersten Exemplare wurden von einem Ford-, später mit einem GAZ-Vierzylinder (der ein Lizenzbau war) angetrieben. Zeichnung von 1938. Bereits von 1934 ist der Riss des Gleiters OSGA-15 (unten), der im Bug einen großen Sechszylinder trug. Der Rumpf bestand aus drei Schichten: erst 3 mm Sperrholz, dann 1 mm Kautschuk, dann 8 mm Fichtenbretter

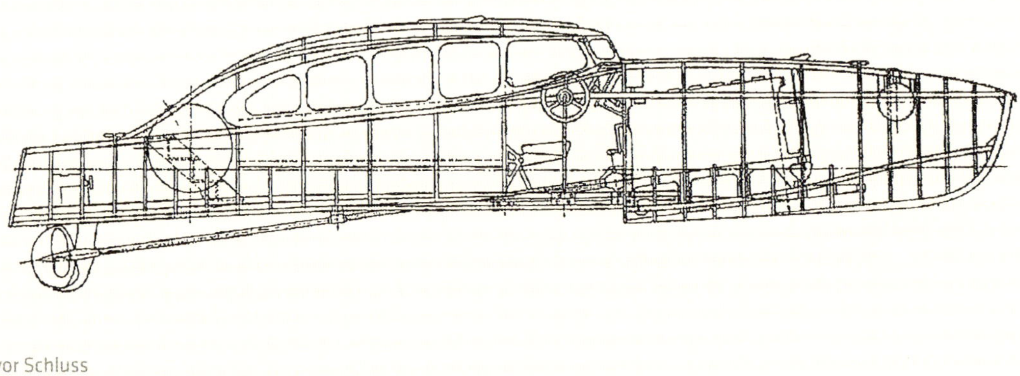

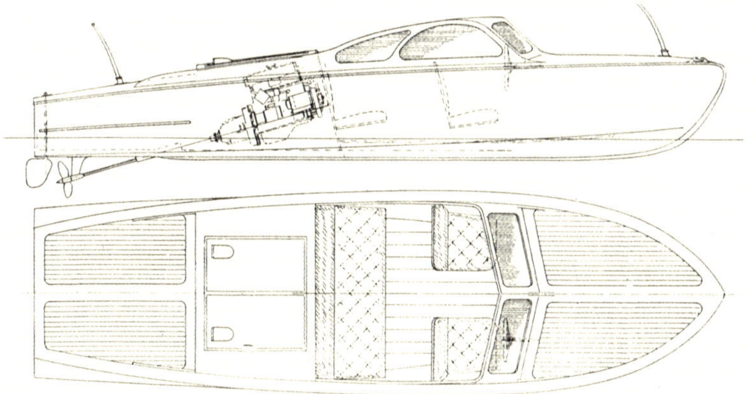

Ein Entwurf von 1946: Sportliches Fünf-Meter-Holzboot aus Stockholm. Hinter dem Cockpit verbarg sich ein Penta BB4. Der OHC-1.4-Vierzylinder leistete 35 PS bei 3000/min und beschleunigte die Besatzung auf 30 km/h. Auf dem Achterdeck bestand die Möglichkeit, sich zu sonnen. Länge: 5,85 Meter

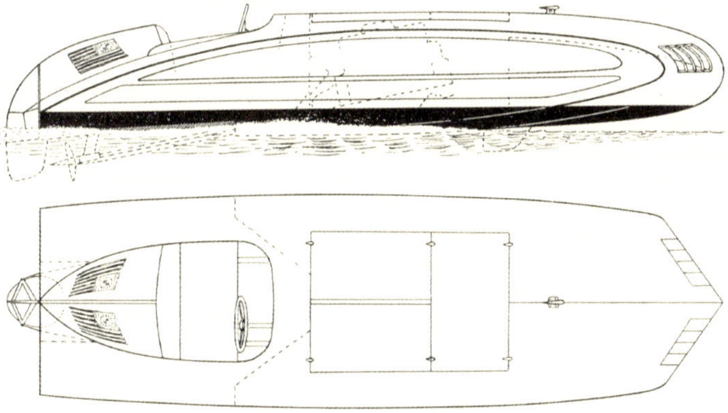

»Ultra-modernistisch« nannte 1936 die US-Zeitschrift Motorboat den 5,33 Meter langen Rennboot-Entwurf von Elliott Gardner. Man könnte auch finden, dass die Ansicht von oben Ultra-Ähnlichkeit mit einer Corvette C3 hat

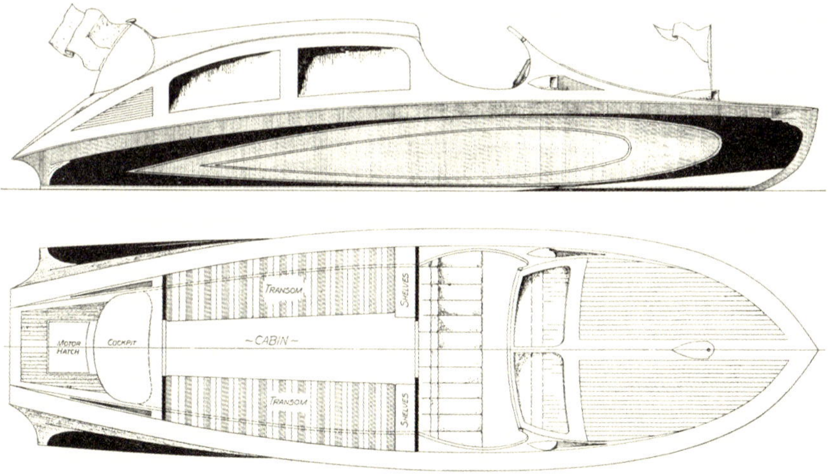

Kenneth Jacobs hieß der Mann, der sich diese schräge Außensteuer-Limousine ausdachte. Die Stromlinienform war 1936 angesagter denn je – auch wenn der Designer zugab, dass ein Großteil dieser Form bei seinem Entwurf das Resultat eines geschickt aufgebrachten Anstrichs war. Länge: 6,79 Meter, Breite: 1,98. Den Antrieb besorgte ein Schachtmotor

Glossar

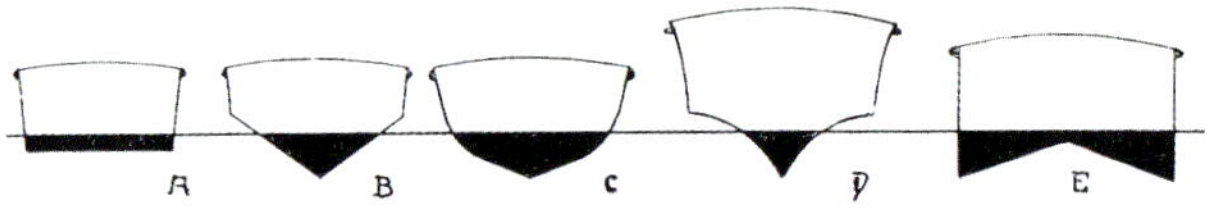

achtern ist alles, was hinter der Mitte eines Bootes liegt

Amerikanisches Verdeck Leichtes ungefüttertes Verdeck. Gestell aus Walzeisen, seltener aus Holz; Bespannung aus wasserabweisendem Stoff, meist imprägniertes Leinen. Mitunter in Kombination mit einsteckbaren Seitenteilen mit Sichtfenstern aus Zelluloid verwendet

Antifouling Anstrich des Unterwasserschiffs, der Algenbewuchs verhindert bzw. verlangsamt

Back Decksaufbau auf dem Vorschiff. Der Begriff entstand aus der früheren Definition »zusammenklappbarer Esstisch der Schiffsmannschaft«

Backdecker Bootstyp, dessen gesamtes Vorschiff mit einer Kajüte versehen ist. Diese Kajüte bzw. ☞Back ist genauso breit wie das Boot und im Verhältnis zu den Bordwänden erhöht. Die Back schließt mit dem ☞Vorsteven ab. Alte Backdecker haben meistens einen geraden Steven, einen schlanken Rumpf und einen platten senkrechten ☞Spiegel

Baldachin Hohes leichtes Sonnendach, das auch etwas Schutz bei Regen bietet

Barrel Back Einem liegenden Holzfass ähnelnde rundliche Heckform klassischer amerikanischer Sportboote

Benzol Ottokraftstoff mit sehr hoher Klopffestigkeit (99 ROZ). In den 20er-Jahren war es sehr teuer. Damaliges Benzin hatte mit etwa 40 ROZ jedoch eine schlechte Klopffestigkeit. Daher wurde unter dem Namen »Bibo« eine Mischung angeboten. Heutzutage ist in modernen Kraftstoffen nur noch maximal ein Prozent Benzol enthalten. Alte Motoren konnten auch pures Benzol fahren, verrußten dann aber schnell

Beplankung Die Außenhülle aus Planken, die im Holzschiffbau auf dem Skelett aus ☞Kiel und Spanten aufgebaut wird und mit diesem zusammen den Schiffsrumpf ergibt

Biberschwanzheck Anfang des 20. Jahrhunderts eingeführt, um die Unterseite des Bootshecks zu vergrößern und somit ein Absacken des Hecks bei schneller Fahrt zu vermindern

Bugspriet Ein fest mit dem Schiff verbundenes, über den ☞Vorsteven hinausragendes kräftiges Rundholz. Auch Spiere genannt

Commuter Amerikanische Bezeichnung eines großen starken Motorboots mit festem Aufbau oder einer Motoryacht, die zum Pendeln zwischen Wohn- und Arbeitsort verwendet wird. In den 20ern besonders in Gewässern der Ostküste en vogue

Dalbe In den Grund eingerammter Pfahl zum Befestigen und Abweisen von Schiffen. Meist im Plural gebräuchlich

Deplacement Die nach dem archimedischen Prinzip hergeleitete Wasserverdrängung

Doppelkolbenmotor Verbrennungsmotor, in dem zwei Kolben in einem Brennraum gleichlaufend arbeiten

Gasmotor Verbrennungsmotor, der an Stelle von flüssigen Stoffen mit gasförmigen arbeitet. Im 19. Jahrundert war das zum Beispiel Leuchtgas, der Vorgänger des Erdgases. Ein Vergaser war bei Gasmotoren nicht notwendig

Gegenkolbenmotor Konstruktion, in der zwei Kolben in einem Zylinder gegeneinander arbeiten und somit den selben Brennraum haben. Meistens als Zweitakter ausgeführt

Gleitboot Boote, die das Prinzip des Gleitens verwirklichen. Beim Beschleunigen hebt sich der Bootskörper aus dem Wasser. Ziel ist die Minimierung der Reibung

Gold Cup Amerikanisches Rennen für Motorboote. Wurde 1904 zum ersten Mal ausgetragen und ist damit älteste existierende Motorsport-Veranstaltung der Welt

Halbgleiter Bootskonstruktion, deren Eigenschaften zwischen ☞Verdrängern und ☞Gleitern angesiedelt sind

Helling Platz, an dem ein Boot gebaut wird, immer mit schräg abfallender Fläche. Oft wird die Helling mit der ☞Slip-Anlage verwechselt

Hydroplan Andere Bezeichnung für ein ☞Gleitboot

Innenborder Ein Boot, bei dem sich die Maschine innen im Rumpf befindet. Den Antrieb des Propellers übernimmt eine Welle, die durch den Bootskörper nach außen ins Wasser geführt wird

Jagdsitz Kleines Cockpit im ☞Vorschiff, das in Amerika zu Zwecken der Jagd eingeführt wurde. In der Nähe des Bugs lassen sich aufgeschreckte Wasservögel schneller anvisieren

Karweel Art, die Beplankung eines Bootes auszuführen. Dabei liegen die Planken Stoß an Stoß nebeneinander, nicht überlappend wie bei der ☞Klinkerbauweise. Wenn starke Beanspruchungen zu erwarten sind, kommt Doppelt-, Dreifach- oder Diagonal-Karweelbauweise zur Anwendung

Kiel Das Rückgrat des Bootes ist der wichtigste untere Längsverband. An ihm werden die ☞Spanten quer befestigt. Vorn (bei Spitzheck-Konstruktionen auch hinten) geht der Kiel in den ☞Steven über

Klampe Vorrichtung mit zwei gegenüberliegenden Hörnern zum Festmachen von Leinen

Klinkerbauweise Überlappende Anbringung von Planken. Geklinkerte Boote haben daher keinen glatten Rumpf

Knickspant Siehe ☞V-Boden

Kopfpoller Vorn an Deck befindliche stabile Möglichkeit zum Festmachen von Leinen

Limousine Fahrzeug, das über eine geschlossene Kabine verfügt. Der Chauffeur saß meist außerhalb (Außensteuerlimousine). Definition gilt für Autos und Boote gleichermaßen

Löffelheck Boot mit einem runden Heck, das über die Wasserlinie hinausragt

Marinisierung Bezeichnung für den Umbau eines herkömmlichen Pkw-, Lkw- oder Flugmotors für den Einsatz auf See. Dabei wird als wichtigste Maßnahme die Wasserkühlung der Abgasanlage nachgerüstet, die Brände verhindert

Plicht Auch Cockpit genannt. Sie ist der Teil eines Boots, der niedriger als das Deck liegt und in dem sich in der Regel die an Bord befindlichen Personen aufhalten. Es können sowohl Steuerstand als auch Sitzgelegenheiten vorhanden sein

Links: Gängige Rumpfformen: A = Sharpie // B = V-Boden // C = Rundspanter // D = Wellenbinder // E = Seeschlitten

Rumpfform Der Körper eines Bootes. Verschiedene Formen siehe Grafik oben

Runabout Definition aus der englischen Sprache.
Im Automobilbereich: kleiner offener Wagen mit günstigem Preis.
Auf dem Wasser: offenes Sportboot mit zwei bis acht Sitzplätzen und geschlossenem Vordeck. Meist aus Holz, immer der Vergnügung dienend

Schnürboden Dielen-, Parkett- oder Plattenboden, auf dem man die Spanten eines Boots im 1:1-Maßstab aufzeichnet. Schnüre dienen dem Zirkelschlag und dem Erzeugen von Schnittpunkten

Schweröl wird heute nur noch in der Großschifffahrt verwendet. Im letzten Jahrhundert gab es Schwerölgemische zu kaufen, mit denen Fahrzeug- und Bootsmotoren betrieben werden konnten. Der Flammpunkt liegt bei 60 Grad Celsius

Sedan In der englischen Sprache die Bezeichnung für ☞Limousine

Slip-Anlage Einrichtung einer Werft oder eines Hafens, mit der man mittels Slipwagen und Winde ein Wasserfahrzeug längs oder quer an Land ziehen kann

Spiegel ist der Begriff für den Abschluss des Bootes am hinteren Ende. Der Spiegel steht meist senkrecht. Er kann aber auch geneigt sein, nach vorn oder nach achtern. Gerade, runde oder V-Formen sind möglich. Der Spiegel sollte möglichst nur wenig ins Wasser eintauchen

Spitzheck Schiffsform, die von oben gesehen einem Kanu ähnelt. Auch Doppelender genannt

Steven Bestandteil des Bootsgerüsts. Er stellt die vordere (und bei Spitzheck-Konstruktionen gegebenenfalls auch hintere) nach oben gezogenen Verlängerung des ☞Kiels dar

Stevenrohr Rohr, das durch den Schiffskörper geführt wird und in dem die Schraubenwelle läuft. Abgedichtet wird sie mit der ☞Stopfbuchse.

Stopfbuchse Vorrichtung zum Abdichten von Gehäusen, durch die bewegliche Maschinenteile geführt werden – beim ☞Innenborder vor allem die Schraubenwelle

Stufenboot Eine heute noch gebräuchliche Form des ☞Gleitboots. Stufenboote haben an ihrer Unterseite einen oder mehrere 90 Grad zur Kiellinie verlaufende Absätze, die die Gleiteigenschaften verbessern

Süll kragenähnliche Einfassung der ☞Plicht zum Schutz vor überkommendem Wasser. Sie trägt auch zur Versteifung bei

Tender Beiboot oder Versorgungsschiff einer Yacht oder eines Großschiffes. Dient zum Übersetzen von Personen und Material

Tourenboot Offenes Motorboot, das vornehmlich zum Wasserwandern gebaut ist

Tunnelheck Speziell geformtes Unterwasserschiff, das achtern wie ein Tunnel gewölbt ist. Dadurch besteht die Möglichkeit, Propeller und Ruder höher als den Kiel zu verbauen. Für den Einsatz in flachen Gewässern entwickelt: Grundberührungen lassen Schraube und Ruder unbeschadet

V-Boden häufige ☞Rumpfform

Verdränger Bootstyp, der das Wasser zerteilt und verdrängt, ohne auf der Oberfläche zu gleiten. Die Geschwindigkeit eines Verdrängers ist auf die sogenannte Rumpfgeschwindigkeit begrenzt

Vorpiek Umgangssprachlich der Raum im Bug. Eigentlich aus der Großschifffahrt kommend und mit der Bedeutung »vor dem Kollisionsschott«. Auch Ankerkasten genannt

Vorschiff Bezeichnung des vorderen Bootsteils, der sich bis zum ☞Steven verjüngt

Vorsteven Boote mit ☞Spitzheck haben vorn und achtern einen ☞Steven. Den vorderen nennt man dann Vorsteven. Der Begriff fällt aber auch in Zusammenhang mit Booten, die kein Spitzheck haben

Wellenbinder Eine konkave ☞Rumpfform für ☞Verdränger, die Claus Engelbrecht zugeschrieben wird. Der Konstrukteur Artur Tiller verfeinerte sie noch. Die Vorzüge des Wellenbinders sind wenig Wasserwiderstand und geringer Wellenschlag. Den Höhepunkt der Wellenbinder-Entwicklung stellen Schnellboote der Deutschen Kriegsmarine im Zweiten Weltkrieg dar

Wendegetriebe Es übernimmt die Kraftübertragung vom Motor zum Propeller und lässt sich in die entgegengesetzte Drehrichtung schalten. Wendegetriebe haben in Sportbooten drei Stellungen: Vorwärts, Neutral und Rückwärts

Z-Antrieb Heckantrieb, der durch den Spiegel des Bootes über Kegelradsätze in den Unterwasserteil zum Propeller geleitet wird. Von der Seite gesehen verläuft der Kraftfluss ähnlich der Form eines Z. Durch diesen Antrieb wurde es möglich, den Motor sehr weit achtern zu verbauen, was der Raumaufteilung bei Sportbooten zugute kam. Autoboote und Vorkriegs-Runabouts mussten ohne ihn auskommen – Volvo Penta stellte ihn erst 1959 vor. Bugatti verwendete bereits 1938 in der *Niniette VI* ein ähnliches Prinzip. Das Rennboot blieb aber ein Einzelstück

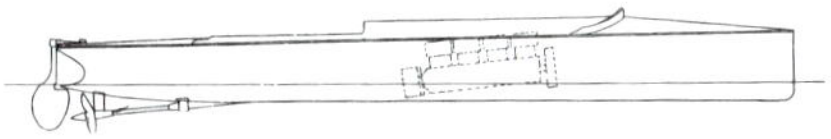

frühes Rennboot

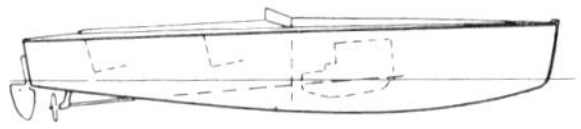

Autoboot

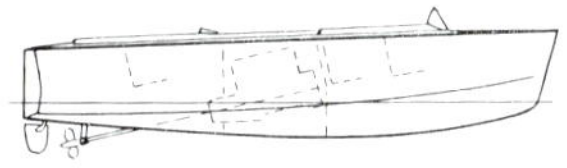

Runabout mit Mittelmotor

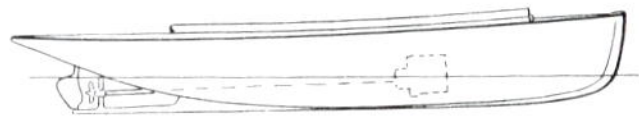

frühes Tourenboot

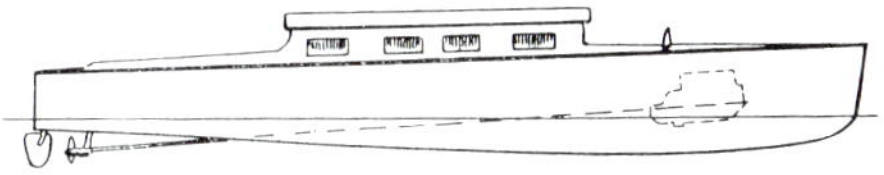

Limousine

Hydroplan ohne Stufe

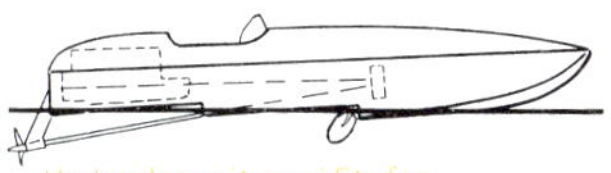

Hydroplan mit zwei Stufen

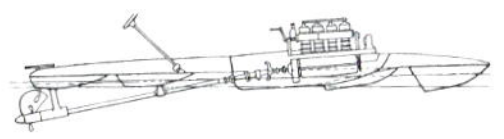

extremes Hydroplan mit vier Stufen

Illustrierte Zeitschrift für die Gesamtinteressen des Automobilwesens
Verlag der Automobil-Welt, Berlin SW. 68
Preis 20 Pfg.
Das Motorboot
Berlin, 13. März 1910.
Anchor
The Australian and New Zealand
Yachting & Motor Boating Newspaper
Motor Boat Racing at Monaco.
The Royal Sydney Yacht Squadron.
10¢
Science and Mechanics
My Greatest Thrill
By Gar Wood
World's Speedboat Champion
Miss America X
Sky Writing • Astronomy • Fire Fighting • Trailers • Home Workshop
Radio • Motor Mechanics • Stamp Collecting • Patents • Photography
The Horse
Volume One.
Motor Boating
Number
La Vie au Grand Air
Au Meeting de Monaco
Journal de la Marine
Le Yacht
Plaisance
Guerre
Commerce
Numero Special
du 7e Salon Nautique International
The Motor Boat
"Cremorne" Paraffin Oil Motors
"Cremorne" Reversing Gears.
The Cremorne Motor Manufacturing Co.
The Buffalo Marine Motor.
Wm. Poland & Co.
La Stampa Sportiva
Le Corse di Canotti
Motor
ADAC
Motorwelt
Power Boating
October 1933
25¢
NRA
"Dixie II" Holds the British International Trophy
Motorboat
Ten Cents
August 25th, 1910
Ten Cents
"Dixie II," The Old Reliable
Scientific American
Motor Boat Number
Grand Prix.
Autocar
4d
Founded 1895
Star Cars
Smith's Silent Wiper
Berkshire
Waverley
Femina
En Canot Automobile
La Domenica del Corriere
The Rudder
The Magazine for Yachtsmen
Die Yacht

Literaturverzeichnis

40 Jahre Automobil-Rennsport
Daimler-Benz AG, 1935

40 Jahre Daimler-Motoren
Ein Beitrag zur Geschichte des Automobils
Daimler-Motoren-Gesellschaft, 1923

Ahnen unserer Autos
Paul Gränz, Peter Kirchberg
Transpress, 1980

All the Alfas
Giuseppe Busso (Hrsg.)
Editorale Domus, 1995

All the Fiats
Paolo Cantarella (Hrsg.)
Editorale Domus, 1999

Alle Peugeot Automobile
Wolfgang Schmarbeck
Motorbuch Verlag, 1980

Auto Racing Comes of Age
Robert Dick
McFarland & Company, 2013

Automobiltechnisches Handbuch
der Automobiltechn. Gesellschaft e. V.
Richard Bussien (Hrsg.)
M. Krayn, 1928

Boat Design
Paolo Tumminelli
teNeues, 2005

Braunbeck's Sportlexikon 1910
Verlag Gustav Braunbeck

Braunbeck's Sportlexikon 1911
Verlag Gustav Braunbeck

Bugatti – The Designer
Barry Eaglesfield
Brooklands Book Ltd., 2013

Chris-Craft - Legenden in Mahagoni
Anthony Mollica jr., Jack Savage
Delius Klasing, 2003

Classic Speedboats 1916–1939
Gérald Guétat
Motorbooks International, 1997

Deutsche Autos 1885–1920
Halwart Schrader
Motorbuch Verlag, 2002

Deutsche Autos 1920–1945
Werner Oswald
Motorbuch Verlag, 1990

Die deutschen Schnellboote im Einsatz
Von den Anfängen bis 1945
Hans Frank
Verlag E. S. Mittler & Sohn, 2006

Die Geschichte der Maybach-Automobile
Michael Graf Wolff Metternich
Verlag Uhle & Kleimann, 1981

Die Geschichte des Yachtsports
Daniel Charles
Delius Klasing, 2002

Die Renngeschichte der Daimler-Benz AG
und ihrer Ursprungsfirmen 1894–1939
Friedrich B. von Lengerke, Max Rauck
Daimler-Benz AG, 1939

Dodge Boats
Anthony Mollica jr.
Motorbooks International, 2003

Du und der Motor
Edwin Heinze
Deutscher Verlag Berlin, 1939

Festschrift 125 Jahre Lürssen
Friedrich Lürßen, Peter Lürßen (Hrsg.)
Fr. Lürssen Werft GmbH & Co., 2000

Festschrift zum 25jährigen Bestehen
der Daimler-Motoren-Gesellschaft
Verlag Gustav Braunbeck, 1925

Gar Wood Boats
Anthony Mollica jr.
Motorbooks International, 1999

Glanzvolle alte Autozeit
Dieter Korp, Julius Weitmann
Delius Klasing, 1963

Hackercraft
James P. Barry
Motorbooks International, 2002

How to build a Motor Launch
Charles D. Mower
The Rudder Publishing Co., 1901

In First Gear
The French Automobile History to 1914
James M. Laux
Liverpool University Press, 1976

L'age d'or des Cabin-Cuisers
Kevin Desmond, Gérald Guétat
E-T-A-I, 2001

Les Bateaux Automobiles
Fernand Forest
H. Dunod et E. Pinat, 1906

Marine-Kleinkampf-Mittel
Harald Fock
Koehlers Verlagsgesellschaft, 1996

Max Oertz – Genie, Yachtkonstrukteur,
Aeronaut und Erfinder
Klaus Kramer
Klaus Kramer Verlag, 2001

Mein Vater, der Herr Mercedes
Guy Jellinek-Mercédès
Paul Neff Verlag, 1962

Motor Vehicles and Motors
W. Worby Beaumont
Cambridge University Press, 2014

Motorboot und Motoryacht
Handbuch für Bootseigner, Werften,
Konstrukteure, Studierende
Artur Tiller
Richard Carl Schmidt & Co, 1931

Motorboote und Bootsmotoren
Yacht-Bibliothek Band III
Verlag Dr. Wedeking & Co., 1910

Paris–Madrid
Michael und Thomas Ulrich
Monsenstein & Vannerdat, 2013

Ronronnements à Monaco 1903–1908
Gérard Hartmann
www.hydroretro.net

Standard Catalog of American Cars
1805–1942
Beverly Rae Kimes, Henry Austin Clark jr.
Krause Publications, 1996

Sturmboote deutscher Pioniere 1934–1945
Horst Scheibert
Podszun-Pallas-Verlag, 1997

The Complete Encyclopedia of Motorcars
1885 to the Present
G. N. Georgano
Ebury Press, 1971

The Plan Book of Cruisers, Runabouts,
Auxiliaries and Outboard Motor Boats
Vol. IX
Charles D. Mower
Motor Boating's Ideal Series, 1927

The Real Runabouts Vol. I–VII
Robert Speltz
Eigenverlag, 1977–1996

The Veteran Motor Car Pocketbook
Anthony Bird, Francis Hutton-Stott
B. T. Batsford Ltd., 1963

Tourenfahren im Motorboot
Dr. Richard Wrede
Richard Carl Schmidt & Co, 1913

Traité thérorique et pratique
des Moteurs à Gaz et à Pétrole
et des Voitures automobiles
Aimé Witz
E. Bernard & Cie, 1899

Vom Guten das Beste, Band 1
Wilfried Feldenkirchen
Herbig, 2003

Wilhelm Maybach – König der Konstrukteure
Harry Niemann
Motorbuch Verlag, 1995

Yachtbau
Artur Tiller
Richard Carl Schmidt & Co, 1929

Zeitgenössische Zeitschriftenberichte
wurden herangezogen aus:

ADAC Motorwelt
Allgemeine Automobil-Zeitung
Automobil-Welt
Automobil-Rundschau
Automobile
Das Motorboot
Das Motorschiff und Motorboot
Der Motorfahrer
Der Motorwagen
Die Yacht
Motor
Motor und Sport
Signal
Wind und Wasser

La France Automobile
La Vie au Grand Air
Le Petit Journal
Le Yacht

Engineering
Motor Sport
The Autocar
The Horseless Age
The Motorboat
The Yachtsman

Illustrazione del Popolo
La Stampa Sportiva

Motor Boating
Motor Boat
Power Boating
Scientific American
Automobile and Yachting
The Rudder

Bootsnamen-Verzeichnis

Bootstypen-Verzeichnis

Autohersteller-Verzeichnis

Personenverzeichnis

Von links oben nach rechts unten:
Max Oertz, John Issac Thornycroft, Clinton Crane, Carl Gustav Pettersson, Camille du Gast, Claus Engelbrecht, John Faul, Horace E. Dodge jr., Gustave Pitre

Personenverzeichnis

Fotonachweis

Ajax News & Feature Service: 248 /// Alfred Andersson/ Bohusläns Museum: 272 /// Archiv Christoph Schmidt: 14, 15, 103, 338 /// Audi AG: 352 /// Baglietto Yachts: 235, 295 /// Heinz Bertschi: 351 /// Bibliothéque nationale de France: Titel, 31, 57, 69, 70, 71, 72, 74, 75, 79, 80, 81, 82, 84, 85, 86, 88, 89, 92, 93, 94, 96, 97, 98, 99, 100, 106, 110, 112, 114, 115, 117, 122, 128, 137, 139, 145, 146, 147, 149, 151, 153, 154, 156, 161, 163, 166, 167, 169, 250, 326, 328, 329, 329, 330, 332, 334, 336, 501 /// Bonhams: 168 /// Paul N. Brown: 144 /// Bundesanstalt für Wasserbau: 265 /// Bundesarchiv: 174, 346 /// Chris-Craft Corporation: 32, 303, 323 /// Città di Venezia: 368 /// Corbis: 45, 51, 162 /// F. Gordon Crosby/ Autocar: 333 /// Cycle and Automobile Trade Journal: 122 /// Daimler AG: 11, 12, 13, 14, 16, 18, 26, 73, 76, 103, 149, 368 /// Detroit Public Library: 11, 36, 46, 55, 56, 57, 105, 120, 146, 212 /// Die Yacht: 31, 217, 228, 242, 245, 265, 297, 339, 349, 349, 353, 357, 501 /// Faul AG: 30, 60, 61, 62, 63, 65, 188, 189, 194, 195, 208, 209, 209, 214, 229, 246, 247, 249, 261, 307, 308, 309, 310, 311, 312, 313, 320, 501 /// Fotocollectie Elsevier: 217 /// Fr. Lürssen Werft GmbH & Co. KG: 12, 14, 45, 104, 154, 154, 158, 159, 178, 184, 187, 196, 197, 201, 228, 230, 231, 238, 239, 249, 322, 339 /// Franz Grasser/Deutsche Fotothek: 303 /// h2omark.com: 369 /// Hansa-Werft: 338, 360 /// Eduard Hohmann: 274, 275 /// Imagno/SZ Photo: 258 /// Instituto Luce: 297 /// IOC/Olympic Museum: 143 /// Guy Jellinek-Mércèdes/Paul Neff Verlag: 100 /// Jörg Kelling: 246 /// Keystone-France/Gamma-Rapho: 241 /// Klaus Kramer Verlag: 501 /// Julius Kruta: Nachsatz /// Carsten Klink: 73, 366, 367 /// Erika Kübler: 321 /// La Stampa Sportiva: 83 /// La Via au Grand Air: 68, 72, 76, 87, 94, 107, 108, 109, 113, 114, 137 /// La Vie Automobile: 107 /// Les Sports modernes Illusterés: 95 /// Leslie Jones/Digital Commonwealth: 245, 273, 320 /// Library of Congress: 33, 49, 168, 501 /// Aldo Molinari/Gazzetta del Popolo: 296 /// Motor Boat: 326 /// Motor Boat/Sammlung Hermann Layher: 73, 98 /// Motor Sport: 251 /// Mystic Seaport Rosenfeld Collection: 301, 315, 343 /// National Maritime Museum Cornwall: 366 /// Niagara Falls Public Library: 48 /// Bengt Oberger: 368 /// Georg Pahl/ Bundesarchiv: 216 /// S. M. Payne: 101 /// Poste Italiane: 44 /// Rex Features: 305 /// Carlo Riva/Sammlung Piero M. Gibellini: 294, 322 /// Riva Yachts: 295 /// Rolls-Royce Power Systems AG: 233, 302 /// Rosengart-Museum Bedburg-Rath: 250 /// Eberhard Rüdiger: 201, 207, 244, 292 /// SAME Deutz-Fahr: 234 /// Sammlung Carsten Klink: Vorsatz, 6, 7, 11, 19, 26, 27, 28, 29, 34, 35, 38, 44, 47, 51, 53, 58, 59, 70, 81, 90, 91, 102, 116, 117, 119, 125, 132, 133, 147, 151, 155, 157, 164, 165, 167, 173, 179, 184, 186, 186, 190, 191, 192, 192, 194, 198, 199, 200, 201, 202, 203, 204, 205, 206, 210, 211, 213, 215, 217, 219, 220, 221, 222, 223, 224, 225, 226, 228, 234, 235, 236, 240, 242, 243, 250, 251, 252, 253, 255, 259, 260, 262, 263, 264, 266, 268, 269, 270, 271, 277, 307, 316, 318, 319, 327, 333, 335, 340, 341, 345, 347, 348, 349, 350, 352, 352, 353, 357, 358, 360, 361, 362, 501 /// Sammlung Hermann Layher: 101 /// Sammlung Leif Rohwedder: 290, 357 /// Sammlung Manfred Ernst: 36, 318 /// Sammlung Urs Faul: 50, 53 /// Paul Sandberg: 222 /// Scherl/SZ Photo: 42, 271, 277 /// Signal: 356, 358, 359 /// Robert Speltz: 47, 179 /// State Archive of Florida: 350 /// Stockholms Stadsarkiv: 213 /// SZ Photo: 291 /// The Mariners' Museum: 46, 300, 314 /// Ullstein Bild/Roger-Viollet/Maurice-Louis Branger: 39, 123, 124, 125, 126, 128, 129, 131, 133, 134, 135, 136, 138, 139, 140, 141, 150, 152, 160, 163 /// VT Collection/Ajax News & Feature Service: 142 /// Weltbild: 352, 353

Danksagungen

Die Autoren bedanken sich bei:

Heinz Adlung, Klink & Krüger GbR
Kay Argenton und Andrea
Katharina Bahn
Heinz Bertschi, www.malcolm-campbell.ch
Tina, Rita und Klaus Bittmann
Wolfgang Blaube, Automobilhistorische Gesellschaft e. V.
Kai-Uwe Blum
Jürgen Böhmens, Stadtarchiv Plön
Ernst Bökelmann †
Jonathan Eastland, Ajax News & Feature Service
Manfred Ernst und Frau
Urs Faul, Yachtwerft Faul AG
Sébastien Faurès Fustel de Coulanges
Daniel Gau, Gerhard Heidbrink und Michael Jung, Daimler AG
Joe Gelonese, Isotta Fraschini Motori S.p.A.
Thomas Geppert und Familie, Hansa-Werft
Familie Hoffmann
Anastasia und Viktor Iksanov
Jörg Kelling, Kellings Schifferstube
Stefan Köhn
Klaus Kramer, Klaus Kramer Verlag
Erika Kübler, Lepoix-Archiv
Hermann Layher, Auto- & Technikmuseum Sinsheim
Karsten Lehmkühler
Friedrich Lürßen und Dr. Christian Ostersehlte, Fr. Lürssen Werft GmbH & Co. KG
Jörn Lütgen
Dirk Maibuhr, Oldieboote Deutschland e. V.
Hans Müßeler und Karl-Heinz Bonk,
Rosengart-Museum Bedburg-Rath (www.rosengart-museum.de)
Edith Rohwedder und Helmut Freyberg
Annette Roth und Janne
Gesa und Jörg Roth
Eberhard Rüdiger, Bootshaus am Werlsee
Vanessa Ruppert
Valentino Salvadori
Klaus Schildbach
Christoph Schmidt
Wolfgang Schneider, Bootswerft Schneider
Christian Suhr
Silke Thape, Abeking & Rasmussen AG
Sabine Tremer für die mehr als zehnjährige Geduld
und Liebhaberei eines Autoboot-Enthusiasten
Katja Turley
Thomas Ulrich, Automobilhistorische Gesellschaft e. V.
Dr. Anselmo Vigani, R.A.M. S.p.A.
Mathias Walther
Dr. Heike Weishaupt, Rolls-Royce Power Systems AG